실내건축 기능사
2차 작업형 실기

김민재

- 초보자·실무자 대상의 체계적 집필!
- 기출문제 분석차트 수록!
- 실전 대비용 옐로우페이퍼 제공!
- 저자직강 온라인 강의를 통한 독학 가능!

Preface

머리글

오늘날 우리는 현대사회의 다변화 속에서 살아가고 있습니다. 과거와는 달리 오늘날 모든 학문분야 – 건축, 디자인, 미술, 음악, 문학, 사진, 공예 등 – 에서 "**통섭(統攝)**" 이라는 단어를 화두로 하여 연계성을 두고 있으며, 이렇듯 예술의 범주에서 모든 분야는 저마다 개별성을 갖고 있음과 동시에 공통적인 모체로서의 성향을 지니고 있다고 볼 수 있습니다.

또한, 디자인 분야 – 실내디자인, 산업디자인, 환경디자인, 건축디자인, 섬유디자인, 의상디자인, 요업디자인 등 – 에서 역시 개개별에 따른 연계성은 이루 말할 수 없을 정도라고 생각할 수 있을 것입니다. 이렇듯, 과거와는 상이한 현상들에 있어서 인간 본연의 <u>의식주</u>라는 가장 근본적인 욕망은 보다 고차원적인 욕구의 발로로서 표출되고 있다고 해도 과언이 아닐 것입니다. "**세상에서 가장 쉬운 것이 디자인이고 또한, 가장 어려운 것이 디자인이다**"라고 어느 작가가 했던 말처럼 그만큼 디자인이란 용어는 우리들의 일상생활 깊숙이 통용되고 있는 자연스런 현상이며 또한, 다가오는 미래사회의 패러다임에 근거한 또 다른 형태로서 재현될 것입니다.

실내건축자격증은 이러한 시대적 흐름에 부응하기 위하여 실내건축 분야를 공부하고 있는 학생들과 실무자들에게 있어서 좋은 평가의 잣대로서 적용될 수 있을 것입니다.

다년간 실무와 학생들 교육을 해오면서 실내건축자격증의 필요성을 절실히 느끼는 수많은 학생들과 실무자들을 접하면서 "**어떠한 식으로 한권의 책으로서 합격이라는 영예를 줄 것인가...**"에 따른 많은 고심과 여러 해를 거듭하며 수험생들을 만나면서 공통적인 취약점과 보완해야 할 내용들을 심도 있게 분석하여 본서에서 최대한 다루려고 노력하였습니다.

본서를 보다 최대한 효율적으로 공부할 수 있는 방법은
I 본서의 전반적인 시험과 관련된 내용들을 정독하셔서, 전체적으로 큰 맥락을 파악하셔야 합니다. <u>집필 의도 역시 실내건축의 초보자에서 실무분야에 몸담고 계신 분들을 대상으로</u> 포괄적으로 내용들을 진행하고 있습니다.
II <u>텍스트 하단부에 밑줄 친 ( )부분들에 대해서는 저자 본인이 중요하다고 판단되는 내용</u>들에 의거해서 표시를 해두었기에 집중하셔서 정독하시길 바랍니다.

Preface

Ⅲ **과년도 시험에 출제되었던 문제들에 대해 챠트를 만들어 두어** 전반적으로 **시험에 출제될 가능성이 높은 문제들을 우선적으로 공부하시길 바랍니다.** 또한, 교육기관에서 강의를 하시는 분들께서는 출제 빈도율에 근거하여 학생들을 지도하시길 바라며 수검자분들께서는 출제 빈도율이 높은 문제를 일순위로 학습에 매진하시길 바랍니다.

Ⅳ 본서의 후반부 「과년도 기출문제」부분에서 저자가 스케치한 엘로우 페이퍼의 내용들을 잘 이해하시길 바라며, 각각의 가구 집기들의 썸네일 스케치(Thumbnail Sketch)의 디자인(디테일)들을 잘 기억하시면, 다른 과년도 시험문제에 충분히 응용 가능하실 것입니다.

Ⅴ **후반부 투시도**에 있어 **컬러링 되어 있는 투시도 및 컬러링 되어 있지 않은 투시도**는 수험자분들께서 컬러링되어 있지 않은 A₃ 투시도를 A₃ 트레이싱지에 복사하셔서 컬러링 되어 있는 투시도를 보시면서 채색연습을 하시면 좋을 듯 합니다. 또한 본서에서의 수험자분들을 위한 저자의 기획의도 중 하나입니다.

Ⅵ 마지막으로 현재 저자가 직강하고 있는 온라인 강의(http://www.sein.co.kr) 실내건축 부분을 학습하시게 되면 본서에서의 내용 외에 보다 세부적인 디테일들을 초보자분들 및 현업에 종사하시는 디자이너분들께서도 독학이 가능하시리라 생각됩니다.

본서는 출간기획에 따른 4년 가량의 저자 자신의 혼신의 힘을 불어넣었던 작업물임을 먼저 명확히 말씀드리고 싶습니다. 그렇다보니 그 작업과정에 있어서 많은 시간이 소요되었으며 아울러, 저자 직강의 온라인 강의 작업을 병행하다보니 그 또한, 시간이 더욱 소요되었습니다.

100% 완벽한 책은 아니지만, 완벽에 가깝도록 작업하려 했던 저자 자신의 의지가 많이 담겨 있다고 말씀드리고 싶습니다. 아울러, 본서가 출간되기까지 오랜 시간동안 기다려 주신 주변의 많은 고마우신 분들 - 예문사 정용수 대표님 및 장충상 전무님, 홍서진 상무님과 세인에듀 김기섭 대표님 및 언제나 곁에서 힘이 되어주는 민지와 데물렝에게 진심으로 거듭 감사의 마음을 드립니다.

더불어, 늘 저자 본인을 지켜봐주시고 힘이 되어주신 **사랑하는 부모님과 가족** 및 저자의 존경하는 은사님이시자 한국 공간디자인학회 회장님이신 상명대학교 실내디자인학과 **한영호 교수님**께 깊은 감사를 드립니다.

– 2019년 어느 가을날에...
– *Aron Kim* (김민재)

Contents

머리글 2
목 차 4
시험안내 7

PART 1 도면 설계의 기초

제1절 제도 용구 종류 및 사용방법 53
1. 기본 용구 및 사용법 53
2. 국가 기술 자격 검정 시험 실기 시험 문제 55

제2절 설계의 기초 59
1. 제도 59
2. 선 59
3. 문자 61
4. 도면 설계에 따른 약어 및 용어해설 65
5. 벽체의 구조해석 및 재료의 표시기호 67
   (1) 벽체구조의 해석
   (2) 도면 내 재료 설계기호
6. 개구부(출입구 및 창호) 표시기호 73
   (1) 문
   (2) 창문
   (3) 출입구 및 창호 표시기호
7. 실내공간의 마감재료 79
   (1) 바닥 마감재
   (2) 벽 마감재
   (3) 천장 마감재
8. 도면 치수기입 관련 82
9. 설계도면의 종류 및 여러 기호들 84
   (1) 설계도면의 종류
   (2) 설계도면 내 여러 기호들
10. 실내 공간 내 가구 및 요소 88
11. 실내 공간 도면의 종류 및 작도법 92
    (1) 평면도의 개념
    (2) 평면도의 작도 시 주의사항
    (3) 평면도의 작도 순서
    (4) 천장도의 개념
    (5) 천장도의 작도 시 주의사항
    (6) 천장도의 작도 순서
    (7) 입면도의 개념
    (8) 입면도의 작도 시 주의사항
    (9) 입면도의 작도 순서
    (10) 투시도의 개념
    (11) 투시도의 작도 시 주의사항
    (12) 투시도의 작도 순서

제3절 실내 투시도 컬러링법 123
   – 마카의 형태에 따른 종류
   – 마카의 일반적 특징
   – 마카의 종류
   – 색상표
   – 마카에 사용되는 종이
   (1) 투시도 컬러링 순서
   (2) 투시도 컬러링 예제

Contents

실내건축 기능사 과년도 기출문제 PART2

1. 주방 Ⅰ 138
2. 주방 Ⅱ 140
3. 여대생을 위한 원룸 Ⅰ 142
4. 30대 여성을 위한 원룸 144
5. 여대생을 위한 원룸 Ⅱ 146
6. 저층규모의 독신자 원룸 148
7. 남자대학생을 위한 원룸 150
8. 주택형원룸 Ⅰ 152
9. 주택형원룸 Ⅱ 154
10. 주택형원룸 Ⅲ 156
11. 주택형원룸 Ⅳ 158
12. 주택형원룸 Ⅴ 160
13. 주택형원룸 Ⅵ 162
14. 주택형원룸 Ⅶ 164
15. 주택형원룸 Ⅷ 166

실내건축 기능사 과년도 기출문제 정답 PART3

1. 주방 Ⅰ 171
2. 주방 Ⅱ 183
3. 여대생을 위한 원룸 Ⅰ 195
4. 30대 여성을 위한 원룸 207
5. 여대생을 위한 원룸 Ⅱ 219
6. 저층규모의 독신자 원룸 231
7. 남자대학생을 위한 원룸 243
8. 주택형원룸 Ⅰ 255
9. 주택형원룸 Ⅱ 267
10. 주택형원룸 Ⅲ 279
11. 주택형원룸 Ⅳ 291
12. 주택형원룸 Ⅴ 303
13. 주택형원룸 Ⅵ 315
14. 주택형원룸 Ⅶ 327
15. 주택형원룸 Ⅷ 339

저자 Aron Kim (김민재)

학력
동국대학교 졸업
상명대 예술·예술디자인 대학원 실내디자인학과 졸업(실내디자인학 석사)
상명대 일반대학원 조형예술디자인학과 박사 수학
Elisava Escola Universitària de Disseny i Enginyeria de Barcelona
Máster del Diseño del Espacio Interior(실내공간디자인 석사)

약력
現 Aronkim 디자인 전문아카데미 대표
現 (주)세인에듀 실내건축 대표강사
(http://www.sein.co.kr)

그 외 SBS 주말 드라마 [내일이 오면] 건축스케치 소품협찬
(사)한국디자인학회 정회원
(사)한국실내디자인학회 정회원
(사)한국공간디자인학회 정회원
(사)한국색채학회 정회원

저서
합격!! Aronkim' 실내건축 산업기사 2차 작업형 실기(예문사)
합격!! Aronkim' 실내건축 기능사 2차 작업형 실기(예문사)

홈페이지
http://www.aronkimdesign.com
http://www.aronkimacademy.com
http://www.aronkim.com
E-mail:master@aronkim.com

Cafe
http://cafe.naver.com/aronkim

Facebook
https://www.facebook.com/aronkim.aronkimacademy

Instagram
https://www.instagram.com/aronkimdesign/

Section 01 | 기본 정보

01 시험개요

실내공간은 기능적 조건뿐만 아니라, 인간의 예술적, 정서적 욕구의 만족까지 추구해야 한다. 실내공간을 계획하는 실내건축분야는 환경에 대한 이해와 건축적 이해를 바탕으로 기능적이고 합리적인 계획, 시공 등의 업무를 수행할 수 있는 지식과 기술이 요구되는바, 이러한 능력을 갖춘 인력을 선발하기 위한 자격시험이다.

02 변천과정

1991년 의장기사 1급으로 신설되어 1999년 3월 실내건축기사로 개정

1991년 의장기사 2급으로 신설되어 1999년 3월 실내건축산업기사로 개정

1997년 실내건축기능사로 신설

03 수행직무

건축공간을 기능적·미적으로 계획하기 위하여 현장분석자료 및 기본 개념을 가지고 공간의 기능에 맞게 면적을 배분하여 공간을 계획·구성하며, 이러한 구성개념의 표현을 위하여 개념도·평면도·천정도·입면도·상세도·투시도 및 재료 마감표를 작성하고, 설계가 완료된 도면을 제작하고 현장의 시공을 관리하는 직무를 수행한다.

04 실시기관 홈페이지

http://www.q-net.or.kr

05 실시기관명

한국산업인력공단

06 진로 및 전망

- 건축설계사무실, 건설회사, 인테리어사업부, 인테리어전문업체, 백화점, 방송국, 모델 하우스 전문시공업체, 디스플레이전문업체 등에 취업할 수 있으며, 본인이 직접 개업하거나 프리랜서로 활동이 가능하다.

- 실내건축기사의 인력수요는 증가할 전망이다. 의장공사협의회의 자료를 보면 1999년 1월 면허업체가 1,813개사, 1997년 기성실적이 2조 3753억 67백만원에 이르며, 2000년 이후 실내건축 시장은 국내경제의 회복에 따른 수요증대 및 ASEM정상회의(2000)에 따른 회의장 및 부속시설, 영종도 신공항건설(2000), 부산아시안게임 관련공사(2002), 월드컵(2002) 주경기장과 부대시설공사 등 대규모 국가단위 행사 또는 국책사업 등에 의해 새로운 도약기를 맞았다. 이밖에 실내건축은 창의적인 능력과 경험을 토대로 하는 지식산업의 하나로 상당한 부가가치를 창출할 수 있으며, 실내공간의 용도가 전문적이고도 특별한 기능이 요구되는 상업공간, 주거공간, 전시공간, 사무공간, 의료공간, 예식공간, 교육공간, 스포츠·레저공간, 호텔, 테마파크 등 업무영역의 확대로 실내건축기사의 인력수요는 증가할 전망이다.
또한 경쟁도 심화되어 고도의 전문지식 습득 및 서비스정신, 일에 대한 열정은 필수적이다.

07 종목별 검정현황

■ 실내건축 기사(Engineer Interior Architecture)

종목명	연도	필기			실기		
		응시	합격	합격률(%)	응시	합격	합격률(%)
실내건축 기사	2018	3,124	1,507	48.2%	1,415	1,054	74.5%
	2017	2,776	1,226	44.2%	1,286	729	56.7%
	2016	2,658	1,115	41.9%	1,081	670	62%
	2015	2,400	994	41.4%	1,114	547	49.1%
	2014	2,376	836	35.2%	864	521	60.3%
	2013	2,236	796	35.6%	830	542	65.3%
	2012	2,011	658	32.7%	708	354	50%
	2011	2,010	622	30.9%	736	312	42.4%
	2010	2,273	712	31.3%	1,054	225	21.3%
	2009	2,379	1,128	47.4%	1,114	335	30.1%
	2008	2,242	755	33.7%	941	418	44.4%
	2007	1,974	895	45.3%	1,177	460	39.1%
	2006	3,607	1,401	38.8%	1,358	458	33.7%
	2005	3,167	1,075	33.9%	1,060	472	44.5%
	2004	2,758	1,110	40.2%	1,103	378	34.3%
	2003	2,476	1,057	42.7%	1,022	432	42.3%
	2002	2,503	1,226	49%	1,227	193	15.7%
	2001	2,705	1,303	48.2%	1,267	212	16.7%
	1992~2000	32,220	12,940	40.2%	17,581	3,249	18.5%
소 계		77,895	31,356	40.3%	36,938	11,561	31.3%

■ 실내건축 산업기사(Industrial Engineer Interior Architecture)

종목명	연도	필기			실기		
		응시	합격	합격률(%)	응시	합격	합격률(%)
실내건축 산업기사	2018	2,220	820	36.9%	886	521	58.8%
	2017	2,196	950	43.3%	809	463	57.2%
	2016	2,079	768	36.9%	793	335	42.2%
	2015	1,956	808	41.3%	783	311	39.7%
	2014	2,298	746	32.5%	727	427	58.7%
	2013	2,253	874	38.8%	785	465	59.2%
	2012	2,791	787	28.2%	754	302	40.1%
	2011	2,697	840	31.1%	859	416	48.4%
	2010	3,135	1,018	32.5%	1,314	357	27.2%
	2009	3,596	1,352	37.6%	1,421	456	32.1%
	2008	4,023	1,469	36.5%	1,639	416	25.4%
	2007	4,453	1,666	37.4%	1,886	570	30.2%
	2006	6,864	2,714	39.5%	2,372	896	37.8%
	2005	6,351	1,604	25.3%	1,710	682	39.9%
	2004	5,731	1,975	34.5%	2,099	823	39.2%
	2003	6,130	2,365	38.6%	2,081	606	29.1%
	2002	6,698	2,481	37%	2,459	422	17.2%
	2001	5,839	2,252	38.6%	2,255	432	19.2%
	1992~2000	57,736	15,980	27.7%	21,138	5,856	27.7%
소 계		129,046	41,469	32.1%	46,770	14,756	31.6%

■ 실내건축 기능사(Craftsman Interior Architecture)

종목명	연도	필기			실기		
		응시	합격	합격률(%)	응시	합격	합격률(%)
실내건축 기능사	2018	3,618	2,146	59.3%	2,003	1,598	79.8%
	2017	3,639	2,253	61.9%	1,992	1,457	73.1%
	2016	3,149	1,712	54.4%	1,851	1,367	73.9%
	2015	2,865	1,544	53.9%	1,677	1,092	65.1%
	2014	2,241	1,057	47.2%	1,375	959	69.7%
	2013	1,927	1,067	55.4%	1,502	969	64.5%
	2012	1,869	830	44.4%	1,393	695	49.9%
	2011	1,944	1,096	56.4%	1,660	823	49.6%
	2010	2,146	1,207	56.2%	1,813	1,192	65.7%
	2009	3,418	2,100	61.4%	2,500	1,384	55.4%
	2008	3,600	2,153	59.8%	2,764	1,018	36.8%
	2007	4,537	2,692	59.3%	3,405	1,770	52%
	2006	4,886	2,758	56.4%	3,952	1,684	42.6%
	2005	5,411	3,288	60.8%	4,191	1,990	47.5%
	2004	6,117	3,730	61%	4,434	2,837	64%
	2003	7,137	3,412	47.8%	3,838	2,759	71.9%
	2002	7,380	2,338	31.7%	3,138	2,182	69.5%
	2001	7,863	2,925	37.2%	3,842	2,322	60.4%
	1998~2000	48,868	19,021	38.9%	20,490	10,447	51%
소 계		122,615	57,329	46.8%	67,820	38,545	56.8%

08 시험방법

실내건축 기사(산업기사) 시험은 1차(필기)와 2차(실기)시험으로 구성되어 있으며, 1차(필기)시험은 100점 만점 기준에 평균 60점(**과락 40점 / 과목당 최소 8문제 이상 맞추어야 함!**) 이상이면 합격이며, 1차 합격자에 한하여 합격자 발표 기준일로부터 **2년 이내** 실기시험에 응시하여 100점 만점 기준(**시공실무 40점 + 작업형 실기 60점**)에 **평균 60점 이상**이면 최종 합격을 인정받아 자격증을 취득할 수 있다.

실내건축 기능사 시험은 1차(필기)와 2차(실기)시험으로 구성되어 있으며, 1차(필기)시험은 100점 만점 기준에 평균 60점(**과락은 없음 / 60문항 중 36문항 이상 맞추어야 함!**) 이상이면 합격이며, 1차 합격자에 한하여 합격자 발표 기준일로부터 **2년 이내** 실기시험에 응시하여 100점 만점 기준(**시공실무 없음 / 작업형 실기 100점**)에 **평균 60점 이상**이면 최종 합격을 인정받아 자격증을 취득할 수 있다.

	실내건축 기사		실내건축 산업기사		실내건축 기능사	
1차 필기	과목	문항	과목	문항	과목	문항
	① 실내디자인론 ② 색채학 ③ 인간공학 ④ 건축재료 ⑤ 건축일반 ⑥ 건축환경	20 20 20 20 20 20	① 실내디자인론 ② 색채학 및 인간공학 ③ 건축재료 ④ 건축일반	20 20 20 20	① 실내디자인 ② 실내환경 ③ 실내건축재료 ④ 건축일반	15 5 20 20
	6과목	120	4과목	80	4과목	60
2차 실기	① 시공실무(40점)	11~13	① 시공실무(40점)	11~13	① 시공실무 없음	
	② 작업형 실기(60점)		② 작업형 실기(60점)		② 작업형 실기(100점)	
시험 수수료	- 필기 : 19,400원 - 실기 : 28,700원		- 필기 : 19,400원 - 실기 : 27,900원		- 필기 : 11,900원 - 실기 : 22,100원	

Section 02 | 실내건축기사 출제기준 |필기|

직무분야	건 축	자격종목	실내건축기사	적용기간	2016. 01 .01 ~ 2019. 12. 31

■ 직무내용 : 건축공간을 기능적, 미적으로 계획하기 위하여 현장분석자료 및 기본 개념을 가지고 공간의 기능에 맞게 면적을 배분하여 공간을 계획 및 구성하며, 이러한 구성개념의 표현을 위하여 개념도, 평면도, 천정도, 입면도, 상세도, 투시도 및 재료 마감표를 작성하고, 완료된 설계도서에 의거하여 현장의 공정 및 시공을 총괄관리 하는 등의 직무 수행

필기검정방법	객관식	문제수	120 문제	시험시간	3시간

필 기 과목명	출제문제수	주요항목	세부항목	세세항목
실내디자인론	20	1. 실내디자인 총론	1. 실내디자인 일반	1. 실내디자인의 개념, 정의, 목표, 조건 2. 실내디자인의 분류 및 특성
			2. 디자인의 요소	1. 점, 선, 면, 형 2. 질감, 문양, 공간 등
			3. 디자인의 원리	1. 스케일과 비례 2. 균형, 리듬, 강조 3. 조화와 통일 등
			4. 실내디자인의 요소	1. 실내기본(바닥, 천장, 벽, 기둥, 보, 개구부, 통로 등) 2. 조명 3. 가구 4. 장식물 5. 전시
		2. 실내디자인 각론	1. 실내계획	1. 주거공간 2. 상업공간 3. 업무공간 4. 전시공간 5. 특수공간
			2. 실내디자인 프로세스	1. 프로젝트의 발생과 범주에 관한 사항 2. 구성기법과 전개과정 3. 작용의 파악과 체크의 대상 및 생활 패턴의 파악에 관한 사항 4. 조건설정의 필요성에 관한 사항 5. 공간의 설정, 레이아웃, 디자인 이미지 구축 등
색채학	20	1. 색채지각	1. 색을 지각하는 기본원리	1. 빛과 색 2. 색지각의 학설과 색맹
		2. 색의 분류, 성질, 혼합	1. 색의 3속성과 색입체	1. 색의 분류 2. 색의 3속성과 색입체
			2. 색의 혼합	1. 가산혼합 2. 감산혼합 3. 중간혼합
		3. 색의 표시	1. 표색계	1. 현색계와 혼색계 2. 먼셀표색계 3. 오스트발트 표색계
			2. 색명	1. 관용색명 2. 일반색명
		4. 색의 심리	1. 색의 지각적인 효과	1. 색의 대비, 색의 동화, 잔상, 항상성, 명시도와 주목성, 진출과 후퇴 등

필기 과목명	출제 문제수	주요항목	세부항목	세세항목
			2. 색의 감정적인 효과	1. 수반감정 2. 색의 연상과 상징
		5. 색채조화	1. 색채조화	1. 색채조화론의 배경, 의미, 성립과 발달 등 2. 먼셀의 색채조화론 3. 오스트발트의 색채조화론 4. 무운, 스펜서의 색채조화론
			2. 배색	1. 색의 3속성에 의한 기본배색과 조화, 전체 색조 및 면적에 의한 배색효과
		6. 색채관리	1. 생활과 색채	1. 색채관리 및 색채조절 2. 색채계획(색채디자인) 3. 산업과 색채 등 4. 디지털 색채
인간공학	20	1. 인간공학일반	1. 인간공학의 정의 및 배경	1. 인간공학의 정의와 목적 2. 인간공학의 철학적 배경
			2. 인간-기계시스템과 인간요소	1. 인간-기계시스템의 정의 및 유형 2. 인간의 정보처리와 입력 3. 인터페이스 개요
			3. 시스템 설계와 인간요소	1. 시스템 정의와 분류 2. 시스템의 특성
			4. 인간공학 연구 방법 및 실험 계획	1. 인간변수 및 기준 2. 기본설계 3. 계면설계 4. 촉진물설계 5. 사용자 중심설계 6. 시험 및 평가 7. 감성공학
		2. 인체계측	1. 신체활동의 생리적 배경	1. 인체의 구성 2. 대사 작용 3. 순환계 및 호흡계 4. 근골격계 해부학적 구조
			2. 신체반응의 측정 및 신체역학	1. 신체활동의 측정원리 2. 생체신호와 측정 장비 3. 생리적 부담척도 4. 심리적 부담척도 5. 신체동작의 유형과 범위 6. 힘과 모멘트
			3. 근력 및 지구력, 신체활동의 에너지 소비, 동작의 속도와 정확성	1. 생체 역학적 모형 2. 근력과 지구력 3. 신체활동의 부하측정 4. 작업부하 및 휴식시간
			4. 신체계측	1. 인체치수의 분류 및 측정원리 2. 인체측정 자료의 응용원칙
		3. 인간의 감각기능	1. 시각	1. 눈의 구조 및 기능 2. 시각과정 3. 시식별 요소(입체감각, 단일상과 이중상, 외관의 운동, 착각, 잔상 등)

필기 과목명	출제 문제수	주요항목	세부항목	세세항목
			2. 청각	1. 소리와 청각 2. 소리와 능률 3. 음량의 측정 4. 대화와 대화이해도 5. 합성음성
			3. 지각	1. 지각에 관한 사항 2. 감각에 관한 사항 3. 인지공학에 관한 일반사항
			4. 촉각 및 후각	1. 촉각에 관한 사항 2. 후각에 관한 사항
		4. 작업환경조건	1. 조명과 색채 이용	1. 빛과 색채에 관한 사항 2. 조도와 광도 3. 반사율과 휘광 4. 조명기계 및 조명수준 5. 작업장 조명관리
			2. 온열조건, 소음, 진동, 공기오염도, 기압	1. 소음 2. 진동 3. 온열조건 4. 기압 5. 실내공기 및 공기오염도
			3. 피로와 능률	1. 피로의 정의 및 종류 2. 피로의 원인 및 증상 3. 피로의 측정법 4. 피로의 예방과 대책 5. 작업강도와 피로 6. 생체리듬
		5. 장치 설계 및 개선	1. 표시장치	1. 시각적 표시장치 2. 청각적 표시장치 3. 촉각적 표시장치
			2. 제어, 제어 테이블 및 판넬의 설계	1. 조정장치 2. 부품의 위치와 배치 3. 작업방법 및 효율성 4. 작업대의 설계
			3. 가구와 동작범위, 통로 (동선관계 등)	1. 동작경제의 원칙 2. 공간이용 및 배치 3. 작업공간의 설계 및 개선 4. 사무/VDT 작업설계
			4. 디자인의 인간공학 적용에 관한 사항	1. 인지특성을 고려한 설계원리 및 절차 2. 중량물 취급원리 3. 수공구 및 설비의 설계 및 개선 4. 기타 디자인 프로세스
건축재료	20	1. 건축재료일반	1. 건축재료의 발달	1. 구조물과 건축재료 2. 건축재료의 생산과 발달과정
			2. 건축재료의 분류와 요구성능	1. 건축재료의 분류 2. 건축재료의 요구성능
			3. 새로운 재료 및 재료설계	1. 신재료의 개발 2. 재료의 선정과 설계

필기 과목명	출제 문제수	주요항목	세부항목	세세항목
			4. 난연재료의 분류와 요구성능	1. 난연재료의 특성 및 종류 2. 난연재료의 요구성능
		2. 각종 건축 재료의 특성, 용도, 규격 에 관한 사항	1. 목재	1. 목재일반 2. 목재제품
			2. 점토재	1. 일반적인 사항 2. 점토제품
			3. 시멘트 및 콘크리트	1. 시멘트의 종류 및 성질 2. 시멘트의 배합 등 사용법 3. 시멘트 제품 4. 콘크리트 일반사항 5. 골재
			4. 금속재	1. 금속재의 종류, 성질 2. 금속제품
			5. 미장재	1. 미장재의 종류, 특성 2. 제조법 및 사용법
			6. 합성수지	1. 합성수지의 종류 및 특성 2. 합성수지제품
			7. 도료 및 접착제	1. 도료 및 접착제의 종류 및 성질 2. 도료 및 접착제의 용도
			8. 석재	1. 석재의 종류 및 특성 2. 석재제품
			9. 기타 재료	1. 유리 2. 벽지 및 휘장류 3. 단열 및 흡음재료
			10. 방수	1. 방수재료의 종류와 특성 2. 방수 재료별 용도
건축일반	20	1. 일반구조	1. 건축구조의 일반사항	1. 건축구조의 개념 2. 건축구조의 분류 3. 각 구조의 특성
			2. 건축물의 각 구조	1. 목구조 2. 조적구조 3. 철근콘크리트구조 4. 철골구조 5. 조립식 구조
		2. 건축사	1. 실내디자인사	1. 한국 실내디자인사 2. 서양 실내디자인사
		3. 건축법, 시행령, 시행규칙	1. 건축법	1. 건축물의 구조 및 재료 2. 건축설비
			2. 건축법 시행령	1. 건축물의 구조 및 재료 2. 건축물의 설비 등
			3. 건축법 시행규칙	1. 건축법의 "건축물의 구조 및 재료"와 관련된 사항 2. 건축법의 "건축설비"와 관련된 사항

필기 과목명	출제 문제수	주요항목	세부항목	세세항목
			4. 건축물의 설비기준 등에 관한 규칙 및 건축물의 피난·방화구조 등의 기준에 관한 규칙	1. 건축물의 설비기준 등에 관한 규칙 2. 건축물의 피난·방화구조 등의 기준에 관한 규칙
		4. 소방시설설치유지 및 안전관리에 관한 법률, 시행령, 시행규칙	1. 소방시설설치유지 및 안전관리에 관한 법률	1. 총칙 2. 소방검사 등 3. 소방시설의 설치 및 유지·관리 등 4. 소방대상물의 안전관리 5. 방염
			2. 소방시설설치유지 및 안전관리에 관한 법률 시행령	1. 총칙 2. 소방검사 등 3. 건축허가 등의 동의 등
			3. 소방시설설치유지 및 안전관리에 관한 법률 시행규칙	1. 총칙 2. 소방시설의 설치 및 유지 3. 소방대상물의 안전관리
건축환경	20	1. 실내환경	1. 열 및 습기환경	1. 건물과 열. 습기 2. 실내환경과 체감 3. 복사 4. 정상 전열과 실온 5. 비정상 전열과 실온 6. 습기와 결로
			2. 공기환경	1. 실내공기의 오염과 환기 2. 환기의 역학 3. 환기계획
			3. 빛환경	1. 빛과 빛환경 2. 시각과 시각환경 3. 시각 환경의 구성
			4. 음환경	1. 음의 기초 2. 실내음향
		2. 실내건축설비	1. 급수 및 급탕설비	1. 위생기구 2. 급배수설비 3. 급탕설비 4. 실내설비설계
			2. 공기조화 및 전기설비	1. 공기조화설비 2. 전기설비 3. 냉난방설비

Section 03 | 실내건축기사 출제기준 |실기|

직무분야	건 설	중직무분야	건 축	자격종목	실내건축기사	적용기간	2016. 01. 01 ~ 2019. 12. 31

- ■ 직무내용 : 건축공간을 기능적, 미적으로 계획하기 위하여 현장분석자료 및 기본 개념을 가지고 공간의 기능에 맞게 면적을 배분하여 공간을 계획 및 구성하며, 이러한 구성개념의 표현을 위하여 개념도, 평면도, 천정도, 입면도, 상세도, 투시도 및 재료 마감표를 작성하고, 완료된 설계도서에 의거하여 현장의 공정 및 시공을 총괄관리 하는 등의 직무 수행
- ■ 수행준거 : 1. 각종 유형의 실내디자인을 계획하고 실무도면을 작성할 수 있다.
  2. 실내건축시공, 공정관리, 적산, 재료의 관리 및 계획을 할 수 있다.

실기검정방법	복합형	시험시간	필답형 : 1시간 작업형 : 6시간 정도

실 기 과목명	주요항목	세부항목	세세항목
건축실내의 설계 및 시공실무	1. 실내디자인 기획	1. 사용자 요구사항 분석하기	1. 사용자 요구사항을 근거로 프로젝트의 취지, 목적, 성격, 기능, 용도, 업무범위를 분석할 수 있다. 2. 사용자와의 협의사항을 바탕으로 작업내용을 규정할 수 있다. 3. 기초조사를 통해 실제 사용자를 위한 결과물의 내용, 소요업무, 소요기간, 업무 세부내용의 요구수준을 결정할 수 있다. 4. 사용자 경험과 행동에 영향을 미치는 요소를 파악할 수 있다. 5. 해당 공간과 주변의 자연환경, 인문환경을 조사할 수 있다. 6. 자료조사를 통해 목표로 하는 시장의 정보, 사용자의 구조, 구성을 파악할 수 있다. 7. 문헌조사와 인터뷰 조사를 통해 사용자 요구사항을 파악할 수 있다. 8. 관련 프로젝트의 현황 파악을 통해 디자인 트렌드 조사를 할 수 있다.
		2. 설계 개념 설정하기	1. 프로젝트에 대한 자료조사 분석을 통하여 해당 공간의 디자인 방향을 설정할 수 있다. 2. 도출된 공간의 디자인 방향을 구체화 하여 본 설계의 주제를 설정할 수 있다. 3. 설정된 주제를 조형언어로 전환시킬 설계개념을 설정할 수 있다. 4. 설계개념을 구체화 할 수 있는 전략을 수립하여 설계의 아이템과 연계한 실행방안을 설정할 수 있다. 5. 프로젝트 분석에서 검토된 내용을 활용하여 필요한 공간 요소를 추출할 수 있다. 6. 프로젝트 분석에서 검토된 내용을 활용하여 기능별 영역을 정립하여 공간의 효율성을 높이는 계획을 수립할 수 있다. 7. 프로젝트 분석에서 검토된 내용을 활용하여 디자인의 원리와 요소를 적용한 계획을 수립할 수 있다.
		3. 공간 프로그램 작성하기	1. 디자인 개념을 적용시킨 공간을 구상할 수 있다. 2. 공간의 사용목적에 따라 공간의 기본 단위를 도출할 수 있다.

실 기 과목명	주요항목	세부항목	세세항목
			3. 공간의 사용과 중요도에 따라 공간의 위계를 수립할 수 있다. 4. 기능에 따른 공간을 배치할 수 있다. 5. 시간의 흐름에 따른 공간의 변화를 계획할 수 있다. 6. 공간에 적절한 가구, 집기, 조명계획을 할 수 있다.
	2. 실내디자인 계획	1. 공간계획 하기	1. 실내디자인 기획단계의 내용을 토대로 통합적이고 구체적인 실내 공간을 계획할 수 있다. 2. 실내디자인 기획단계의 내용을 토대로 마감재, 색채, 조명, 가구, 장비, 에너지 절약, 친환경 계획을 적용할 수 있다. 3. 실내디자인 공간 계획에 따른 기본 설계 도면을 작성할 수 있다. 4. 실내디자인 공간 계획에 따른 개략적인 물량을 산출할 수 있다. 5. 공사 공정에 따라 제반 비용을 포함한 총 공사 예가를 산출할 수 있다.
		2. 마감계획 하기	1. 실내디자인 공간 계획의 내용을 토대로 마감계획을 구체화 할 수 있다. 2. 실내공간의 용도와 사용자의 행태적, 심리적 특성, 시공성 등을 고려한 마감계획을 할 수 있다. 3. 마감재의 안전기준, 장애인, 노약자의 편의증진에 관한 기준을 검토하고 적용할 수 있다.
		3. 가구계획 하기	1. 실내디자인 공간 계획의 내용을 토대로 가구계획을 구체화 할 수 있다. 2. 계획된 공간의 특성에 따라 행태적, 심리적 특성을 고려한 가구계획을 할 수 있다. 3. 계획된 공간에 전기, 기계설비 요소들을 고려한 가구배치를 할 수 있다. 4. 계획된 공간의 특성에 따라 인체공학적, 심리적 특성을 고려한 가구를 선정할 수 있다. 5. 유아, 노인, 장애자의 특성을 고려한 가구계획을 할 수 있다.
		4. 조명계획 하기	1. 계획된 공간에 적절한 조도를 갖춘 경제적, 기능적, 심미적인 조명배치에 대한 기본 계획을 할 수 있다. 2. 계획된 공간에 경제적, 기능적, 심미적인 조명과 조명기구 등을 선정할 수 있다. 3. 계획된 공간에 경제적, 기능적, 심미적인 배선기구 등을 선정할 수 있다. 4. 계획된 공간에 필요한 약전, 정보통신에 대한 기본 설비 계획을 할 수 있다. 5. 계획된 전기설비에 대하여 전기설비 협력업체와 구체화 작업을 협의할 수 있다. 6. 전기설비 및 조명 협력업체를 관리할 수 있다.

실 기 과목명	주요항목	세부항목	세세항목
		5. 설비계획 하기	1. 계획된 공간에 필요한 급배수, 공조, 냉난방, 위생설비, 배관, 배선 등 설비 기본계획을 수립할 수 있다. 2. 계획된 공간에 필요한 소화설비 등에 대한 계획을 수립할 수 있다. 3. 계획된 공간에 필요한 실내위생설비 및 실내 관련 설비 기구를 선정할 수 있다. 4. 계획된 공간에 필요한 방화 및 피난시설에 대한 계획을 수립할 수 있다. 5. 계획된 공간에 필요한 화재탐지설비에 대한 계획을 수립할 수 있다. 6. 계획된 위생·소방·안전 설비에 대하여 협력업체와 구체화 작업을 협의할 수 있다. 7. 위생설비 및 소방·안전 협력업체를 관리할 수 있다.
	3. 실내디자인 설계도서 작성	1. 실시 설계도면 작성하기	1. 기본 설계를 바탕으로 시공이 가능하도록 실시 설계 도면을 작성할 수 있다. 2. 설계도면 작성 기준에 따라 정확하게 설계도면을 작성할 수 있다. 3. 도면을 작성한 후 설계도면집을 완성하여 제시할 수 있다.
		2. 내역서 작성하기	1. 실시설계 도면을 파악하여 수량산출서를 작성할 수 있다. 2. 자재의 단가와 개별직종 노임단가를 조사하여 재료비, 노무비, 경비를 파악하고 일위대가를 작성할 수 있다. 3. 공종별 내역서를 작성할 수 있다. 4. 공사의 원가계산서를 작성할 수 있다.
		3. 시방서 작성하기	1. 실시설계 도면을 검토하여 도면에 표현하기 어려운 내용과 공사의 특수성을 감안하여 시방서를 작성할 수 있다. 2. 시공을 위한 일반사항과 공종별 지침에 대해 기술할 수 있다. 3. 필요한 경우 특별시방서를 직접 작성하거나 관련 업체에 요청하여 취합할 수 있다.
	4. 실내디자인 시공 관리	1. 공정 계획하기	1. 설계의 전반적인 내용을 숙지하고 예정공정에 따라 공사전반의 공정계획서를 작성 할 수 있다. 2. 설계에 따라 각 공정에 필요한 인력, 자재, 장비의 투입 시점을 계획 할 수 있다. 3. 공사에 소요되는 예산 계획을 수립할 수 있다. 4. 공정계획서의 일정계획과 진도관리에 따라 공사를 완료 할 수 있다.
		2. 현장 관리하기	1. 공사계획에 따른 인력, 자재, 예산을 관리할 수 있다. 2. 설계도서에 따른 적정 시공 여부를 확인할 수 있다. 3. 위기대응, 현장정리, 진행과정을 기록·보고를 할 수 있다. 4. 공정계획서의 일정계획과 진도관리에 따라 공사를 완료 할 수 있다.

실 기 과목명	주요항목	세부항목	세세항목
		3. 안전 관리하기	1. 시공현장의 재해방지·안전관리 계획을 수립할 수 있다. 2. 시공 작업에 맞추어 공종별 안전관리 체크리스트를 수립할 수 있다. 3. 안전관리 시설을 설치·관리할 수 있다. 4. 시공과정에 따른 안전관리체계를 지도할 수 있다.
		4. 감리하기	1. 공사에 투입되는 장비와 자재의 품질에 대한 적정성을 판단할 수 있다. 2. 공사가 올바르게 시공되었는지 검사하고 판단할 수 있다. 3. 부적합한 사안에 대하여 시정 지시를 할 수 있다.

Section 04 | 실내건축산업기사 출제기준 |필기|

직무분야	건 설	중직무분야	건 축	자격종목	실내건축산업기사	적용기간	2016. 01. 01 ~ 2019. 12. 31

■ 직무내용 : 건축공간을 기능적, 미적으로 계획하기 위하여 현장분석자료 및 기본 개념을 가지고 공간의 기능에 맞게 면적을 배분하여 공간을 계획 및 구성하며, 이러한 구성개념의 표현을 위하여 개념도, 평면도, 천정도, 입면도, 상세도, 투시도 및 재료 마감표를 작성하고, 완료된 설계도서에 의거하여 현장의 공정 및 시공을 관리하는 등의 직무 수행

필기검정방법	객관식	문제수	80 문제	시험시간	2시간

필 기 과목명	출제 문제수	주요항목	세부항목	세세항목
실내디자인론	20	1. 실내디자인 총론	1. 실내디자인 일반	1. 실내디자인의 개념, 정의, 목표, 조건 2. 실내디자인의 분류 및 특성
			2. 디자인의 요소	1. 점, 선, 면, 형 2. 질감, 문양, 공간 등
			3. 디자인의 원리	1. 스케일과 비례 2. 균형, 리듬, 강조 3. 조화와 통일 등
			4. 실내디자인의 요소	1. 실내기본(바닥, 천장, 벽, 기둥, 보, 개구부, 통로 등) 2. 조명 3. 가구 4. 장식물 5. 전시
		2. 실내디자인 각론	1. 실내계획	1. 주거공간 2. 상업공간 3. 업무공간 4. 전시공간 5. 특수공간
			2. 실내디자인 프로세스	1. 프로젝트의 발생과 범주에 관한 사항 2. 구성기법과 전개과정 3. 작용의 파악과 체크의 대상 및 생활 패턴의 파악에 관한 사항 4. 조건설정의 필요성에 관한 사항 5. 공간의 설정, 레이아웃, 디자인 이미지 구축 등
색채 및 인간공학	20	1. 색채지각	1. 색을 지각하는 기본원리	1. 빛과 색 2. 색지각의 학설과 색맹
		2. 색의 분류, 성질, 혼합	1. 색의 3속성과 색입체	1. 색의 분류 2. 색의 3속성과 색입체
			2. 색의 혼합	1. 가산혼합 2. 감산혼합 3. 중간혼합
		3. 색의 표시	1. 표색계	1. 현색계와 혼색계 2. 먼셀표색계 3. 오스트발트 표색계
			2. 색명	1. 관용색명 2. 일반색명
		4. 색의 심리	1. 색의 지각적인 효과	1. 색의 대비, 색의 동화, 잔상, 항상성, 명시도와 주목성, 진출과 후퇴 등

필기 과목명	출제 문제수	주요항목	세부항목	세세항목
			2. 색의 감정적인 효과	1. 수반감정 2. 색의 연상과 상징
		5. 색채조화	1. 색채조화	1. 색채조화론의 배경, 의미, 성립과 발달 등 2. 오스트발트의 색채조화론 3. 무운, 스펜서의 색채조화론
			2. 배색	1. 색의 3속성에 의한 기본배색과 조화, 전체 색조 및 면적에 의한 배색효과
		6. 색채관리	1. 생활과 색채	1. 색채관리 및 색채조절 2. 색채계획(색채디자인) 3. 산업과 색채 등 4. 디지털 색채
		7. 인간공학일반	1. 인간공학의 정의 및 배경	1. 인간공학의 정의와 목적 2. 인간공학의 철학적 배경
			2. 인간-기계시스템과 인간요소	1. 인간-기계시스템의 정의 및 유형 2. 인간의 정보처리와 입력 3. 인터페이스 개요
			3. 시스템 설계와 인간요소	1. 시스템 정의와 분류 2. 시스템의 특성
			4. 인간공학 연구 방법 및 실험 계획	1. 인간변수 및 기준 2. 기본설계 3. 계면설계 4. 촉진물설계 5. 사용자 중심설계 6. 시험 및 평가 7. 감성공학
		8. 인체계측	1. 신체활동의 생리적 배경	1. 인체의 구성 2. 대사 작용 3. 순환계 및 호흡계 4. 근골격계 해부학적 구조
			2. 신체반응의 측정 및 신체역학	1. 신체활동의 측정원리 2. 생체신호와 측정 장비 3. 생리적 부담척도 4. 심리적 부담척도 5. 신체동작의 유형과 범위 6. 힘과 모멘트
			3. 근력 및 지구력, 신체활동의 에너지 소비, 동작의 속도와 정확성	1. 생체 역학적 모형 2. 근력과 지구력 3. 신체활동의 부하측정 4. 작업부하 및 휴식시간
			4. 신체계측	1. 인체 치수의 분류 및 측정원리 2. 인체측정 자료의 응용원칙
		9. 인간의 감각기능	1. 시각	1. 눈의 구조 및 기능 2. 시각과정 3. 시식별 요소(입체감각, 단일상과 이중상, 외관의 운동, 착각, 잔상 등)

필기 과목명	출제 문제수	주요항목	세부항목	세세항목
			2. 청각	1. 소리와 청각 2. 소리와 능률 3. 음량의 측정 4. 대화와 대화이해도 5. 합성음성
			3. 지각	1. 지각에 관한 사항 2. 감각에 관한 사항 3. 인지공학에 관한 일반사항
			4. 촉각 및 후각	1. 촉각에 관한 사항 2. 후각에 관한 사항
		10. 작업환경조건	1. 조명과 색채 이용	1. 빛과 색채에 관한 사항 2. 조도와 광도 3. 반사율과 휘광 4. 조명기계 및 조명수준 5. 작업장 조명관리
			2. 온열조건, 소음, 진동, 공기오염도, 기압	1. 소음 2. 진동 3. 온열조건 4. 기압 5. 실내공기 및 공기오염도
			3. 피로와 능률	1. 피로의 정의 및 종류 2. 피로의 원인 및 증상 3. 피로의 측정법 4. 피로의 예방과 대책 5. 작업강도와 피로 6. 생체리듬
		11. 장치 설계 및 개선	1. 표시장치	1. 시각적 표시장치 2. 청각적 표시장치 3. 촉각적 표시장치
			2. 제어, 제어 테이블 및 판넬의 설계	1. 조정장치 2. 부품의 위치와 배치 3. 작업방법 및 효율성 4. 작업대의 설계
			3. 가구와 동작범위, 통로(동선관계 등)	1. 동작경제의 원칙 2. 공간이용 및 배치 3. 작업공간의 설계 및 개선 4. 사무/VDT 작업설계
			4. 디자인의 인간공학 적용에 관한 사항	1. 인지특성을 고려한 설계원리 및 절차 2. 중량물 취급원리 3. 수공구 및 설비의 설계 및 개선 4. 기타 디자인 프로세스
건축재료	20	1. 건축재료일반	1. 건축재료의 발달	1. 구조물과 건축재료 2. 건축재료의 생산과 발달과정
			2. 건축재료의 분류와 요구성능	1. 건축재료의 분류 2. 건축재료의 요구성능
			3. 새로운 재료 및 재료설계	1. 신재료의 개발 2. 재료의 선정과 설계

필 기 과목명	출제 문제수	주요항목	세부항목	세세항목
			4. 난연재료의 분류와 요구 성능	1. 난연재료의 특성 및 종류 2. 난연재료의 요구성능
		2. 각종 건축 재료의 특성, 용도, 규격에 관한 사항	1. 목재	1. 목재일반 2. 목재제품
			2. 점토재	1. 일반적인 사항 2. 점토제품
			3. 시멘트 및 콘크리트	1. 시멘트의 종류 및 성질 2. 시멘트의 배합 등 사용법 3. 시멘트 제품 4. 콘크리트 일반사항 5. 골재
			4. 금속재	1. 금속재의 종류, 성질 2. 금속제품
			5. 미장재	1. 미장재의 종류, 특성 2. 제조법 및 사용법
			6. 합성수지	1. 합성수지의 종류 및 특성 2. 합성수지제품
			7. 도료 및 접착제	1. 도료 및 접착제의 종류 및 성질 2. 도료 및 접착제의 용도
			8. 석재	1. 석재의 종류 및 특성 2. 석재제품
			9. 기타재료	1. 유리 2. 벽지 및 휘장류 3. 단열 및 흡음재료
			10. 방수	1. 방수재료의 종류와 특성 2. 방수 재료별 용도
건축일반	20	1. 일반구조	1. 건축구조의 일반사항	1. 건축구조의 개념 2. 건축구조의 분류 3. 각 구조의 특성
			2. 건축물의 각 구조	1. 목구조 2. 조적구조 3. 철근콘크리트구조 4. 철골구조 5. 조립식 구조
		2. 건축사	1. 실내디자인사	1. 한국 실내디자인사 2. 서양 실내디자인사
		3. 건축법, 시행령, 시행규칙	1. 건축법	1. 건축물의 구조 및 재료 2. 건축설비
			2. 건축법 시행령	1. 건축물의 구조 및 재료 2. 건축물의 설비 등
			3. 건축법 시행규칙	1. 건축법의 "건축물의 구조 및 재료"와 관련된 사항 2. 건축법의 "건축설비"와 관련된 사항

필 기 과목명	출제 문제수	주요항목	세부항목	세세항목
			4. 건축물의 설비 기준 등에 관한 규칙 및 건축물의 피난·방화구조 등의 기준에 관한 규칙	1. 건축물의 설비기준 등에 관한 규칙 2. 건축물의 피난·방화구조 등의 기준에 관한 규칙
		4. 소방시설설치유지 및 안전관리에 관한 법률, 시행령, 시행규칙	1. 소방시설설치유지 및 안전관리에 관한 법률	1. 총칙 2. 소방검사 등 3. 소방시설의 설치 및 유지·관리 등 4. 소방대상물의 안전관리
			2. 소방시설설치유지 및 안전관리에 관한 법률 시행령	1. 총칙 2. 소방검사 등 3. 건축허가등의 동의 등
			3. 소방시설설치유지 및 안전관리에 관한 법률 시행규칙	1. 총칙 2. 소방시설의 설치 및 유지 3. 소방대상물의 안전관리 4. 방염
		5. 실내환경	1. 열 및 습기환경	1. 건물과 열. 습기 2. 실내환경과 체감 3. 복사 4. 정상 전열과 실온 5. 비정상 전열과 실온 6. 습기와 결로
			2. 공기환경	1. 실내공기의 오염과 환기 2. 환기의 역학 3. 환기계획
			3. 빛환경	1. 빛과 빛환경 2. 시각과 시각환경 3. 시각 환경의 구성
			4. 음환경	1. 음의 기초 2. 실내음향

Section 05 | 실내건축산업기사 출제기준 |실기|

직무분야	건 설	중직무분야	건 축	자격종목	실내건축산업기사	적용기간	2016. 01. 01 ~ 2019. 12. 31

- **직무내용** : 건축공간을 기능적, 미적으로 계획하기 위하여 현장분석자료 및 기본 개념을 가지고 공간의 기능에 맞게 면적을 배분하여 공간을 계획 및 구성하며, 이러한 구성개념의 표현을 위하여 개념도, 평면도, 천정도, 입면도, 상세도, 투시도 및 재료 마감표를 작성하고, 완료된 설계도서에 의거하여 현장의 공정 및 시공을 총괄관리 하는 등의 직무 수행
- **수행준거** : 1. 각종 유형의 실내디자인을 계획하고 실무도면을 작성할 수 있다.
  2. 실내건축시공, 공정관리, 적산, 재료의 관리 및 계획을 할 수 있다.

실기검정방법	복합형	시험시간	필답형 : 1시간 작업형 : 5시간 정도

실 기 과목명	주요항목	세부항목	세세항목
건축실내의 설계 및 시공실무	1. 실내디자인 기획	1. 사용자 요구사항 분석하기	1. 사용자 요구사항을 근거로 프로젝트의 취지, 목적, 성격, 기능, 용도, 업무범위를 분석할 수 있다. 2. 사용자와의 협의사항을 바탕으로 작업내용을 규정할 수 있다. 3. 기초조사를 통해 실제 사용자를 위한 결과물의 내용, 소요업무, 소요기간, 업무 세부내용의 요구수준을 결정할 수 있다. 4. 사용자 경험과 행동에 영향을 미치는 요소를 파악할 수 있다. 5. 해당 공간과 주변의 자연환경, 인문환경을 조사할 수 있다. 6. 자료조사를 통해 목표로 하는 시장의 정보, 사용자의 구조, 구성을 파악할 수 있다. 7. 문헌조사와 인터뷰 조사를 통해 사용자 요구사항을 파악할 수 있다. 8. 관련 프로젝트의 현황 파악을 통해 디자인 트렌드 조사를 할 수 있다.
		2. 설계 개념 설정하기	1. 프로젝트에 대한 자료조사 분석을 통하여 해당 공간의 디자인 방향을 설정할 수 있다. 2. 도출된 공간의 디자인 방향을 구체화 하여 본 설계의 주제를 설정할 수 있다. 3. 설정된 주제를 조형언어로 전환시킬 설계개념을 설정할 수 있다. 4. 설계개념을 구체화 할 수 있는 전략을 수립하여 설계의 아이템과 연계한 실행방안을 설정할 수 있다. 5. 프로젝트 분석에서 검토된 내용을 활용하여 필요한 공간 요소를 추출할 수 있다. 6. 프로젝트 분석에서 검토된 내용을 활용하여 기능별 영역을 정립하여 공간의 효율성을 높이는 계획을 수립할 수 있다. 7. 프로젝트 분석에서 검토된 내용을 활용하여 디자인의 원리와 요소를 적용한 계획을 수립할 수 있다.
		3. 공간 프로그램 작성하기	1. 디자인 개념을 적용시킨 공간을 구상할 수 있다. 2. 공간의 사용목적에 따라 공간의 기본 단위를 도출할 수 있다.

실 기 과목명	주요항목	세부항목	세세항목
			3. 공간의 사용과 중요도에 따라 공간의 위계를 수립할 수 있다. 4. 기능에 따른 공간을 배치할 수 있다. 5. 시간의 흐름에 따른 공간의 변화를 계획할 수 있다. 6. 공간에 적절한 가구, 집기, 조명계획을 할 수 있다.
	2. 실내디자인 계획	1. 공간계획 하기	1. 실내디자인 기획단계의 내용을 토대로 통합적이고 구체적인 실내 공간을 계획할 수 있다. 2. 실내디자인 기획단계의 내용을 토대로 마감재, 색채, 조명, 가구, 장비, 에너지 절약, 친환경 계획을 적용할 수 있다. 3. 실내디자인 공간 계획에 따른 기본 설계 도면을 작성할 수 있다. 4. 실내디자인 공간 계획에 따른 개략적인 물량을 산출할 수 있다. 5. 공사 공정에 따라 제반 비용을 포함한 총 공사 예가를 산출할 수 있다.
		2. 마감계획 하기	1. 실내디자인 공간 계획의 내용을 토대로 마감계획을 구체화 할 수 있다. 2. 실내공간의 용도와 사용자의 행태적, 심리적 특성, 시공성 등을 고려한 마감계획을 할 수 있다. 3. 마감재의 안전기준, 장애인, 노약자의 편의증진에 관한 기준을 검토하고 적용할 수 있다.
		3. 가구계획 하기	1. 실내디자인 공간 계획의 내용을 토대로 가구계획을 구체화 할 수 있다. 2. 계획된 공간의 특성에 따라 행태적, 심리적 특성을 고려한 가구계획을 할 수 있다. 3. 계획된 공간에 전기, 기계설비 요소들을 고려한 가구배치를 할 수 있다. 4. 계획된 공간의 특성에 따라 인체공학적, 심리적 특성을 고려한 가구를 선정할 수 있다. 5. 유아, 노인, 장애자의 특성을 고려한 가구계획을 할 수 있다.
		4. 조명계획 하기	1. 계획된 공간에 적절한 조도를 갖춘 경제적, 기능적, 심미적인 조명배치에 대한 기본 계획을 할 수 있다. 2. 계획된 공간에 경제적, 기능적, 심미적인 조명과 조명기구 등을 선정할 수 있다. 3. 계획된 공간에 경제적, 기능적, 심미적인 배선기구 등을 선정할 수 있다. 4. 계획된 공간에 필요한 약전, 정보통신에 대한 기본 설비 계획을 할 수 있다. 5. 계획된 전기설비에 대하여 전기설비 협력업체와 구체화 작업을 협의할 수 있다. 6. 전기설비 및 조명 협력업체를 관리할 수 있다.
		5. 설비계획 하기	1. 계획된 공간에 필요한 급배수, 공조, 냉난방, 위생설비, 배관, 배선 등 설비 기본계획을 수립할 수 있다.

실 기 과목명	주요항목	세부항목	세세항목
			2. 계획된 공간에 필요한 소화설비 등에 대한 계획을 수립할 수 있다. 3. 계획된 공간에 필요한 실내위생설비 및 실내 관련 설비 기구를 선정할 수 있다. 4. 계획된 공간에 필요한 방화 및 피난시설에 대한 계획을 수립할 수 있다. 5. 계획된 공간에 필요한 화재탐지설비에 대한 계획을 수립할 수 있다. 6. 계획된 위생·소방·안전 설비에 대하여 협력 업체와 구체화 작업을 협의할 수 있다. 7. 위생설비 및 소방·안전 협력업체를 관리할 수 있다.
	3. 실내디자인 설계 도서 작성	1. 실시 설계도면 작성하기	1. 기본 설계를 바탕으로 시공이 가능하도록 실시 설계 도면을 작성할 수 있다. 2. 설계도면 작성 기준에 따라 정확하게 설계도면을 작성할 수 있다. 3. 도면을 작성한 후 설계도면집을 완성하여 제시할 수 있다.
		2. 내역서 작성하기	1. 실시설계 도면을 파악하여 수량산출서를 작성할 수 있다. 2. 자재의 단가와 개별직종 노임단가를 조사하여 재료비, 노무비, 경비를 파악하고 일위대가를 작성할 수 있다. 3. 공종별 내역서를 작성할 수 있다. 4. 공사의 원가계산서를 작성할 수 있다.
		3. 시방서 작성하기	1. 실시설계 도면을 검토하여 도면에 표현하기 어려운 내용과 공사의 특수성을 감안하여 시방서를 작성할 수 있다. 2. 시공을 위한 일반사항과 공종별 지침에 대해 기술할 수 있다. 3. 필요한 경우 특별시방서를 직접 작성하거나 관련 업체에 요청하여 취합할 수 있다.
	4. 실내디자인 시공 관리	1. 공정 계획하기	1. 설계의 전반적인 내용을 숙지하고 예정공정에 따라 공사전반의 공정계획서를 작성할 수 있다. 2. 설계에 따라 각 공정에 필요한 인력, 자재, 장비의 투입 시점을 계획할 수 있다. 3. 공사에 소요되는 예산 계획을 수립할 수 있다. 4. 공정계획서의 일정계획과 진도관리에 따라 공사를 완료할 수 있다.
		2. 현장 관리하기	1. 공사계획에 따른 인력, 자재, 예산을 관리할 수 있다. 2. 설계도서에 따른 적정 시공 여부를 확인할 수 있다. 3. 위기대응, 현장정리, 진행과정을 기록·보고를 할 수 있다. 4. 공정계획서의 일정계획과 진도관리에 따라 공사를 완료 할 수 있다.

실 기 과목명	주요항목	세부항목	세세항목
		3. 안전 관리하기	1. 시공현장의 재해방지·안전관리 계획을 수립할 수 있다. 2. 시공 작업에 맞추어 공종별 안전관리 체크리스트를 수립할 수 있다. 3. 안전관리 시설을 설치·관리 할 수 있다. 4. 시공과정에 따른 안전관리체계를 지도 할 수 있다.
		4. 감리하기	1. 공사에 투입되는 장비와 자재의 품질에 대한 적정성을 판단 할 수 있다. 2. 공사가 올바르게 시공되었는지 검사하고 판단 할 수 있다. 3. 부적합한 사안에 대하여 시정 지시를 할 수 있다.

Section 06 | 실내건축기능사 출제기준 |필기|

직무분야	건설	중직무분야	건축	자격종목	실내건축기능사	적용기간	2016. 01. 01 ~ 2019. 12. 31

■ 직무내용 : 건축공간을 기능적, 미적으로 계획하기 위하여 현장분석자료 및 기본 개념을 가지고 공간의 기능에 맞게 면적을 배분하여 공간을 계획 및 구성하며, 이러한 구성개념의 표현을 위하여 개념도, 평면도, 천정도, 입면도, 상세도, 투시도 및 재료 마감표 작성을 하고, 완료된 설계도서에 의거하여 현장 업무 등을 수행하는 직무

필기검정방법	객관식	문제수	60 문제	시험시간	1시간

필 기 과목명	출제문제수	주요항목	세부항목	세세항목
실내디자인, 실내환경, 실내건축재료, 건축일반	60	1. 실내디자인론	1. 실내디자인 일반	1. 실내디자인의 개념 2. 실내디자인의 분류 및 특성
			2. 디자인 요소	1. 점, 선 2. 면, 형 3. 균형 4. 리듬 5. 강조 6. 조화와 통일
			3. 실내디자인의 요소	1. 바닥, 천정, 벽 2. 기둥, 보 3. 개구부, 통로 4. 조명 5. 가구
			4. 실내계획	1. 주거공간 2. 상업공간
		2. 실내환경	1. 열 및 습기환경	1. 건물과열, 습기, 실내환경 2. 복사 및 습기와 결로
			2. 공기환경	1. 실내공기의 오염 및 환기
			3. 빛환경	1. 빛환경
			4. 음환경	1. 음의기초 및 실내음향
		3. 실내건축재료	1. 건축재료의 개요	1. 재료의 발달 및 분류 2. 구조별 사용재료의 특성
			2. 각종재료의 특성, 용도, 규격에 관한 지식	1. 목재의 분류 및 성질 2. 목재의 이용 3. 석재의 분류 및 성질 4. 석재의 이용 5. 시멘트의 분류 및 성질 6. 콘크리트 골재 및 혼화재료 7. 콘크리트의 성질 8. 콘크리트의 이용 9. 점토의 성질 10. 점토의 이용 11. 금속재료의 분류 및 성질 12. 금속재료의 이용 13. 유리의 성질 및 이용 14. 미장재료의 성질 및 이용 15. 합성수지의 분류 및 성질 16. 합성수지의 이용

필 기 과목명	출제 문제수	주요항목	세부항목	세세항목
				17. 도장재료의 성질 및 이용 18. 방수재료의 성질 및 이용 19. 기타 수장재료의 성질 및 이용
		4. 실내건축제도	1. 건축제도 용구 및 재료	1. 건축제도 용구 2. 건축제도 재료
			2. 각종 제도 규약	1. 건축제도통칙(일반사항-도면의 크기, 척도, 표제란 등) 2. 건축제도통칙(선, 글자, 치수) 3. 도면의 표시방법
			3. 건축물의 묘사와 표현	1. 건축물의 묘사 2. 건축물의 표현
			4. 건축설계도면	1. 설계도면의 종류 2. 설계도면의 작도법 3. 도면의 구성요소
		5. 일반구조	1. 건축구조의 일반사항	1. 목구조 2. 조적구조 3. 철근콘크리트구조 4. 철골구조 5. 조립식 구조 6. 기타 구조

Section 07 | 실내건축기능사 출제기준 | 실기 |

직무분야	건 설	중직무분야	건 축	자격종목	실내건축기능사	적용기간	2016. 01. 01 ~ 2019. 12. 31

- **직무내용** : 건축공간을 기능적, 미적으로 계획하기 위하여 현장분석자료 및 기본 개념을 가지고 공간의 기능에 맞게 면적을 배분하여 공간을 계획 및 구성하며, 이러한 구성개념의 표현을 위하여 개념도, 평면도, 천정도, 입면도, 상세도, 투시도 및 재료 마감표 작성하고, 완료된 설계도서에 의거하여 현장업무 등을 수행하는 직무
- **수행준거** : 1. 계획설계도면, 실시설계도면 등의 일반도면을 작도할 수 있다.
  2. 실내투시도 및 투상도를 작도할 수 있다.

실기검정방법	작업형	시험시간	작업형 : 5시간 정도

실 기 과목명	주요항목	세부항목	세세항목
실내건축실무	1. 실내디자인 계획	1. 공간계획 하기	1. 실내디자인 기획단계의 내용을 토대로 통합적이고 구체적인 실내 공간을 계획할 수 있다. 2. 실내디자인 기획단계의 내용을 토대로 마감재, 색채, 조명, 가구, 장비, 에너지 절약, 친환경 계획을 적용할 수 있다. 3. 실내디자인 공간 계획에 따른 기본 설계 도면을 작성할 수 있다. 4. 실내디자인 공간 계획에 따른 개략적인 물량을 산출할 수 있다. 5. 공사 공정에 따라 제반 비용을 포함한 총 공사예가를 산출할 수 있다.
		2. 마감계획 하기	1. 실내디자인 공간 계획의 내용을 토대로 마감계획을 구체화 할 수 있다. 2. 실내공간의 용도와 사용자의 행태적, 심리적 특성, 시공성 등을 고려한 마감계획을 할 수 있다. 3. 마감재의 안전기준, 장애인, 노약자의 편의증진에 관한 기준을 검토하고 적용할 수 있다.
		3. 가구계획 하기	1. 실내디자인 공간 계획의 내용을 토대로 가구계획을 구체화 할 수 있다. 2. 계획된 공간의 특성에 따라 행태적, 심리적 특성을 고려한 가구계획을 할 수 있다. 3. 계획된 공간에 전기, 기계설비 요소들을 고려한 가구배치를 할 수 있다. 4. 계획된 공간의 특성에 따라 인체공학적, 심리적 특성을 고려한 가구를 선정할 수 있다. 5. 유아, 노인, 장애자의 특성을 고려한 가구계획을 할 수 있다.
		4. 조명계획 하기	1. 계획된 공간에 적절한 조도를 갖춘 경제적, 기능적, 심미적인 조명배치에 대한 기본 계획을 할 수 있다. 2. 계획된 공간에 경제적, 기능적, 심미적인 조명과 조명기구 등을 선정할 수 있다. 3. 계획된 공간에 경제적, 기능적, 심미적인 배선기구 등을 선정할 수 있다. 4. 계획된 공간에 필요한 약전, 정보통신에 대한 기본 설비 계획을 할 수 있다.

실 기 과목명	주요항목	세부항목	세세항목
			5. 계획된 전기설비에 대하여 전기설비 협력업체와 구체화 작업을 협의할 수 있다. 6. 전기설비 및 조명 협력업체를 관리할 수 있다.
		5. 설비계획 하기	1. 계획된 공간에 필요한 급배수, 공조, 냉난방, 위생설비, 배관, 배선 등 설비 기본계획을 수립할 수 있다. 2. 계획된 공간에 필요한 소화설비 등에 대한 계획을 수립할 수 있다. 3. 계획된 공간에 필요한 실내위생설비 및 실내 관련 설비 기구를 선정할 수 있다. 4. 계획된 공간에 필요한 방화 및 피난시설에 대한 계획을 수립할 수 있다. 5. 계획된 공간에 필요한 화재탐지설비에 대한 계획을 수립할 수 있다. 6. 계획된 위생·소방·안전 설비에 대하여 협력업체와 구체화 작업을 협의할 수 있다. 7. 위생설비 및 소방·안전 협력업체를 관리할 수 있다.
	2. 실내디자인 설계도서 작성	1. 실시 설계도면 작성하기	1. 기본 설계를 바탕으로 시공이 가능하도록 실시설계 도면을 작성할 수 있다. 2. 설계도면 작성 기준에 따라 정확하게 설계도면을 작성할 수 있다. 3. 도면을 작성한 후 설계도면집을 완성하여 제시할 수 있다.
		2. 내역서 작성 하기	1. 실시설계 도면을 파악하여 수량산출서를 작성할 수 있다. 2. 자재의 단가와 개별직종 노임단가를 조사하여 재료비, 노무비, 경비를 파악하고 일위대가를 작성할 수 있다. 3. 공종별 내역서를 작성할 수 있다. 4. 공사의 원가계산서를 작성할 수 있다.
		3. 시방서 작성하기	1. 실시설계 도면을 검토하여 도면에 표현하기 어려운 내용과 공사의 특수성을 감안하여 시방서를 작성할 수 있다. 2. 시공을 위한 일반사항과 공종별 지침에 대해 기술할 수 있다. 3. 필요한 경우 특별시방서를 직접 작성하거나 관련 업체에 요청하여 취합할 수 있다.

Section 08 | 취득방법

	실내건축기사	실내건축산업기사	실내건축기능사
시행처	한국산업인력공단(☎ 1644-8000) / http://www.hrdkorea.or.kr		
관련학과 및 응시자격	• 산업기사+실무 1년 이상 • 기능사+실무 3년 이상 • 타 종목 기사 취득자 • 실무경력 4년 이상 • 4년제 대학 이상의 실내건축, 실내디자인, 건축설계, 디자인공학, 건축설계학 관련학과 졸업(예정)자, 4학년 재학자 • 4년제 비관련학과 졸업자+실무2년 • 2년제 관련학과 졸업자+실무2년 • 2년제 비관련학과 졸업자+실무3년 • 3년제 관련학과 졸업자+실무1년 • 3년제 비관련학과 졸업자+실무2년6개월 이상 • 학점인정법률에 의한 106학점 이상자	• 기능사+실무 1년 이상 • 타 종목 산업기사 취득자 • 실무경력 2년 이상 • 전문대학 이상의 건축설계, 건축장식, 실내건축관련학과 졸업(예정)자, 2학년 재학자 • 2년제 비관련학과 졸업자+실무1년 • 3년제 비관련학과 졸업자+실무6개월 이상 • 4년제 관련학과 전 과정의 1/2 이상 수료자 • 5년제 관련학과 전 과정의 1/2 이상 수료자 • 학점인정법률에 의한 41학점 이상자	• 실업계 고등학교의 인테리어 디자인 관련학과 • 만 18세 이상의 응시자
검정방법	필기 : 객관식4지 택일형 과목당 20문항(30분) 　　　기사 : 3시간 / 산업기사 : 2시간		실기 : 작업형 5시간 30분
	실기 : 작업형(기사 : 6시간 30분, 산업기사 : 5시간 30분) 　　　시공실무 필답형(1시간) / 연장시간(30분) 　　　기사 : 총 7시간 30분 / 산업기사 : 총 6시간 30분		
합격기준	100점 만점에 60점 이상 득점자		

Section 09 | 수검원서 교부접수 및 제출서류

01 교부 및 접수

원서 접수시간은 원서접수 첫날 09 : 00부터 마지막 날 18 : 00까지임

- http://www.q-net.or.kr(큐넷) 필기 및 실기원서 접수

필기시험	상 위 큐넷 사이트를 통해서 필기원서를 접수할 수 있음 　- 시험 수수료(기사 : 18,000원 / 산업기사 : 18,000원 / 기능사(11,000원) ※ 검정수수료 및 실기시험 실비는 관계규정에 따라 변동될 수 있음
실기시험	정기1회 실기시험은 1차(필기시험 면제자 / 이전 필기시험 합격자)와 2차(당회 필기시험 합격자)로 구분되어 실기시험을 시행한다. • 1차 실기시험 수검자(필기시험 면제자 / 이전 필기시험 합격자)는 큐넷을 통해서 실기 시험원서를 접수할 수 있다. • 2차 실기시험 수검자(당해 필기시험 합격자)는 필기시험 합격 후 실기원서 접수 시 한국산업인력공단 및 산하 해당 지사에 방문하여 신분증(운전면허증, 주민등록증 등), 재학증명서나 경력증명서 원본 및 시험 수수료(※상위 참조)를 준비하여 실기 시험원서를 접수할 수 있다. 　- 신분증(운전면허증, 주민등록증 등) 　- 재학증명서나 시험에 준하는 경력증명서 원본제출 　- 시험 수수료(기사 : 25,200원 / 산업기사 : 25,200원 / 기능사 : 19,400원) ※ 검정수수료 및 실기시험 실비는 관계규정에 따라 변동될 수 있음

접수장소 : 우리공단 6개지역본부 및 18개 지방사무소 공단 홈페이지

02 필기시험 합격예정자 및 최종합격자 발표시간 : 해당 발표일 09 : 00

사무소명	주소	전화번호
울산 본부	울산광역시 중구 종가로 345 한국산업인력공단	1644-8000
서울 동부지사	서울 광진구 자양4동 63-7(7호선 뚝섬유원지역 4번출구)	02-2024-1721~8
서울 남부지사	서울 관악구 신림본동 1638-32(2호선 신림역 4번출구)	02-6907-7151~8
강원지사	강원도 춘천시 동내면 학곡리 101-24	033-248-8500
강릉지사	강원도 강릉시 사천면 방동리 649-2	033-650-5700
부산지역본부	부산시 북구 금곡동 1877	051-330-1910
부산남부지사	부산시 남구 용당동 546-2	051-620-1910,1970
울산지사	울산광역시 남구 달동 572-4	052-276-9031~3
경남지사	경남 창원시 교육단지1길 69(성산구 중앙동 105-1)	055-212-7200
대구지역본부	대구시 달서구 갈산동 971-5	053-586-7601~4
경북지사	경북 안동시 서후면 명리 406-1	054-855-2121~3
포항지사	경북 포항시 북구 장성동 1370-11	054-278-7702
경인지역본부	인천시 남동구 번영로 129(고잔동 625-1)	032-820-8600
경기지사	경기도 수원시 권선구 탑동 906	031-249-1201~3
경기북부지사	경기도 의정부시 신곡동 801-1	031-850-9143~5
성남지사	경기 성남시 수정구 수진동 4554번지(대한도시가스 4F)	031-750-6200
광주지역본부	광주광역시 북구 첨단 2길 54(대촌동 958-18)	062-970-1700~5
전북지사	전북 전주시 유상1길 65(덕진구 팔복동 2가 750-3)	063-210-9200~3
전남지사	전남 순천시 조례동 480번지(평화로 67)	061-720-8500
목포지사	전남 목포시 대양동 514-4	061-282-8671~4
제주지사	제주 제주시 동광로 113(일도2동 361-22)	064-729-0701~3
대전지역본부	대전광역시 중구 보리3길 72(문화동 165)	042-580-9100
충북지사	충북 청주시 흥덕구 신봉동 244-3	043-279-9000
충남지사	충남 천안시 신당동 434-2	041-620-7600

03 제출서류

▶ 필기시험 원서접수 시 제출서류(내방 및 인터넷 큐넷 접수가능)

1) 수검원서 1통

2) 검정과목의 일부 또는 필기시험 전 과목 면제 해당자는 취득한 자격증 원본제시

3) 타 법령에 의거한 자격취득자 중 필기시험 과목면제 해당자는 자격증 원본제시 및 검정과목 면제 신청서와 자격증 사본제출

4) 외국에서 기술자격을 취득한 사람으로 검정과목 일부 또는 전부 면제를 받고자 하는 사람은 검정과목 면제신청서, 해외공관장이 확인한 자격증 사본 및 이력서, 자격을 취득한 국가의 자격법령에 관한 자료와 각 관련자료 번역문 각1부

▶ 실기시험 원서접수 시 제출서류(응시자격서류 제출자는 인터넷 접수가능)

1) 검정 일부시험 합격자(필기시험 면제자)

- 수검원서 1통

2) 응시자격서류는 필기시험 합격예정자로 발표된 사람에 한하여 수검자격을 인정할 수 있는 관계증명 서류 각 1통을 제출기간(실기시험 실비 납부기간) 중 반드시 제출하여야 하며, 또한 동 기간 중에 제출하지 않은 사람은 필기시험 합격예정이 취소됨

- 국가기술자격 취득자는 자격증 원본제시
- 4년제, 3년제, 2년제 대학 및 고등학교 졸업자는 졸업증명서
- 4년제, 3년제, 2년제 대학 졸업예정자는 최종학년 재학증명서
- 실무경력으로 응시하고자 하는 사람은 한국산업인력공단에서 배포하는 소정양식의 경력증명서 및 재직증명서
- 노동부령으로 규정한 교육훈련기관의 이수자 및 이수예정자는 이수증명서 또는 이수예정증명서

Section 10 | 수검자 유의사항

01 시공실무 답안작성 시 유의사항

1) 답안지의 인적사항(수검번호, 성명 등)은 흑색 사인펜으로 기재하여야 하며, 답안은 반드시 흑색 필기구(연필류 제외)로 작성하여야 하며, 기타의 필기구를 사용한 답항은 0점 처리된다.
2) 답안내용은 간단, 명료하게 작성하여야 하며, 답안지에 불필요한 낙서나 특이한 기록사항 등 부정의 목적이 있다고 판단될 경우에는 모든 득점이 0점으로 처리된다.
3) 계산문제는 답란에 반드시 계산과정과 답을 기재하여야 하며, 계산식이 없는 답은 0점 처리된다.
4) 계산과정에서 소수가 발생되면 문제의 요구사항에 따르고 명시가 없으면 소수점 이하 셋째 자리에서 반올림하여 둘째 자리까지만 구하여 답하여야 한다.
5) 문제의 요구사항에서 단위가 주어졌을 경우에는 계산식 및 답에서 생략되어도 되나, 기타의 경우 계산식 및 답란에 단위를 기재하지 않을 경우에는 틀린 답으로 처리된다.
6) 문제에서 요구한 가지수(항수) 이상을 답안지에 표기한 경우에는 답안 기재순으로 요구한 가지수(항수)만 채점한다.
7) 건축적산 문제의 풀이는 건설부제정 건축적산 기준에 의거 산출하고 동 적산기준에 명시되지 않은 사항은 학계나 실무에서 일반적으로 통용되는 방법으로 풀이하되 정확한 물량을 산출하는 것을 원칙으로 한다.
8) 시험시간(1시간)이 끝나면 답안지 및 시험지를 제출한 후 작업형 시험을 준비한다.

02 작업형 실기 수검 시 유의사항

1) 지급된 켄트지는 받침용으로 사용한다.
2) 명기되지 않은 조건은 각종규정, 건축구조, 건축제도 통칙을 준수한다.
3) 도면에 사용하는 용어는 국문, 영문을 혼용해도 된다.
4) 실내투시도의 채색작업은 반드시 하여야 한다.
5) 지급된 재료 이외의 재료를 사용할 수 없으며 수검 중 재료교환은 일체 허용치 않는다.
6) 타인과 잡담을 하거나 타인의 수검상황을 볼 경우는 부정행위로 처리한다.

7) 다음과 같은 경우는 오작 및 미완성으로 채점대상에서 제외한다.

　가. 요구한 내용의 전 도면을 완성시키지 못한 경우(전체 도면)

　나. 구조적 또한 기능적으로 사용 불가능한 겨우

　다. 각 부분이 미숙하여 시공 제작할 수 없는 경우

　라. 주어진 조건을 지키지 않고 작도한 경우

8) 주어진 표준시간을 초과할 경우 채점대상에서 제외한다.

9) 각각의 도면명은 아래 예시와 같이 순서대로 도면의 중앙하단에 기입하고 일체의 다른 표기를 하여서는 안 된다.

"예 시"　　| 5. 실내투시도 |　S = N . S

10) 수검번호, 성명은 도면 좌측 상단에 매 장마다 작성한다.

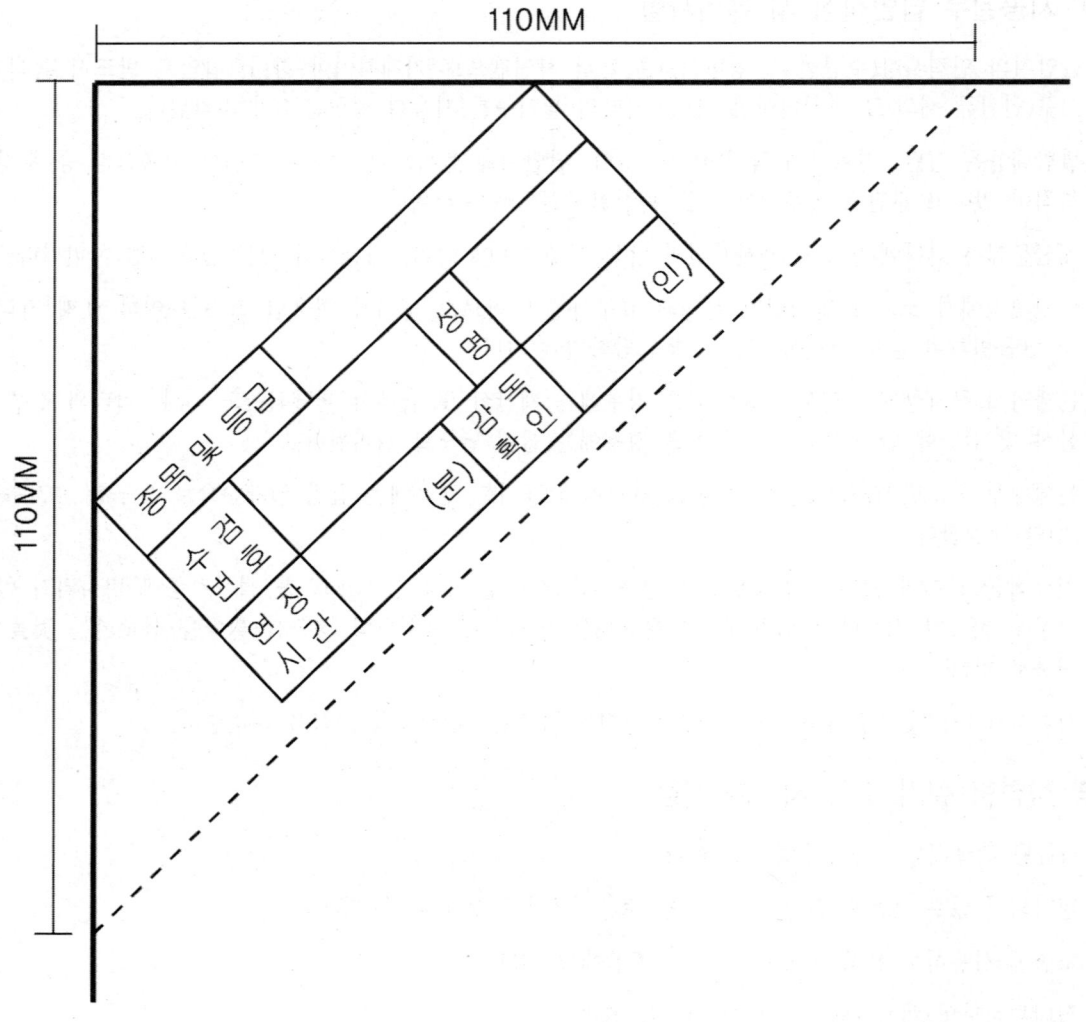

03 준비물

① 제도용 샤프(HB 0.5mm, 0.7mm, 0.9mm, 평균 HB 0.5mm제도용 샤프 한 개면 가능) 및 샤프심(HB 0.5mm)
② 삼각자(2매, 직각, 이등변삼각자)
③ 스케일자
④ 지우개 및 지우개판
⑤ 템플릿(큰원형, 중간원형, 타원 3개 정도)
⑥ 운형자(=자유곡선자)
⑦ 마스킹 테이프(=종이 테이프)
⑧ 제도용 브러쉬
⑨ 마카(일반 신한 A-TYPE 60색 많이 사용함-채색용구)
⑩ 제도판(일반 MIKADO 중자형 900mm×600mm 많이 사용함)
 (※ 일반적으로 시험장에 제도판은 비치되어 있으나, 많은 수검자들은 제도판을 가지고 옵니다. 시험장에 비치되어 있는 제도판의 상태가 어떠할지 모르기 때문에 평소에 쓰던 제도판이라면 작업속도 및 능률을 올려줄 수 있을 겁니다.)

자~ 이 정도의 제도용구라면 시험장에서 도면작업에 무리가 없을 듯합니다. 그 외의 필요한 준비물들로는,

⑪ 볼펜
⑫ 사인펜
⑬ 연필, 색연필
⑭ 물티슈 및 알코올(※채색작업 시 삼각자에 묻은 마카를 닦아내기 위해서입니다.)
⑮ 가벼운 음료(※대개의 경우, 식사는 거의 하지 않고 작업에 임합니다.)
⑯ 신분증(주민등록증, 운전면허증 등)

등을 지참해 가시면 되겠습니다.

04 지급재료목록

일련번호	재료명	규격	단위	수량	비고
1	트레이싱지	A_2(420 × 594) 120g/m²	장	3	
2	켄트지	A_1(594 × 841) 180g/m²	장	1	받침용

Section 11 | 도면 레이아웃 구성법

01 기사

Alt 1.

| 평면도 | 천장도 입면도1
단면도 | 투시도 |

Alt 2.

| 평면도
단면도 | 천장도
입면도1 | 투시도 |

02 산업기사

Alt 1.

| 평면도 | 천장도 입면도1
입면도2 | 투시도 |

Alt 2.

| 평면도 | 천장도
입면도1 입면도2 | 투시도 |

03 기능사

Alt 1.

| 평면도 | 천장도 입면도 | 투시도 |

Alt 2.

| 평면도 | 입면도
천장도 | 투시도 |

Section 12 | 2차 실기시험 문제 푸는 요령

다음은 2차 실기시험(시공실무+작업형 실기)에 관하여 잠시 말씀드리겠습니다.

(실내건축기사 / 실내건축산업기사 / 실내건축기능사-시공실무 없음)문제 푸는 요령은

> ① 먼저, **시공실무(실내건축기사 / 실내건축산업기사)**에 있어서, 시공실무의 문제타입은

[단답형]과 [서술형]의 타입으로 출제가 되고 있으며, 대개의 경우 평균 **11~13문항**의 주관식 문제가 출제되고 있습니다.(**시험시간 1시간**)(샤프가 아닌 검은색 볼펜으로 답안을 작성하고 제출해야 합니다.)

자~ 예를 들어보죠.

[단답형 문제]

> 예 1) 벽돌쌓기 형식을 4가지 쓰시오.(4점)
> ① (   ) ② (   ) ③ (   ) ④ (   )

정답은 ① 영식쌓기 ② 미식쌓기 ③ 불식쌓기 ④ 화란식쌓기입니다.

여기에서 4개의 주관식 단답형 답안 가운데 3가지는 알고 있으나, 한 가지가 기억나지 않을 수도 있을 것입니다. 그때, 3가지 답안을 적었다고 했을 때, 일단 부분점수는 있겠죠.

그러면 수검자는 3가지 답안을 맞혔기 때문에 3점을 획득하였다고 확신할 것입니다. 물론, 4점 가운데 3점을 획득하실 수도 있지만, 아예 0점 처리될 수도 있습니다. 그렇지만 시공실무 시험에서는 대개 부분점수가 있으므로 단답형 문제에서 되도록이면(꼭!!!) 괄호 안에는 알고 있는 답을 기입하도록 합니다.

[서술형 문제]

> 예 2) 다음 용어를 간단히 설명하시오.(2점)
> ① 내력벽 ② 장막벽 ③ 중공벽

정답은

① 내력벽 : 벽체, 바닥, 지붕 등의 하중을 받아 기초에 전달하는 벽

② 장막벽 : 공간구분을 목적으로 상부하중을 받지 않고, 자체의 하중만을 받는 벽

③ 중공벽 : 외벽에 방음, 방습, 단열 등의 목적으로 벽체의 중간에 공간을 두어 이중으로 쌓는 벽

여기에서 내력벽과 장막벽에 정답을 명확히 맞췄다 가정하고, 중공벽의 정답을 전혀 몰라서 못 적었다고 하겠습니다. 이럴 때 2점짜리 문제에 3개의 정답을 적게 되는 상황에서 2개의 정답을 쓰고 한 개를 못 적었을 때에 여러분~ **채점자는 수검자에게 몇 점의 점수를 줄까요?^^** 1점 정도는 줄까요?? 그건 아무도 모른다는 것입니다. 1점을 줄 수도 있고, 아예 0점 처리할 수도 있습니다.

대개 수검자들께서 시공실무 시험을 보시게 되면, 어렴풋이 본인의 점수를 가늠할 수 있을 것입니다.

대략, 시공실무 40점 만점에 [**25점~30점**]을 무조건 획득하겠다는 생각으로 공부하셔야 합니다.

가끔씩 이렇게 생각하시는 분도 계실 듯합니다.

"시공실무 40점 만점 받고, 작업형 실기를 20점만 획득하면 시험 합격하지 않을까요??"

제 대답은 "**불가합니다!!!**"

실내건축기사/실내건축산업기사 시험은 평균 매년 기사(1, 2, 4회) / 산업기사(1, 2, 3회) / 기능사(1, 2, 3, 4, 5회 - 기능사는 시공실무 없음) 이렇게 시행합니다. 전년도 하반기 무렵, 다음 해의 합격 인원을 미리 산정하고 당해 년에 시험을 시행하여 합격자를 배출하게 됩니다. 그렇다보니 일반적으로 당해 연 1회 시험에서 전체인원의 상당수를 합격시키며, 2회 시험에서는 적은 인원을 합격시키고 마지막 회(3회 / 4회)에는 1회 시험에 비해서 적은 인원을, 2회 시험에 비해서는 많은 인원을 합격시키게 됩니다. 이렇듯, 합격자에 따른 시험에서의 난이도를 조절할 수밖에 없다는 것이죠. 그래서 수검자들 입장에서는 당연히 시공실무를 만점(40점)을 받고자 하겠지만, 실제로 그렇게 만점이 나오도록 출제를 하지는 않는다는 것입니다.

자~ 결론인즉, 시공실무와 작업형 실기 어느 한 개라도 소홀히 해서는 절대 합격할 수 없다는 것입니다.

시공실무의 점수가 높아질수록 작업형 실기의 부담은 줄어든다는 사실!!

② 두 번째, **작업형 실기**에 대해서 말씀드리겠습니다.

실내건축기사(**문제 32개 TYPE**) / 실내건축산업기사(**문제 26개 TYPE**) / 실내건축기능사(**문제 21개 TYPE**)이 있습니다.

[공간별 유형]

공간(SPACE)	실내건축기사	실내건축산업기사	실내건축기능사
주거공간	O	O	O
상업공간	O	O	-
업무공간	O	O	-
전시공간	O	-	-

이렇듯, 실내건축기사에서는 (**주거/상업/업무/전시**), 실내건축산업기사에서는 (**주거/상업/업무**), 실내건축기능사에서는 (**주거**)에 따른 공간들이 시험에 출제가 되고 있습니다.

각 TYPE의 공간을 전부 연습한 후에 시험장에 가시면 좋겠지만, 실제 각 TYPE의 문제 가운데서도 현 사회상황과 맞지 않는 출제빈도가 낮은 문제들이 있습니다.(예 기사 락카페 문제)

- 실내건축기사 문제에서는 **상업공간**이 상당히 많은 빈도수를 차지하고 있습니다.
  (예 패션샵Ⅰ,Ⅱ, 커피샵Ⅰ,Ⅱ, PC방, CD & VIDEO 판매점, 치과Ⅰ,Ⅱ 등 …)
- 실내건축산업기사 문제에서는 **주거공간** 및 **상업공간**이 적정 비율로 출제되고 있습니다.
  (예 독신자 아파트Ⅰ,Ⅱ, 스포츠 의류 매장, 패스트푸드점, 아동복 매장Ⅰ 등 …)
- 실내건축기능사 문제에서는 **주거공간(원룸-ONEROOM)**만 출제되고 있습니다.
  (예 30대 실내건축가, 신혼부부, 전문직 종사자 2인 등…)

일단, 출제 빈도율이 높은 문제 TYPE들을 우선적으로 작업하셔야 하며, 전반적으로 상반기(1회), 중반기(2회), 하반기(3회/4회)에 나올 수 있는 문제들은 [**계절, 사회이슈**] 등에 관련된 문제들이 간혹 출제가 되기도 합니다.

Section 13 | 작업형 실기 시간 배분법

	핵심 POINT	실내건축 기사	실내건축 산업기사	실내건축 기능사
준비	• 문제의 요구 사항을 충분히 파악할 것 (설계면적, 인적구성, 요구 공간, 필요집기 등) • 천장고(CH)의 유무 필히 파악할 것 • 문제의 요구 도면 Scale 명확히 파악할 것 (Scale은 간혹 바뀔 수 있음!!!)	5분 가량	5분 가량	5분 가량
평면도	• 건물 벽체의 두께의 파악과 물성(조적식 구조 및 일체식 구조) 체크할 것 • 개구부(문, 창)의 위치파악과 사이즈 체크할 것 • 선두께의 명확한 굵기 체크할 것 (벽체 0.5mm / 가구·집기 0.3mm / 마감재 0.1mm) • 요구 집기의 텍스트(제도체 사용) 필히 기재할 것 • 바닥 마감재 및 방위표시 및 Scale 필히 기재할 것 • 치수표현 및 설계약어 필히 기재할 것 • 절단선을 사용하여 마감재 및 해칭 표현할 것(시간절약) • Design Concept (180자 내외) 필히 기재할 것	1시간 30분~ 2시간 가량	1시간 30분~ 2시간 가량	1시간 30분~ 2시간 가량
천장도	• 개구부(문, 창)부위 선은 벽체선 굵기보다 조금 가늘게 표현할 것 • 천장도 기호들(조명기구, 환기, 경보)의 정확한 표현할 것 • 절단선을 사용하여 마감재 및 해칭 표현할 것(시간절약) • LEGEND(범례표) 반드시 표현할 것 • 도면 Scale 반드시 표현할 것	45분~ 50분 가량	45분~ 50분 가량	45분~ 50분 가량
입면도	• 천장 몰딩, 벽면 마감재, 걸레받이 반드시 표현을 할 것 • 도면 방위 및 스케일 반드시 표현할 것	13분~ 15분 가량	13분~ 15분 가량	13분~ 15분 가량
단면도	• 목재 반자틀 혹은 경량 철골 가운데 하나를 사용하여 단면부위 표현할 것 • 보(굵은)와 기둥(중간선)의 선 굵기 차이 표현할 것 • SLAB 상부와 하부의 단면구성을 반드시 표현할 것 • 치수상의 층고 반드시 표현할 것 • 벽체 마감재명 반드시 표현할 것	30분 가량	×	×
투시도	• 재실자의 좋은 위치에서 1소점 혹은 2소점 투시도법 가운데 하나를 사용하여 작업할 것 • 적정한 SP(관찰자의 공간 내 서있는 위치)를 설정하여 Scale을 1/30 혹은 1/40으로 작업할 것(표시상 S : N·S) (1소점 투시도 S : 1/30, 2소점 투시도 s : 1/40으로 작업할 것) • 공간 내 디테일이 나오기 전 투시보조선은 지우지 말 것 • 완성된 투시도 뒷면에 컬러링(마카)처리할 것(15~20분 정도) • 최대한 주어진 시간 내에 투시도 완성할 것 (추가시간 사용 시 10분당 −5점 감점됨 / 30분 전부 사용 시 채점에서 아예 탈락됨!!!)	1시간 50분~ 2시간 가량	1시간 50분~ 2시간 가량	1시간 50분~ 2시간 가량
마무리	• 문제지 상의 요구조건 한 번 더 꼼꼼히 체크할 것 • 각 도면들의 도면명과 입면상의 방위표현 및 투시도의 Scale에서 S : N·S(논스케일-보다 자유로운 스케일로 작업 가능) 반드시 표시할 것	10분 가량	10분 가량	10분 가량

Section 14 | 과년도 기출문제 및 출제횟수 분석

01 실내건축기사

년	회	실내건축기사 출제문제	회차	출제횟수
2019년	2회	이동통신기기 대리점	86회차	1회
	1회	중저가 화장품 매장	85회차	2회
2018년	4회	프랜차이즈 커피숍	84회차	2회
	2회	프랜차이즈 제과점	83회차	1회
	1회	치과Ⅲ	82회차	1회
2017년	4회	어린이 도서관	81회차	1회
	2회	프랜차이즈 커피숍	80회차	2회
	1회	스터디 카페	79회차	1회
2016년	4회	카페 & 제과제빵 전문점	78회차	1회
	2회	한의원	77회차	2회
	1회	귀금속 전시 판매장	76회차	2회
2015년	4회	정형외과	75회차	1회
	2회	헤어샵	74회차	1회
	1회	동물병원	73회차	1회
2014년	4회	화장품 전문점Ⅱ	72회차	1회
	2회	일식 전문점	71회차	1회
	1회	커피숍Ⅳ	70회차	1회
2013년	4회	아웃도어매장	69회차	1회
	2회	제과전문점	68회차	1회
	1회	자동차 판매 대리점	67회차	1회
2012년	4회	PC방Ⅱ	66회차	1회
	2회	패스트푸드점	65회차	1회
	1회	약국	64회차	4회
2011년	4회	커피숍Ⅲ	63회차	1회
	2회	유기농 식료품 판매점	62회차	1회
	1회	한의원	61회차	2회
2010년	4회	CD & VIDEO 판매점	60회차	6회
	2회	PC방Ⅰ	59회차	5회
	1회	Take out이 가능한 Coffee & Cake 전문점	58회차	4회
2009년	4회	치과Ⅰ	57회차	5회
	2회	CD & VIDEO 판매점	56회차	6회
	1회	Take out이 가능한 Coffee & Cake 전문점	55회차	5회
2008년	4회	화장품 전문점	54회차	2회
	2회	치과Ⅰ	53회차	5회
	1회	전시장 내 컴퓨터 홍보용 부스	52회차	5회
2007년	4회	PC방Ⅰ	51회차	5회
	2회	CD & VIDEO 판매점	50회차	6회
	1회	Take out이 가능한 Coffee & Cake 전문점	49회차	5회
2006년	4회	치과Ⅰ	48회차	5회
	2회	치과Ⅱ	47회차	2회
	1회	전시장 내 컴퓨터 홍보용 부스	46회차	5회

연도	회차	과제명	회차	회차
2005년	4회	CD & VIDEO 판매점	45회차	6회
	2회	웨딩숍	44회차	1회
	1회	Take out이 가능한 Coffee & Cake 전문점	43회차	5회
2004년	4회	화장품 전문점	42회차	2회
	2회	PC방 I	41회차	5회
	1회	치과 II	40회차	2회
2003년	4회	귀금속 전시 판매장	39회차	2회
	2회	전시장 내 컴퓨터 홍보용 부스	38회차	5회
	1회	치과 I	37회차	5회
2002년	3회	커피숍 II	36회차	2회
	2회	CD & VIDEO 판매점	35회차	6회
	1회	PC방 I	34회차	5회
2001년	4회	치과 I	33회차	5회
	2회	전시장 내 컴퓨터 홍보용 부스	32회차	5회
	1회	커피숍 II	31회차	2회
2000년	5회	빌딩 내 사장실 및 비서실	30회차	4회
	4회	PC방 I	29회차	5회
	3회	CD & VIDEO 판매점	28회차	6회
	2회	전시장 내 컴퓨터 홍보용 부스	27회차	5회
	1회	패션숍 I	26회차	4회
1999년	5회	약국	25회차	4회
	4회	빌딩 내 사장실 및 비서실	24회차	4회
	3회	재택근무자를 위한 원룸	23회차	3회
	2회	SUITE ROOM(호텔객실)	22회차	2회
	1회	락카페	21회차	3회
1998년	4회	패션숍 II	20회차	3회
	2회	패션숍 I	19회차	4회
	1회	약국	18회차	4회
1997년	4회	빌딩 내 사장실 및 비서실	17회차	4회
	3회	재택근무자를 위한 원룸	16회차	3회
	2회	패션숍 II	15회차	3회
	1회	패션숍 I	14회차	4회
1996년	4회	락카페	13회차	3회
	3회	빌딩 내 사장실 및 비서실	12회차	4회
	2회	재택근무자를 위한 원룸	11회차	3회
	1회	약국	10회차	4회
1995년	4회	커피숍 I	9회차	2회
	2회	패션숍 II	8회차	3회
	1회	패션숍 I	7회차	4회
1994년	4회	인테리어 사무실	6회차	2회
	2회	락카페	5회차	3회
	1회	커피숍 I	4회차	2회
1993년	4회	SUITE ROOM(호텔객실)	3회차	2회
	2회	컴퓨터 회사 안내 홀	2회차	1회
1992년	3회	인테리어 사무실	1회차	2회

1992년 이후 2019년 2회(1~86회차)까지의 실내건축기사 기출문제들을 잠시 살펴보면 어느 특정 공간(주거, 상업, 업무, 전시)에 따른 출제 횟수가 많기 보다는 각 공간들에 대한 출제횟수가 골고루 분포되어 있다는 것을 알 수 있습니다. 대신 주거 및 업무, 전시공간들에 비해 상업공간의 출제 횟수가 많다는 것을 수검자들께서 파악할 수 있을 것입니다.

① 상업공간 : **패션숍Ⅰ**(4회 출제) / **PC방Ⅰ**(5회 출제) / **CD & VIDEO 판매점**(6회 출제) / **치과Ⅰ**(6회 출제) / **Take out이 가능한 Coffee & Cake 전문점**(4회 출제) / **약국**(4회 출제)

② 전시공간 : **전시장 내 컴퓨터 홍보용 부스**(5회 출제)

③ 업무공간 : **빌딩 내 사장실 및 비서실**(4회 출제)

④ 주거공간 : **재택 근무자를 위한 원룸**(3회 출제)

전반적으로, 실내건축기사 시험 문제 TYPE에 있어서 **상업공간 TYPE 문제 수가 타 공간들에 비해 월등히 많다**는 것을 알 수 있습니다. 2011년 1, 2, 4회 및 2012년 2회 시험출제에서 새로운 문제(한의원/유기농 식료품 판매점/커피숍Ⅲ/패스트푸드점)가 출제되었으며, 마찬가지로 상업공간들의 강세가 지속될 것으로 보입니다. 공간에 따른 기본 개념과 치수개념 및 디자인적인 개념들이 보강된다면 수검자들께서 실기시험에 응시하시면서 많은 어려움은 없을 것으로 생각됩니다.

02 실내건축산업기사

년	회	실내건축산업기사 출제문제	회차	출제횟수
2019년	2회	오피스텔Ⅱ	86회차	2회
	1회	안경점	85회차	3회
2018년	3회	여성의류 매장	84회차	1회
	2회	헤어숍	83회차	3회
	1회	도심지 사거리에 위치한 커피숍	82회차	2회
2017년	3회	아동복 매장Ⅰ	81회차	8회
	2회	헤어숍	80회차	3회
	1회	약국	79회차	1회
2016년	3회	아이스크림 전문점	78회차	8회
	2회	아동복 매장Ⅰ	77회차	7회
	1회	안경점	76회차	2회
2015년	3회	대형 할인마트 매장 내 커피숍	75회차	5회
	2회	아이스크림 전문점	74회차	8회
	1회	도심지 사거리에 위치한 커피숍	73회차	1회
2014년	3회	패스트푸드점Ⅱ	72회차	1회
	2회	이동통신기기 매장Ⅱ	71회차	1회
	1회	헤어숍	70회차	1회
2013년	3회	고층 주거형 오피스텔	69회차	1회
	2회	도심 내 커피전문점	68회차	1회
	1회	북카페	67회차	1회
2012년	3회	안경점	66회차	2회
	2회	아이스크림 전문점	65회차	8회
	1회	이동통신기기 매장Ⅰ	64회차	6회
2011년	3회	유스호스텔	63회차	2회
	2회	주거형 오피스텔	62회차	3회
	1회	아이스크림 전문점	61회차	8회

연도	회차	과제명	회차	출제횟수
2010년	3회	아동복 매장 I	60회차	7회
	2회	대형 할인마트 매장 내 커피숍	59회차	5회
	1회	이동통신기기 매장 I	58회차	6회
2009년	3회	주거형 오피스텔	57회차	3회
	2회	아이스크림 전문점	56회차	8회
	1회	오피스텔 I	55회차	5회
2008년	3회	아동복 매장 I	54회차	7회
	2회	대형 할인마트 매장 내 커피숍	53회차	5회
	1회	이동통신기기 매장 I	52회차	6회
2007년	3회	패스트푸드점 I	51회차	7회
	2회	아이스크림 전문점	50회차	8회
	1회	오피스텔 I	49회차	5회
2006년	3회	대형 할인마트 매장 내 커피숍	48회차	5회
	2회	이동통신기기 매장 I	47회차	6회
	1회	아동복 매장 I	46회차	7회
2005년	3회	패스트푸드점 I	45회차	7회
	2회	빌딩 내 벤처 사무실	44회차	1회
	1회	오피스텔 I	43회차	5회
2004년	3회	아동복 매장 II	42회차	1회
	2회	이동통신기기 매장	41회차	6회
	1회	대형 할인마트 매장 내 커피숍	40회차	5회
2003년	3회	아동복 매장 I	39회차	7회
	2회	아이스크림 전문점	38회차	8회
	1회	주거형 오피스텔	37회차	3회
2002년	3회	오피스텔 I	36회차	5회
	2회	이동통신기기 매장 I	35회차	6회
	1회	패스트푸드점 I	34회차	7회
2001년	4회	오피스텔 I	33회차	5회
	2회	아동복 매장 I	32회차	7회
	1회	아이스크림 전문점	31회차	8회
2000년	5회	유스호스텔	30회차	2회
	4회	스포츠 의류 매장	29회차	5회
	3회	아동복 매장 I	28회차	6회
	2회	독신자 아파트 II	27회차	1회
	1회	패스트푸드점 I	26회차	7회
1999년	5회	독신자 아파트 I	25회차	5회
	4회	스포츠 의류 매장	24회차	5회
	3회	재택 근무자를 위한 원룸	23회차	2회
	2회	TWIN BED ROOM(호텔 객실) II	22회차	3회
	1회	보석점	21회차	2회
1998년	3회	패스트푸드점 I	20회차	7회
	2회	독신자 아파트 I	19회차	5회
	1회	스포츠 의류 매장	18회차	5회
1997년	4회	자녀방	17회차	3회
	3회	패스트푸드점 I	16회차	7회
	2회	독신자 아파트 I	15회차	5회
	1회	보석점	14회차	2회

1996년	4회	스포츠 의류 매장	13회차	5회
	3회	재택 근무자를 위한 원룸	12회차	2회
	2회	패스트푸드점 I	11회차	7회
	1회	TWIN BED ROOM(호텔 객실) II	10회차	3회
1995년	4회	자녀방	9회차	3회
	2회	구두 및 패션 악세서리점	8회차	1회
	1회	독신자 아파트 I	7회차	5회
1994년	4회	자녀방	6회차	3회
	2회	TWIN BED ROOM(호텔 객실) II	5회차	3회
	1회	스포츠 의류 매장	4회차	5회
1993년	4회	부부침실	3회차	1회
	2회	독신자 아파트 I	2회차	5회
1992년	3회	TWIN BED ROOM(호텔 객실) II	1회차	3회

1992년 이후 2019년 2회(1~86회차)까지의 실내건축산업기사 기출문제들을 잠시 살펴보게 되면 어느 특정 공간(주거, 상업, 업무)에 따른 출제횟수가 많기보다는 각 공간들에 대한 출제횟수가 골고루 분포되어 있다는 것을 알 수 있습니다. 대신 주거 및 업무공간들에 비해 **상업공간**의 출제횟수가 많다는 것을 수검자들께서 파악하실 수 있을 것입니다.

① 상업공간 : **스포츠 의류 매장**(5회 출제) / **패스트푸드점**(7회 출제) / **아동복 매장 I**(7회 출제) / **아이스크림 전문점**(8회 출제) / **이동통신기기 매장**(6회 출제) / **대형 할인마트 매장 내 커피숍**(5회 출제)

② 업무공간 : **재택 근무자를 위한 원룸**(2회 출제)

③ 주거공간 : **독신자 아파트 I**(5회 출제) / **오피스텔**(5회 출제)

전반적으로, 실내건축산업기사 시험 문제 TYPE에 있어서 **상업공간 TYPE 문제 수가 타 공간들에 비해 월등히 많다**는 것을 알 수 있습니다. 또한, 시험출제에 있어서 전반적으로 기존 공간들 이외의 공간이 주어진다고 하더라도 상업공간들의 강세가 지속될 것으로 여겨집니다. 공간에 따른 기본 개념과 치수개념 및 디자인적인 개념들이 보강된다면 수검자들께서 실기시험에 응시하시면서 많은 어려움은 없을 것으로 생각됩니다.

03 실내건축기능사

년	회	실내건축기능사 출제문제	회차
		제39회부터 현재까지 반복 출제	
2006년	1차	원룸형 주택(신혼부부-6,500 × 8,700)	38회차
	2차	원룸형 주택(전문직 종사자 2인-6,040 × 7,660)	38회차
	3차	원룸형 주택(30대 실내건축 전문가-8,000 × 8,700)	38회차
2006년	1차	원룸형 주택(30대 실내건축 전문가-8,000 × 8,700)	37회차
	2차	원룸형 주택(신혼부부-8,000 × 8,700)	37회차
	3차	원룸형 주택(전문직 종사자 2인-6,040 × 7,660)	37회차
		제34회부터 36회까지 반복 출제	
2005년	1차	원룸(여대생 원룸-6,600 × 4,500)	33회차
	2차	원룸(남자 대학생 원룸-6,700 × 4,300)	33회차
2005년	1차	원룸(30대 독신남 원룸- 6,000 × 4,500)	32회차
	2차	원룸(저층규모 독신자 원룸-6,700 × 4,300)	32회차
	3차	원룸(여대생 원룸-6,000 × 4,200)	32회차

2005년	1차	원룸(30대 여성 원룸-6,000 × 4,500)	31회차
	2차	원룸(30대 남성 원룸-6,700 × 4,300)	31회차
	3차	원룸(여대생 원룸-6,600 × 4,300)	31회차
	4차	원룸(30대 독신남 원룸-6,600 × 4,500)	31회차
2005년	1차	원룸(30대 여성 원룸-6,000 × 4,500)	30회차
	2차	원룸(30대 남성 원룸-6,700 × 4,300)	30회차
	3차	원룸(여대생 원룸-6,600 × 4,300)	30회차
	4차	원룸(30대 독신남 원룸-6,600 × 4,500)	30회차
		제10회에서 29회까지 반복 출제	
1999년	1차	부엌	9회차
	2차	거실	9회차
	3차	부엌	9회차
1999년	1차	부엌	8회차
	2차	거실	8회차
	3차	원룸(여대생방-6,000 × 4,500)	8회차
	4차	거실	8회차
1999년	1차	부엌	7회차
	2차	부엌	7회차
	3차	원룸(여대생방-6,000 × 4,500)	7회차
1999년	1차	원룸(여대생방)	6회차
	2차	거실	6회차
	3차	부엌	6회차
		거실	6회차
1998년	1차	원룸(여대생방-6,000 × 4,500)	5회차
1998년	1차	부엌	4회차
	2차	거실	4회차
	3차	부엌	4회차
1998년	1차	여고생방	3회차
	2차	남고생방	3회차
	3차	부부침실	3회차
1998년	1차	남고생방	2회차
1998년	1차	여고생방	1회차
	2차	부부침실	1회차
	3차	남고생방	1회차

1998년 이후 2016년 4회 현재까지 실내건축기능사 기출문제들을 잠시 살펴보게 되면 주거공간에서 시험문제가 출제되고 있으며, 기능사 초기 때의 특정 공간들(부엌, 거실, 남고생방, 여고생방 등) 단순한 원룸문제가 출제되었던 반면에, 최근의 문제 경향들은 원룸형 주택(원룸 내부에 화장실, 발코니, 주방시설 등)으로 보다 일체형 공간으로 바뀌어 출제가 되고 있습니다. 또 다른 출제 경향으로는 예를 들어 (신혼부부 8,700×8,000)원룸형 주택 문제가 (전문직 종사자2인 8,700×8,000)으로 출제가 된다는 사실입니다. 같은 크기의 도면에 대해서 거주인만을 바꿔서 출제가 되는 것입니다. 수검자들께서는 많이 당황스러울 수도 있을 것입니다. 그래서 시험을 준비하시면서 여러 TYPE의 문제들에 대한 거주자에 따른 시험내용들을 필히 체크해 놓으시길 바랍니다.

실내건축기능사 실기 시험의 해법을 몇 가지 정리해보자면,
주어지는 공간이 주거공간이라는 점을 간파하신다면, 그 공간 내에 요구하는 가구들은 거의 제한적이라는 사실입니다. 즉, 주거공간 상 필요한 가구들을 평소에 틈틈이 디자인 정리할 필요가 있겠습니다. 아울러, 본 교제 후반부 기출문제에서 저자 본인이 여러 가지 그 공간들에 맞는 가구들의 디자인과 디테일적인 것들 및 컬러링이 된 내용들을 참조하시고 응용하시길 바랍니다.

Section 15 | 평가 및 채점기준

자~ 이제 실기시험에 있어서 수검자들께서는 몇 가지 사항들에 대해서 심도있게 집중할 필요가 있습니다.
먼저, 우리가 시험에서 좋은 도면이라고 말할 수 있는 그 기준부터 잠시 살펴보도록 하겠습니다.

01 좋은 도면은 선의 강약에 따른 명확한 구분과 글자체(=제도체)에 근거한 도면입니다.

일반 수검자들의 도면을 볼 때, 제도에서 가장 기본적인 것은 〈선과 글자체〉라는 사실을 가끔씩 잊는 것 같습니다. 제 아무리 공간 계획을 잘 세우고, 공간 내 디자인 계획을 예쁘게 한다고 하더라도 선과 글자체(=제도체)가 기본적으로 받쳐주지 않게 되면 그 도면을 채점하는 사람 또한 그다지 관심을 갖지 못합니다. 일단은, 채점자의 눈에 띌 수 있는 그러한 도면을 만들기 위해서라도 선과 글자체(=제도체)에 상당히 많은 공을 들여야 합니다.
즉, 평소에 연습을 많이 하시라는 말씀이지요. 벽체선과 가구선 및 마감선의 명확한 구분 그리고 제도체(영문, 숫자, 한글)에 세심한 주의를 요합니다.
선과 제도체는 평소에 연습량과 비례합니다!!! 기억들 하시기 바랍니다.

02 이 시험은 건축기사 시험이 아닌 실내건축(=실내디자인)시험입니다.

공간 내 요구하는 컨셉에 맞는 계획을 세우고, 또한 기능적인 실들의 적절한 배치와 재실자의 동선을 고려한 합리적이고 효율적인 공간이 될 수 있도록 하셔야 한다는 것입니다. 간혹, 수검자들께서 착각하시는 내용들이 있는 것 같습니다. "문제에서 요구하는 가구를 무조건 안 빼먹고 넣으면 되는건가요??"라는 질문을 가끔 받습니다. **물론, 아닙니다!!!** 당연히 시험에서 요구하는 가구 및 실(Room)들은 공간계획 상에 배치하셔야 합니다. 다만, 설계를 하실 때에는 **"나 스스로가 이 공간 내에 상주한다."** 는 생각으로 계획을 세우시면 조금 더 수월히 설계하실 수 있을 것 같습니다. 그렇기에 기본적인 가구의 치수라든가 혹은 디자인에 관한 이론적인 것들에 대해서 평소에 많은 관심을 두셔야 한다는 것이지요.
똑같은 공간 내에서도 수 백가지의 계획이 나올 수 있다는 것입니다. 즉, 설계는 그 사람의 의식의 반영일 것입니다. 또한, 이 시험은 최소한의 기본 개념으로서 주어진 시간 내에 설계자의 설계력을 평가하는 시험이랍니다. 이점 유념하시길 바랍니다.

03 설계에 사용되는 기본적인 약어 및 기호들은 기억해야 합니다.

수검자들께서는 도면에 사용되는 〈약어 및 기호〉 몇 가지는 꼭 기억해야 합니다. 약어와 기호의 이해 없이 그냥 단순히 몇 가지만을 외우는 식으로 해서 도면을 완성하겠다는 의식은 자제하시기 바랍니다. 설계에 있어서 화려한 것이 꼭 좋은 도면이라고는 장담할 수 없지만, 그래도 이것은 시험입니다. 즉, 다른 수검자들과 경쟁을 한다는 것이지요. 시험에서 매 회 뽑는 인원은 그 아무도 알 수 없습니다. 다만 수검자들께서 얻을 수 있는 정보라는 것은 합격률과 어렴풋한 짐작일 뿐입니다. 당해 년 그 회에 응시하시는 수검자들의 숫자에 따른 합격생은 매 회 다릅니다. 기량이 좋은 수검자들이 많이 몰릴 시에는 상대적으로 채점에 따른 기준은 높아질 것입니다. 수작업 시험은 절대평가가 될 수 없다는 사실을 명심하시길 바랍니다. 그래서 우리는 시각적으로 선을 사용해서 도면의 기본 약어 및 기호들에 있어서 보다 자유롭게 표현할 수 있어야 한다는 것이지요. 단순한 것만이 꼭 좋은 것은 아닙니다.

04 주어진 시간 내에 무조건 완성한다는 마음으로 임해야 합니다.

출제 문제의 TYPE들이 많은 관계로(기사-32TYPE/산업기사-26TYPE/기능사-21TYPE) 평소에 연습량의 부족으로 미처 연습하지 못했던 도면이 시험에 나올 가능성 또한 상당히 많습니다. 설령, 연습하지 못했던 도면이 시험에 출제된다 하더라도(물론, 문제를 받는 순간은 당혹스러울 것입니다.) 정신을 집중하여 이성적으로 도면설계를 하셨으면 합니다. 시공실무 시험 후, 작업형 시험이 시작되면 매 회, 시험장마다 도중에 나가시는 분들이 꼭 계십니다. 물론, 여러 가지 이유일 것입니다. 자~ 이 시험은 매주 있는 시험이 아니란 걸 여러 수검자분들께서도 잘 아시죠? 일단 최선을 다하셔야 합니다. 철저한 계획 하에 준비하시길 바랍니다. 2016년부터는 기존의 연장시간의 개념이 사라졌으며, 실내건축기사는 작업형 실기시험의 경우 [6시간 30분] / 실내건축 산업기사는 [5시간 30분] / 실내건축기능사는 [5시간 30분] 작업형 실기시험 시간으로 조정되었습니다.

05 작업형 출제문제에 따른 요구사항들을 자세히 정독하시길 바랍니다.

출제문제에는 늘 함정이 기다리고 있답니다. 수검자들께서는 긴장된 상태에서 실기시험을 치르게 되다보니 평소에 잘 보였던 내용들도 시험당일에는 어찌된 일인지 자꾸 놓치게 됩니다. 실기시험 전에 연습했던 문제가 설령 나왔다 하더라도 꼭!!!

① 주어진 문제의 천고(CH ; CEILING HEIGHT)의 유무
② 문제에서 공간방위(A, B, C, D)의 유무
③ 각 도면마다 요구하는 Scale(축척)값
④ 주어진 공간의 벽체의 구조(벽돌조 및 철근 콘크리트조, 철골조) 및 두께, 기둥의 크기
⑤ 요구하는 가구의 종류 및 실들(ROOM)

에 대해서 두 번 세 번 체크하셨으면 합니다.

06 도면의 평면구성 및 청결성에 대해서 주의하시길 바랍니다.

주어진 트레이싱지(3장)에 요구하는 도면들을 전부 작도하셔야 합니다. 평면구성에 관한 내용은 〈도면레이아웃 구성법〉에서 표기를 해두었던 것을 참조 바랍니다. 또한, 트레이싱지의 상하좌우 각각 10mm를 띄우시고 작업을 하셔야 합니다.(도면 테두리선)
그리고 작업 중 트레이싱지가 파손될 시엔 투명 유리테이프(스카치테이프)를 트레이싱지의 뒷면에 파손된 부위를 붙이시길 바랍니다. 아무래도 트레이싱지가 파손되지 않은 상태로 도면을 완성하시면 훨씬 좋겠죠? 그리고 제도하시면서 삼각자를 I자에 올리고 작업을 하거나 삼각자를 트레이싱지에 밀착시키면서 삼각자를 이동하게 되면 도면은 금세 번지게 됩니다. 최대한 도면의 청결상태가 양호할 수 있도록 주의바랍니다.

07 완성된 투시도에는 반드시 채색작업(마카를 많이 사용함)을 하셔야 합니다.

투시도의 뒷면에다가 반드시 채색작업을 하셔야 합니다. 대개 속건성을 띠고 있는 마카라는 채색도구를 많이 쓰고 있습니다. 또한, 마카작업 시에 공간의 컨셉에 맞는 컬러의 배색과 기본적인 마카의 기법들은 익히시는 것이 좋을 듯합니다. 마카작업으로 투시도가 보기좋게 나오기 위해서는 기본적으로 투시도의 밑그림이 잘 나와야 합니다. 가구의 디테일 및 명암을 부분적으로 넣어서 보다 사실감을 주게 되면 마카에 소요되는 시간을 조금이라도 줄일 수 있게 된다는 사실을 기억하시길 바랍니다.

PART 1
도면설계의 기초

Chapter 01 | 제도용구 종류 및 사용방법

— Craftsman Interior Architecture

다음은 제도를 하는 데 있어서 기본적인 구성품목들을 나열해 보았습니다. 이 외에도 무수한 제도용구들이 있겠지만 기본적으로 하단에 기재되어 있는 제도용구들을 잘 사용한다면 실내건축시험 및 그 이외의 디자인 작업에 있어서 많은 도움이 될 것입니다.

01 기본 용구 및 사용법

NO.	제도 용구명	사진 이미지	용 도
1	제도판		▶제도판은 일반적으로 中자형 휴대형 제도판을 사용합니다. 大 : 1,200 × 900mm 中 : 900 × 600mm 小 : 600 × 450mm
2	도면걸이		▶일반적으로 시험장에는 도면걸이가 거의 없다고 보시면 됩니다. 수검자 개인들이 도면걸이를 꼭 준비해가시면 좋겠습니다. 小자형(770mm × 750mm)
3	T자		▶T자는 과거에 사용한 형태로서 현재에는 거의 사용하지 않고 있습니다.
4	삼각자		▶삼각자는 이등변 삼각자와 직각 삼각자 각 1매를 구비하셔야 하며, 때에 따라서는 작은 삼각자 또한 유용하게 쓰일 수 있습니다.
5	스케일자		▶스케일자는 일반 300mm 사이즈를 준비하면 좋겠습니다. 때에 따라서는 그보다 작은 스케일 역시 하나 준비하면 도면작업 시 유용하게 사용할 수 있습니다.
6	템플릿		▶템플릿(일명, 빵빵자)은 그 종류가 상당히 많습니다. 그렇다고 모두 준비할 필요는 없지만, 큰원과 중간원, 그리고 타원 템플릿은 필수라고 하겠습니다.
7	운형자		▶운형자는 투시도 작업 시에 요긴하게 사용될 수 있습니다. 여러 가지 자유로운 곡선을 프리핸드(Freehand)를 대신해 손쉽게 만들 수 있습니다.

도면설계의 기초

8	제도용 샤프 및 샤프심		▶제도용 샤프는 그 굵기에 따른 종류가 많지만, 0.5mm짜리 하나를 준비하면 좋겠습니다. 대개에는 Pentel사의 제품을 많이들 사용하며, 또한 같은 회사의 샤프심을 많이들 사용합니다.
9	지우개 및 지우개판		▶지우개는 연성이 좋은 것이 잘 지워지며, 지우개판은 알루미늄 재질의 얇은 박판으로 제도 시 불필요한 선을 지울 때 사용합니다.
10	제도용 브러쉬		▶제도용 브러쉬는 지우개 부스러기를 트레이싱지에서 제거할 때 사용합니다.
11	마스킹 테이프		▶마스킹 테이프는 일명 "종이 테이프"라고 부르며, 트레이싱지를 제도판에 고정할 때 사용됩니다.
12	제도용지		▶제도용지는 트레이싱지를 시험장에서 배포하며, 그 사이즈는 일반 A2사이즈(594mm × 420)를 사용합니다. 또한, 중량은 120g짜리 3장을 시험장에서 지급해 줍니다.
13	컴퍼스		▶컴퍼스는 디자인 작업 시에 둥근원을 작업할 때 사용되며, 큰 원템플릿으로 표현할 수 없을 시에 많이 사용합니다.
14	도면통 (화통)		▶도면통은 일반적으로 작업 후 도면들을 보관하기 위해서 사용하는 물품입니다.
15	마카		▶마카는 속건성의 채색도구로서 시중에 시판되는 종류 역시 상당히 많습니다. 일반적으로 시험장에서는 99% 마카를 사용하여 투시도에 채색을 하게 됩니다. 일반 신한 A-TYPE 60색의 마카를 사용합니다.
16	아트백		▶아트백은 제도용구들을 보관할 수 있으며, 또한 사용하지 않은 트레이싱지를 보관할 시에 유용하게 사용할 수 있습니다.

국가 기술 자격 검정 시험 실기 시험 문제

자격종목	실내건축기능사	작품명	주택형 원룸 I

비번호 : _____

1. 시험시간 : 표준시간 : 5시간 30분

■ 요구사항

문제 도면은 원룸형 주택이다.
다음 요구 조건에 맞게 요구 도면을 작도하시오.

■ 요구조건

가) 설계 면적 : 6,500mm × 8,700mm × 2,600mm(H)
나) 개구부 크기 : 현관출입문 : 1,000mm × 2,100mm(H)   욕실문 : 700mm×2,000mm(H)
   창문(2중창 또는 복층유리 단창) : 2,400mm × 1,500mm(H)   600mm × 1,500mm(H)
   주방 출입구는 아치형
다) 벽체 : 외벽 : 두께 1.5B(외단열)의 붉은 벽돌 쌓기로 한다.
   내벽 : 1.0B 시멘트 벽돌 쌓기로 한다.
   기타벽은 0.5B 쌓기로 한다.
라) 인적구성 : 30대 실내건축 전문가
마) 필요공간 및 가구
   싱글침대, 책장, 신발장, 옷장, 장식장, 소파세트 및 테이블, TV 및 테이블,
   컴퓨터 및 책상, 식탁 및 의자, 냉장고, 주방에는 최소한의 주방설비기구
   그 외의 가구 및 집기는 수검자가 임의로 더 넣어도 좋다.

■ 요구도면

가) 평면도(가구 및 바닥 마감재 표기) : 1/30 SCALE
나) 내부 입면도 C방향 1면(벽면 재료 표기) : 1/30 SCALE
다) 천장도(설비 및 조명 기구 배치, 마감재 표기) : 1/50 SCALE
라) 실내투시도(반드시 채색 작업 포함) : NONE SCALE
   (A방향에서 C방향으로 1소점 투시도법으로 작도하되, 작도 과정의 투시 보조선을 반드시 남길 것)
   (첫째 장에 평면도, 둘째 장에 내부 입면도와 천장도, 첫째 장에는 실내투시도 작성)

자격종목	실내건축기능사	작품명	주택형 원룸 I

비번호 : _____

2. 수검자 유의사항

1) 지급된 켄트지는 받침용으로 사용한다.
2) 명기되지 않은 조건은 각종규정, 건축구조, 건축제도 통칙을 준수한다.
3) 도면에 사용하는 용어는 국문, 영문을 혼용해도 된다.
4) <u>실내투시도의 채색작업은 반드시 하여야 한다.</u>
5) 지급된 재료 이외의 재료를 사용할 수 없으며 수검중 재료교환은 일체 허용치 않는다.
6) 타인과 잡담을 하거나 타인의 수검상황을 볼 경우는 부정행위로 처리한다.
7) 다음과 같은 경우는 오작 및 미완성으로 채점대상에서 제외한다.
     가. 요구한 내용의 전도면을 완성시키지 못한 경우
     나. 구조적 또는 기능적으로 사용 불가능한 경우
     다. 각 부분이 미숙하여 시공 제작할 수 없는 경우
     라. 주어진 조건을 지키지 않고 작도한 경우
8) 주어진 표준시간을 초과할 경우 채점대상에서 제외한다.
9) 각각의 도면명은 아래 예시와 같이 순서대로 도면의 중앙 하단에 기입하고 일체의 다른 표기를 하여서는 안된다.

    "예 시" | 5. 실내투시도 | S = N . S |

10) 수검번호, 성명은 도면좌측 상단에 매 장마다 작성한다.

3. 도면

자격종목	실내건축기능사	작품명	주택형 원룸 I

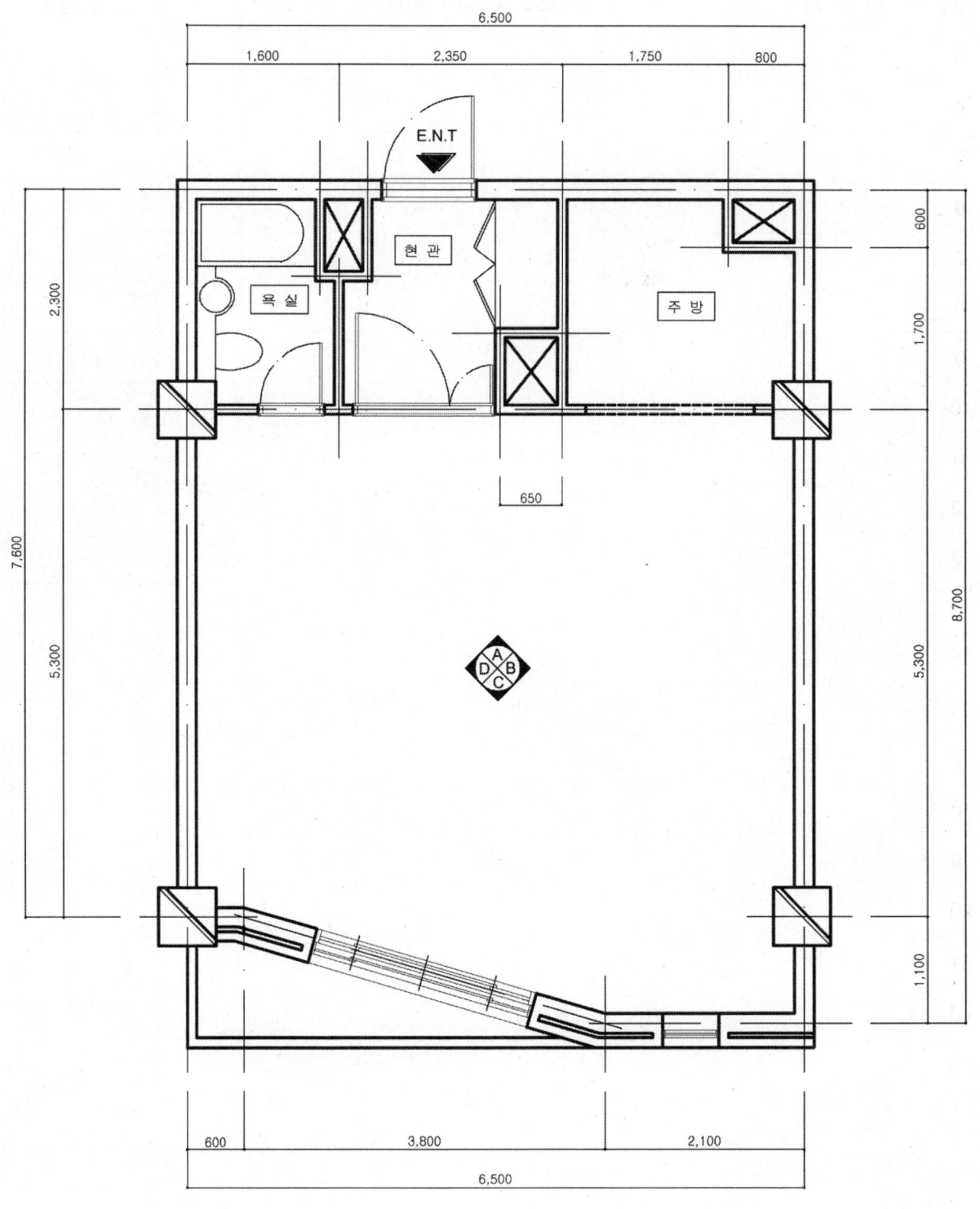

4. 지급재료 목록

자격종목	실내건축기능사

일련번호	재료명	규격	단위	수량	비고
1	트레싱지	A_2 (420 × 594) 120g/m²	장	3	
2	켄트지	A_1 (594 × 841) 180g/m²	장	1	받침용
3					
4					
5					
6					
7					
8					
9					
10					
11					
12					
13					
14					
15					
16					
17					
18					
19					
20					
21					
22					
23					

Chapter 02 설계의 기초

━ Craftsman Interior Architecture

Section 01 제도

01 제도지의 크기

제도지의 크기	A0	A1	A2	A3	A4	A5	A6
A × B	1,189 × 841	841 × 594	594 × 420	420 × 297	297 × 210	210 × 148	148 × 105

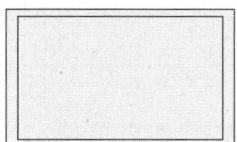

▶ 시험에서는 A2 사이즈의 트레이싱지를 사용합니다.
 테두리선 간격은
 A0, A1 사이즈 - 20mm 이상
 A2, A3 사이즈 - 10mm 이상을 원칙(KS개정)으로 함

Section 02 선(LINE)

01 선의 종류 및 용도

제도에서 선은 가장 기초가 되며 도면설계에 있어 중요한 부분입니다. 그만큼 선의 굵기에 따른 필압의 강약에 의해 우리는 시각적으로 도면을 전개해 나갈 수 있으며, 또한 국제 협약에 따른 사용되는 선의 종류는 여러 가지가 있습니다. 평소 선 연습을 많이 해야 하며, 그 중요성은 "아무리 강조해도 지나치지 않다."라고 말씀드리고 싶습니다.

명칭		굵기(mm)	용도에 의한 명칭	용도
실선		굵은선(———) 0.5mm~0.8mm	단면선 외형선	▶ 물체의 보이는 부분 및 구조체의 단면을 표시할 때 사용한다.
		중간선(———) 0.3mm~0.4mm	가구선, 입면선, 치수선	▶ 물체의 입면 및 가구선, 치수를 기입할 때 사용한다.
		가는선(———) 0.1mm~0.2mm	마감선, 해치선 지시선	▶ 물체의 마감재 표시 및 패턴과 지시선 등에 사용한다.
허선	파선	중간선	은선	▶ 물체의 중첩으로 보이지 않는 부분의 모양을 표시할 때나 물체가 그 면에서 떨어져 있는 모양을 나타낼 때 사용한다.
	일점 쇄선	굵은선	절단선	▶ 구조체나 벽체의 단면을 표시할 때 사용하며, 양 끝은 굵은 실선으로 하고, 가운데는 가는 실선으로 표시한다.
		가는선	중심선	▶ 물체의 중심축이나 대칭축을 표시할 때 사용한다.
	이점 쇄선	중간선	가상선	▶ 물체가 있는 것으로 가상된 부분을 표시할 때 사용한다.

02 선긋기 방법

일반적으로 삼각자나 I자를 사용하여 [수평선과 수직선 및 사선]을 긋도록 연습합니다. 또한, 모든 선들의 흐름은 위→아래, 좌→우로 이동할 수 있도록 습관을 들일 수 있도록 합니다.

① 선을 그을 때에는 일정한 필압을 유지하며 샤프를 시계방향으로 돌리면서 한 번에 긋도록 합니다.
② 용도에 맞는 선의 굵기와 종류에 따른 명확한 선을 긋도록 연습합니다.
③ 선을 한 번 시작점에서 끝나는 지점까지 그은 다음, 선의 굵기가 가늘게 나왔을 때에는 다시 한번 I자를 밑으로 조금 내린 후, 시작점에서 끝 지점까지 새로 긋도록 합니다.
(※ 한번 그은 선을 굵게 하기 위해 선이 끝나는 지점에서 다시 처음으로 되돌아오게 되면 트레이싱지가 파손될 위험이 상당히 많습니다!!!)
④ 제도에서의 선이란 처음과 끝나는 부분이 균일한 선을 말합니다. 그렇기 때문에 선의 시작부분과 끝부분의 굵기를 최대한 균일하게 맞추도록 연습합니다.

03 선 굵기에 따른 표현

굵은선	
중간선	
가는선	
파선	
일점쇄선	

제도에서 선을 칠때에는 손가락(엄지,검지)에 힘을 모아서 균일한 필압(=누르는 힘)으로 밀어주는 것이 중요합니다.
특히, 가는선을 밀때에는 힘으로 미는 것이 아닌 샤프심이 종이에 닿은듯, 말듯 종이면에 일정한 거리를 두며 즉, 선두께는 가늘지만 날카로운 (sharp) 선을 밀도록 연습하시길 바랍니다.
꾸준한 연습으로 필압을 느껴야 하며, 항상 샤프를 시계방향으로 돌리면서 최대한 균일한 굵기의 선두께를 잡으셔야 합니다.

① 수평선 긋기
수평선은 좌 → 우로, 위 → 아래로 일정한 힘으로 긋습니다.
여기서 기억할 것은 우리가 시험에서 사용하는 제도판에 부착된 I자는 플라스틱 재질로 되어있으며, 선을 좌에서 우로 그어줄 때 샤프의 선이 I자 속으로 선이 밀리지 않도록 해야 한다는 것입니다. I자는 가끔씩 휘어져 있는 것들이 많다보니 선을 미는 도중에 I자의 가장자리 부분에서 샤프심이 많이 파고 들어갈 수 있습니다. 보다 좋은 선이 나오기 위해서는 샤프는 천천히 시계방향으로 돌리면서 선은 빨리 끝점으로 이동해야 합니다.

② 수직선 긋기

수직선은 아래 → 위로 일정한 힘으로 긋습니다. 선을 그을 때에는 자세를 우측으로 돌린 상태에서 우측 팔꿈치를 위로 끌어올리면서 선을 긋습니다. 삼각자를 이용하여 수직선을 긋다보니, I자 위에 고정된 삼각자가 흔들리지 않게 정확히 고정하여 선을 그어야 합니다.

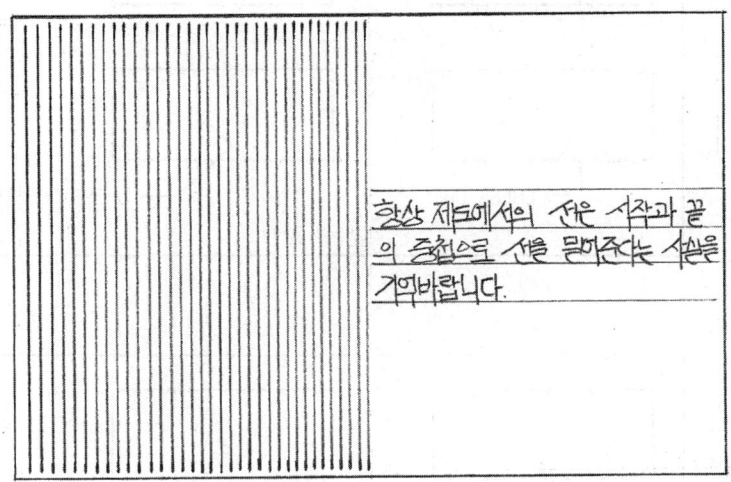

③ 사선 긋기

사선은 좌 → 우로 일정한 힘으로 긋습니다. 사선 역시 I자 위에 고정된 삼각자가 흔들리지 않도록 왼손으로 삼각자를 정확히 고정하여 선을 그어야 합니다.

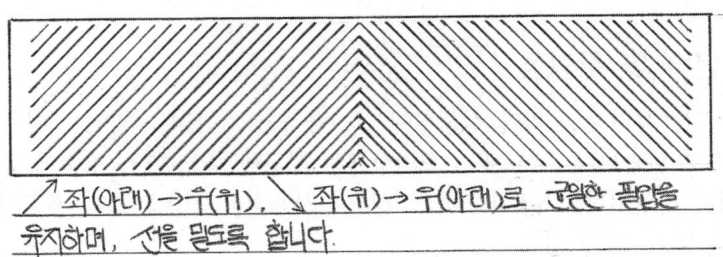

Section 03 | 문자(TEXT)

01 문자의 기입법 및 종류

도면 내 문자는 영문(대문자), 아라비아 숫자, 한글 이렇게 3가지를 사용하고 있으며, 문자에 따른 기준선, 보조선, 가상선을 그은 후 문자를 기입합니다.

① 문자를 기입할 때에는 제도체에 근거하여 문자를 기입하도록 합니다.
② 도면 내에 영문과 한글을 혼용 가능하며, 영문 기입 시 소문자가 아닌 대문자로 기입하도록 합니다.

③ 한글기입에 비해서 영문기입이 훨씬 보기 좋으며, 문자를 기입할 시엔 보조라인을 그어서 최대한 수평이 맞도록 기입하도록 합니다.

④ 시험에서 요구하는 텍스트의 높이는 정해진 것은 아니며, 도면 사이즈에 비례해서 시각적으로 보기 좋게 높이를 잡을 것이며, 실명을 대표하는 문자의 기입 시엔 조금 큰 사이즈로 기입하도록 합니다.(도면명 → 실명 → 가구·집기 및 재료명)

⑤ 가구·집기에 따른 문자를 기입할 시에 가구·집기 위에 문자를 기입할 수 있으며, 또한 인출선(引出線 - 문자기입을 보조하는 선, 지시선)을 사용하여 문자를 기입하도록 합니다.

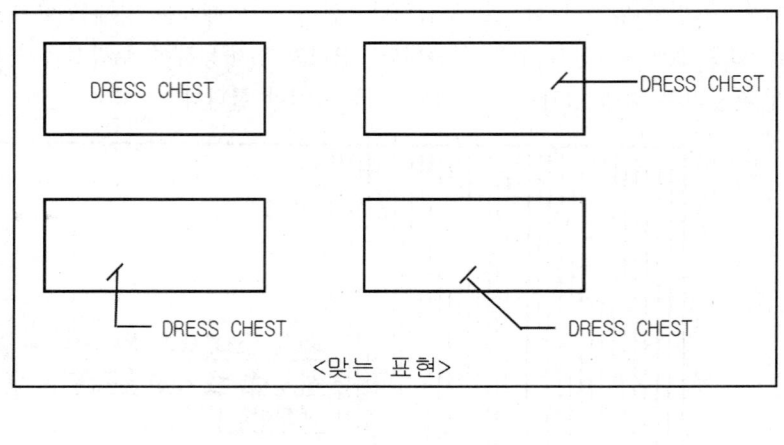
<맞는 표현>

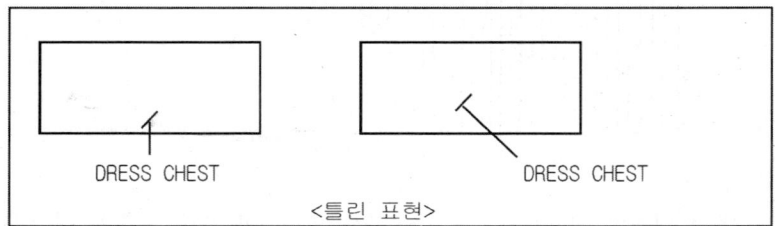
<틀린 표현>

⑥ 인출선을 사용할 때에는 치수를 제외한 텍스트 앞 부위는 항상 수평(가로)선이 되도록 합니다.

02 문자 연습 및 주의점

도면 내에 사용되는 문자는 우리가 실생활에서 사용하고 있는 문자와는 조금 차이가 있습니다. 일명 〈제도체〉라고 말하고 있습니다. 제도체는 도면상에서 상당히 중요하며, 평소에 틈틈이 연습을 많이 해서 충분히 손에 익히길 바랍니다. 채점자들께선 도면에 사용되는 선(LINE)과 제도체 만으로도 그 설계자(수검자)의 내공 또한 알 수 있을 것입니다.

※ 최대한 눈에 띌 수 있도록 선과 제도체 연습을 많이 하시길 바랍니다!!!

① 영문 연습

알파벳은 대문자만을 사용하며, 하단부에 적어놓은 제도체를 충분히 익히시고 그 특징을 자세히 보시길 바랍니다.

영문 제도체 연습 시에 글자체가 보기 좋게 나오기 위해서는 글자체를 위에서 밑으로 눌러 주면서 적는다는 것입니다. 또한, 수직으로 떨어뜨리는 획에 있어서는 시작과 끝나는 위치에 일정한 필압으로 누르면서 쓰시길 바랍니다. 수직으로 떨어뜨리는 획은 날리지 말고, 상부로 올라가는 획들은 15~20° 가량 상부로 끌어올리면서 연습하신다면, 일반적인 글자체에 비해서 상당히 멋스러운 분위기가 나올 겁니다. 그리고 연습하는 와중에 어느새 여러분들께선 제도체에 근거한 자신만의 또 다른 제도체를 습득할 수 있을 것입니다.

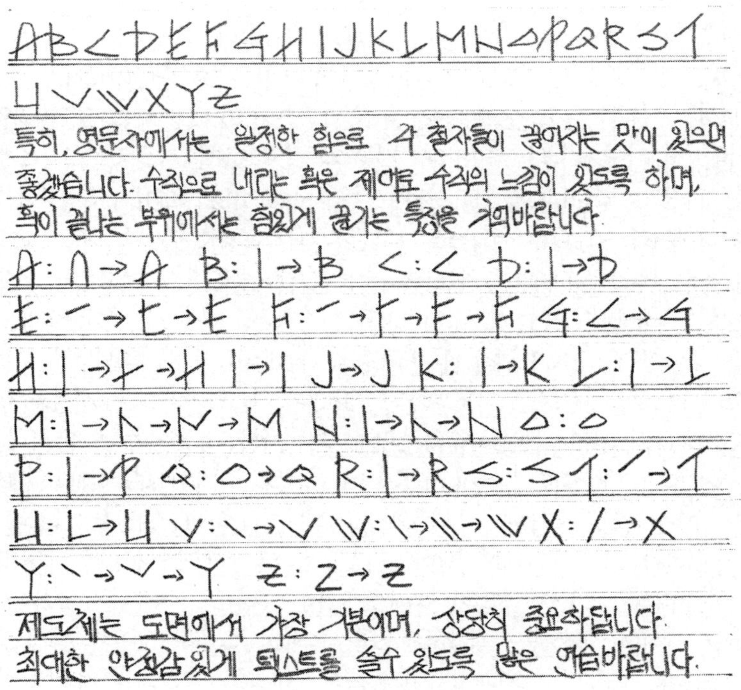

② 숫자 연습

우리가 일반적으로 사용하는 숫자의 형태와 비슷합니다. 다만 산세리프 글자체(로마자 활자의 글씨에서 획의 시작이나 끝 부분에 있는 작은 돌출선)를 사용하고 있다는 것입니다.

숫자연습 시에는 5,6,7,9자 연습에 주의 바랍니다. 또한, 숫자를 적을 때에는 1,000단위마다 (,콤마)를 찍으시길 바랍니다.

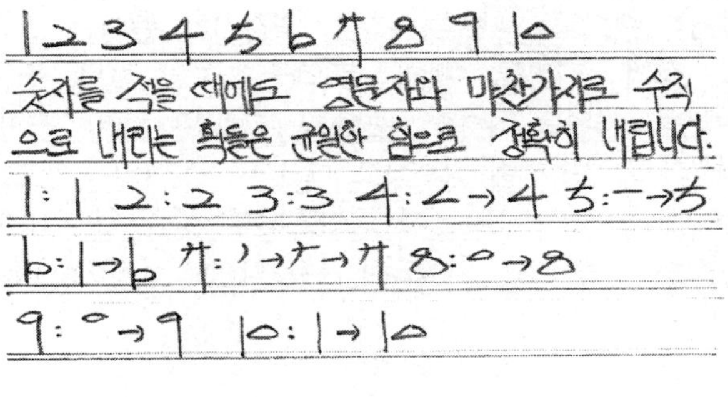

③ 한글 연습

한글은 도면상에서 혼용가능한 문자입니다. 짜임새 있는 정돈된 형태의 도면이라면 한글에 비해서 영문으로 기재하는 것이 낫습니다. 도면 내에 전반적으로 영문으로 문자를 기입하다 한글로 부분적으로 기입하게 되면 도면상 통일성이 떨어지게 되며, 구성면에서 그리 보기 좋지 않습니다. 한글연습 하실 때에는 너비는 넓고 높이는 낮게 해서 글자연습을 하기 바랍니다.

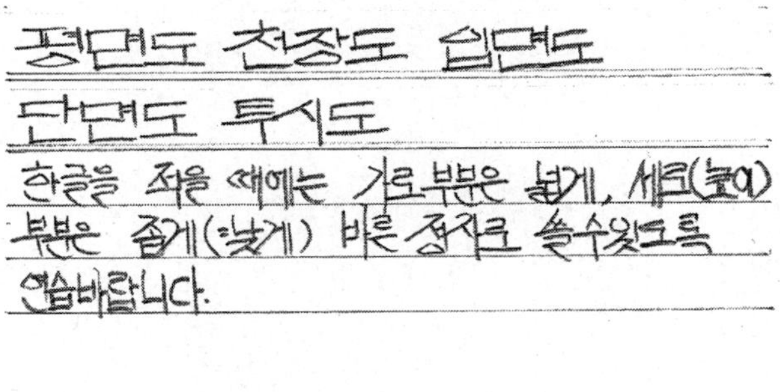

도면설계의 기초 **63**

④ 글자 연습

FLOOR PLAN CEILING & LIGHTING PLAN ELEVATION SECTION PERSPECTIVE APP ACCESS DOOR ACRYL BALCONY BASE BOARD BAGGAGE RACK BATH RM. BLIND BRACKET BRICK BRASS BRONZE CARPET CARPET TILE CEILING CASHIER COUNTER CEILING HEIGHT CERAMIC TILE CEILING LEVEL CHAIR COLUMN CHANDELIER CHEST CLEAR GLASS CLEAR LACQUER CONSOLE CURTAIN BOX DEPTH DAMPPROOF LAMP DESK DINING TABLE DISPLAY SHELF DISPLAY STAGE DOOR DISPLAY TABLE DOUBLE BED DOWN LIGHT DRAW CHEST DRESSING TABLE EACH EASY CHAIR ENTRY EXIT LIGHT FABRIC FINISH FIRE SENSOR FITTING ROOM FINISH FIXED GLASS FLOOR LEVEL FLOOR STAND FLUORESCENT LAMP FRAME FURNITURE GYPSUM BOARD HEIGHT HALOGEN LAMP HANGER INCANDESCENT LAMP INSERT LENGTH LEGEND LIGHTING TRACK LIVING ROOM LOBBY MANNEQUIN MARBLE MIRROR MOULDING MOVABLE CHAIR NEON LAMP NIGHT TABLE NON SLIP OIL PAINT PARTITION PENDANT PLANT BOX PLY WOOD POLISHING POWDER ROOM PVC TILE RECEPTION REFRIGERATOR REST ROOM RUG SCALE SHELF SHOW CASE SHOW STAGE SHOW WINDOW SIDE TABLE SINGLE BED SINK SOFA SPOT LIGHT SPRINKLER STAIR STAINLESS STAIR STEEL STOOL STORAGE STUCCO SUITE ROOM TEA TABLE THICKNESS TEMPERED GLASS TOILET TRACK SPOT TWIN BED UTILITY ROOM VINYL PAINT VENTILATOR VINYL SHEET WOOD WAITING AREA WALL PAPER WASHING MACHINE WATER PAINT WINDOW WOOD FLOORING WOOD GRAIN ZOLATON

평면도 천장도 입면도 단면도 투시도 지정된 점검구 아크릴 발코니 걸레받이 수화물대 욕실 블라인드 벽부등 카펫타일 천장고 세라믹 타일 기둥 샹들리에 투명유리 투명락카 콘솔 커튼박스 방등 책상 식탁 장식선반 매입등 수납장 화장대 수량 안락의자 입구 바닥등 패브릭 마감 열감지기 탈의실 마감 형광등 프레임 가구 석고보드 할로겐램프 행거 백열등 매입 범례표 거실 로비 마네킹 대리석 거울 몰딩 이동 이동 가능한 의자 네온등 나이트 테이블 논슬립 유성페인트 파티션 펜던트 화분박스 합판 폴리싱 파우더룸 대기실 냉장고 러그 스케일 선반 쇼케이스 쇼윈도우 사이드 테이블 싱글 베드 싱크세트 소파 스프링클러 계단실 스테인리스 스툴 창고 스터코 두께 강화유리 화장실 트윈베드 다용도실 비닐페인트 환풍기 비닐시트 벽지 수성페인트 무늬목

Section 04 | 도면설계에 따른 약어 및 용어해설

영문	약 어(비고)	해 설	영문	약 어(비고)	해 설
APPOINTED	APP'	지정·약속된	DRESSING TABLE	(DRESS TABLE)	화장대
ACCESS DOOR		점검구	DRESSING CHEST	(D : 600)	옷장
ACCESSORY		액세서리	EACH	EA	수량, 갯수
ACRYL		아크릴	EASY CHAIR		안락의자
AIR CONDITION	A/C , A/H	에어컨&히터	ELEVATION		입면도
ALUMINIUM	AL	알루미늄	ENTRANCE	ENT.	입구, 출입구
AT	@	등간격 표시	ENTRY		현관
ANCHOR BOLT	AB.	앵커 볼트	EXAPANEL		방습PVC판넬
AREA		영역	EXIT LIGHT		비상유도등
BALCONY		발코니	FABRIC		직물
BASE BOARD	(H:90~100)	걸레받이	FINISH	FIN.	마감
BAGGAGE RACK		객실 수납장	FIRE SENSOR		열감지기
BATH ROOM	BATH RM.	욕실	FITTING ROOM		탈의실
BED		침대	FIXED GLASS	FIX.	고정유리
BED ROOM		침실	FLOOR	FL.	바닥
BLIND		블라인드	FLOOR LEVEL	F.L	바닥기준높이
BOLT	BT.	볼트	FLOOR PLAN		평면도
BRACKET		벽부등	FLOOR STAND		세워진 등
BRICK	190X90X57표준형	벽돌	FLUORESCENT LAMP		형광등
BRASS		황동	FRAME	FR.	프레임, 틀
BRONZE		청동	FURNITURE		가구
CARPET		카펫	GAS RANGE		가스레인지
CARPET TILE	(450각/500각)	카펫타일	GLASS		유리
CASHIER COUNTER	(H : 1,000~1,100)	계산대	GROUND LEVEL	GL.	지반, 기저선
CEILING		천장	GYPSUM BOARD	G·B, G/B(T : 9.5)	석고보드
CEILING HEIGHT	C.H	천고, 천장고	H.Q.I		고방전 램프
CEILING LIGHT		천장등	HEIGHT	H	높이
CEILING PLAN		천장도	HALL		홀
CERAMIC TILE		자기질 타일	HALOGEN LAMP	HL.(50W)	할로겐 램프
CEILING LEVEL	C.L	천장기준선	HANGER	(∅25~32)	행거봉
CHAIR		의자	INCANDESCENT LAMP	IL.(60W)	백열등
CHANDELIER		샹들리에	INSERT		매입/연결철물
CHEST		수납가구	INSULATION	(50T 스티로폴)	단열재, 충진
CLEAR GLASS		투명유리	ISOMETRIC	ISO.	등각투상도
CLEAR LACQUER	CLEAR LACQ'	투명락카	LENGTH	L	길이
COLUMN		기둥	KITCHEN		주방
CONCRETE	CONC.	콘크리트	LAUAN		라왕(목재)
CONSOLE		장식테이블	LAUNDRY		세탁실
CORRIDOR	CORR.	복도	LEGEND	(INDEX)	범례표
CURTAIN BOX	(D:150~200)	커튼박스	LIGHTING TRACK		조명연결트랙
DAMPPROOF LAMP		방습등	LIVING ROOM		거실
DEPTH	D	깊이	LOBBY		로비
DESK		책상	LOUNGE		라운지
DIMENSION	DIM.	치수	LOUVER		미늘살(빗살)
DINING TABLE	(H : 720~750)	식탁	MEDIUM DENSITY FIBERBOARD	M.D.F.	중밀도 집성목

영 문	약 어(비고)	해 설	영 문	약 어(비고)	해 설
DISPLAY SHELF		전시선반	MANNEQUIN		마네킹
DISPLAY STAGE	(H : 500 이하)	전시스테이지	MARBLE	(T : 20~25)	대리석
DISPLAY TABLE		전시테이블	MIRROR	(T : 5MM)	거울
DOOR	DR.	문	MOULDING	(H : 45~50)	몰딩, 반자돌림
DOUBLE BED	(L : 1,350~1,550)	더블베드	MOVABLE CHAIR		이동가능 의자
DOWN	DN.(계단부사용)	내려감	MULTI VISION	(멀티큐브)	멀티비전
DOWN LIGHT	⊕	매입등	NEON LAMP	------	네온등
DRAWER CHEST	(DRAWER)	서랍장	NIGHT TABLE	(침대 옆 협탁)	나이트테이블
NON SLIP	N.S	논슬립	TERAZZO		인조석물갈기
OFFICE		사무실	TERRACOTTA		점토소성제품
OIL PAINT	O.P	유성페인트	THICKNESS	THK.	두께
PARTITION		칸막이벽	TOILET		화장실
PENDANT		매다는 등	TRACK SPOT	(LINE TRACK)	트랙이동조명
PERSPECTIVE	PERS.	투시도	TRENCH		대용량 배수구
PIPE DUCT	P.D	파이프 덕트	TWIN BED	(싱글베드 2개)	트윈베드
PLANT BOX		화분	UP		오름(계단부)
PLY WOOD	PL	합판	UTILITY ROOM		탕비실
POLISHING		광택내기	VINYL PAINT	V.P	비닐페인트
POLY VINYL	P.V.C	염화비닐	VENTILATOR	☰	환기구
POWDER ROOM		화장공간	VERANDA		베란다
PVC TILE	(450각, 500각)	합성수지타일	VERTICAL BLIND		수직 블라인드
RADIUS	R	반지름	VINYL SHEET		비닐 장판
RADIATOR		라디에이터	WOOD	W	목재
RECEPTION		접수, 상담	WEIGHT	W	무게
REFRIGERATOR	REF	냉장고	WAITING AREA		대기영역
REST ROOM		휴게실	WAITING ROOM		대기실
ROOM	RM	방	WALL PAPER	(WALL COVERING)	벽지
RUG		바닥깔개직물	WALNUT		호도나무
SCALE	S	축척	WASHING MACHINE		세탁기
SECTION	SECT.	단면도	WATER PAINT	W · P	수성페인트
SEMI DOUBLE BED	(L : 1,150~1,350)	세미더블베드	WINDOW		창
SHELF		오픈된 선반	WOOD FLOORING		마루널
SHOW CASE	(D:600)	진열장	WOOD GRAIN	(SKIN WOOD)	무늬목
SHOW STAGE		전시무대	ZOLATON	(뿜칠 도료)	졸라톤
SHOW WINDOW		창가전시공간	∅		지름, 직경
SHUTTER		셔터	□	(BATTEN)	각재
SIDE TABLE	(400각,450각)	측면 테이블			
SINGLE BED	(L : 900~1000)	싱글베드			
SINK	(D : 600~650)	싱크대			
SOFA	(1인-600×600)	소파			
SPOT LIGHT	◔	강조등			
SPRAY		뿜칠			
SPRINKLER	●	스프링클러			
STAINLESS	SS.(SUS)	스테인리스			
STAINLESS STEEL	SST.	스테인리스스틸			
STAIR		계단			
STEEL	ST.	철			
STOOL		스툴, 간이의자			
STORAGE		창고			
STUCCO		석고미장재료			
SUITE ROOM		호텔특실			
TEA TABLE		티테이블			
TELEPHONE BOOTH		전화부스			
TEMPERED GLASS	(T:10,12)	강화유리			

Section 05 | 벽체의 구조해석 및 재료의 표시기호

시험에서 주어지는 벽체는 실제 어떠한 구조로 명확히 정해지지 않으며, 때에 따라서 수검자들이 그 상황에 맞게 해석할 필요가 있습니다. 도면상의 벽체의 구조와 재료, 그리고 벽체의 두께에 대해서 표현하는 방법을 알아보도록 하겠습니다.

01 벽체구조의 해석

건축구조는 건축물의 뼈대를 이루는 방식을 말하며, 그에 따른 각종 설비들과 여러 가지 고려사항들(안전성, 거주성, 내구성, 경제성, 구조미 등)에 근거하여 기초, 벽, 기둥, 바닥, 보, 지붕 및 주계단의 주요구조부에 의해서 구성됩니다.

일반적으로 벽체는 크게 2가지로 구분할 수 있을 것입니다.

① 내력벽(Bearing wall) - 상부의 하중이 구조체에 작용할 때, 수평부재인 보와 수직부재인 기둥을 통해서 지반(GL.) 하부의 기초에 그 힘이 전달되는 벽
② 비내력벽(Curtain wall) - 자중(스스로의 무게)만을 견디는 간막이벽 장막벽

일반적으로 구조를 분류할 때 구성방식 / 형식 / 부재의 구성재료 / 시공방식 등으로 분류될 수 있으며, 건축법규에서는 이외에도 방재를 목적으로 내화구조와 방화구조를 규정하고 있으나 건축물의 구성방식으로서의 구조와는 다르므로 제외합니다.

▶ **구조의 구성방식에 의한 분류**

가구식 구조 (Framed Structure)	목구조, 철골구조가 해당하며 선형의 구조재료를 조립하여 골조를 구성
조적식 구조 (Masonry Structure)	벽돌구조, 석구조, 블록구조가 해당되며 단일재료를 시멘트 등의 교착제를 사용하여 쌓아 구조체를 구성
일체식 구조 (Monolithic Structure)	철근콘크리트구조가 해당되며 전체 구조체를 구성하는 구조부재들을 일체로 구성
특수 구조 (Special Structure)	현수식구조, 입체구조(Space Frame), 쉘(Shell) 구조, 막구조 등

▶ **구조의 형식에 의한 분류**

라멘(Rahmen) 구조	기둥과 보, 바닥으로 구성되며 철근콘크리트구조와 철골구조 등에 사용
벽식구조	내력벽과 바닥으로 구성되며 아파트 등의 구조방식으로 사용
트러스(Truss) 구조	주로 삼각형의 형태로 체육관 등 큰 공간의 천장구조방식으로 사용
아치(Arch) 구조	하중을 기둥 없이 면 내력으로 지지하는 구조로 조적식 구조에도 적합함
플랫슬래브 (Plat Slab) 구조	보가 없이 하중을 바닥판이 부담하는 구조로 큰 내부 공간 조성이 가능
절판(Folded Plate) 구조	병풍같이 굴절된 평면 판의 큰 지지력을 이용한 형식으로 주로 지붕구조에 사용
쉘(Shell) 구조	곡판구조, 곡률반경에 비해 얇은 곡면의 판부재를 이용하여 곡면내응력으로 대스판을 처리하는 방식
스페이스 프레임 (Space Frame) 구조	단일부재를 입체적으로 조합한 입체트러스 구조
현수식(Suspension) 구조	케이블을 사용하여 인장응력에 의하여 하중을 지탱하는 구조로, 대스판이 가능하여 교량 등에 이용
막(Membrane) 구조	→ Truss Membrane Structure 구조적인 안정감과 개구부를 자유롭게 만들 수 있는 특징을 가지며 경제성이 뛰어나 대·소규모에 상관없이 넓고 다양하게 사용

막(Membrane) 구조	→ Suspension Membrane Structure 기복(높고낮음)이 풍부한 형태로 곡면의 유니크함을 살릴 수 있는 디자인, 그리고 강한 임펙트로 시각효과가 높은 건축물을 구축 → Air Dome 기둥이나 보 없이 공기압으로 지탱하는 돔 형태의 구조물로 광대한 공간 형성에 있어 높은 경제성 · 시공성이 있는 구조방식

▶ **구조부재의 구성재료에 의한 분류**

목구조 (Timber Structure, Wooden Construction)	목재를 접합 연결하여 건물의 뼈대를 구성하는 구조로 가볍고 가공이 쉬움
벽돌구조 (Brick Construction)	하중을 받는 벽, 내력벽을 쌓아 구성하는 구조
시멘트블록구조 (Cement Block Construction)	시멘트블록과 모르타르로 내력벽을 쌓아 구성하는 구조로 필요시 블록 내부공간에 철근과 모르타르로 보강
철근콘크리트구조	형틀(거푸집) 속에 철근을 조립하고 그 사이에 콘크리트를 부어 일체식으로 구성한 구조
철골구조	철로 된 부재(형강, 강판)를 짜맞추어 만든 구조로 부재접합에는 용접, 리벳, 볼트를 사용
철골철근콘크리트구조	내화, 내구, 내진성능을 위해 철골조와 철근콘크리트조를 함께 사용하는 구조

▶ **구조의 시공방식에 의한 분류**

습식구조 (Wet construction)	조적식구조, 철근콘크리트구조처럼 구조체 제작에 물이 필요한 구조. 단위작업에 한계치가 있고, 경화에 일정기간이 소요
건식구조 (Dry construction)	목구조, 철골구조처럼 규격화된 부재를 조립시공하는 것으로 물과 부재의 건조를 위한 시간이 필요없어 공기단축이 가능
현장구조 (Field construction)	• 구조체 시공을 위한 부재를 현장에서 제작, 조립, 설치하는 구조 • 넓은 면적의 현장 면적이 필요
조립구조 (Prefabricated structure)	• 공장에서 부재를 제작, 가공하고 현장에서는 조립, 설치하는 구조 • 대량생산에 따른 시공비 절감과 균일한 품질확보, 공기절감 가능

시험에서는 구성방식에 따른 분류 가운데 조적식과 일체식 구조에 관련된 도면들이 출제되고 있습니다. 그럼 조적식(벽돌구조) 및 일체식(철근콘크리트구조) 구조에 대해서 잠시 살펴보도록 하겠습니다.

▶ **조적식 구조**

조적식 구조는 쌓아올린 벽돌구조, 석구조, 블록구조를 말하는 것이며, 일반적으로 벽돌구조를 많이 사용합니다. 벽돌(Brick)은 기존형과 표준형으로 구분되고, 현재에는 표준형 벽돌(190mm × 90mm × 57mm)을 사용하고 있습니다.

벽돌 1장(1매)은 0.5B라고 하며, 그 사이즈는 90mm를 기준합니다. 즉, 0.5B의 벽체의 두께는 90mm이며, 벽체두께란 〈폭〉부위를 말하는 것이며, 그에 따른 1.0B의 벽체두께는 180mm, 1.5B벽체두께는 270mm가 될 것입니다.

그렇지만 벽돌 2매는 180mm가 아닌 190mm가 됩니다. 마찬가지로 벽돌 3매는 270mm가 아닌 290mm가 됩니다.

- 벽돌 1매 + 모르타르 10mm + 벽돌 1매 = 190mm(1.0B)
  (90mm)   (10mm)   (90mm)

■ 설계 시에는 190mm가 아닌 <u>200mm</u>로 봅니다.

– 벽돌 1매 + 모르타르 10mm + 벽돌 1매 + 모르타르 10mm + 벽돌 1매 = 290mm(1.5B)
  (90mm)   (10mm)   (90mm)   (10mm)   (90mm)

■ 설계 시에는 290mm가 아닌 **300mm**로 봅니다.

벽돌 (매)	0.5B	1.0B	1.5B	2.0B	2.5B	3.0B	3.5B	4.0B
두께 (mm)	90	190	290	390	490	590	690	790

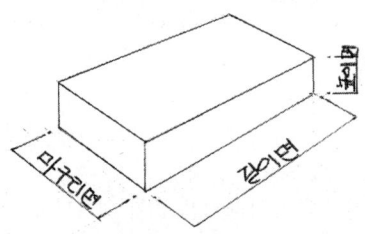

벽돌 1장(=1매)에 있어서,
* 기존형 벽돌과 표준형 벽돌의 사이즈(mm)는
    (길이면) × (마구리면) × (높이면)
  기존형 벽돌 : 210   100   60
  표준형 벽돌 : 190   90   57

* 벽체의 두께는 (마구리면)의 두께를 말하는 것으로
  줄눈의 두께는 10mm로 봅니다.
  현재는 기존형 벽돌이 아닌 표준형 벽돌을 사용합니다.
* 벽돌쌓기 종류
① 영식쌓기 : 한 켜(층)는 마구리 쌓기, 다음켜는 길이쌓기로
    모서리끝에 이오토막을 사용 (가장 튼튼한 쌓기법)
② 미식쌓기 : 5켜까지는 길이쌓기, 그 위 1켜는 마구리쌓기
③ 불식쌓기 : 한 켜에 길이쌓기와 마구리쌓기가 번갈아 나옴
④ 화란식 쌓기 : 영식쌓기와 유사하며, 마구리 끝에 칠오토막 사용

시험에서 벽체의 두께를 설정할 때에는 일반적으로 1.0B(200mm)의 벽체로 생각하면 됩니다. 출제문제 상의 기둥이나 벽체 간의 절단관계를 잘 파악한 후 다음 벽체와 기둥을 이을 것인지 아니면 기둥과 벽체부위를 끊을 것인지를 생각합니다. 또한, 최대한 원도(=시험장에 주어지는 도면, 건축도면)에 충실하면 좋을 것입니다.

예를 들어 출제 문제에서 기둥과 벽체가 끊어진 상태라고 가정한다면, 기둥은 철근콘크리트기둥으로, 벽체 부위는 조적조(벽돌구조)로 생각하고 작업합니다. 시험에 표시되는 벽체는 일반적으로 200mm 두께의 벽체로 100mm의 벽체와 350mm(1.5B 공간쌓기) 벽체 외에는 없다고 생각하는 것이 좋습니다. 또한, 기둥에서 역시 500각(=가로500mm×세로500mm), 600각(가로600mm×세로600mm) 철근콘크리트 기둥이 시험문제도면에서 나옵니다. 기둥 사이즈를 작도할 때 역시 항상 200mm 벽체의 두께에 근거하여 기둥 사이즈 비례를 체크합니다.

■ 1.5B 공간쌓기 벽체(조적조)

1.5B 공간쌓기 벽체는 벽돌구조로 만들어진 벽체에, 공간(=중공中空)쌓기라는 용어를 사용합니다. 즉, 벽돌구조 벽체는 실외와 실내의 단열효과가 상당히 떨어집니다. 그래서 벽체 내부에 외부와 접하는 벽체 안쪽부위에 보온·보냉, 방음·방서, 결로 방지에 탁월한 단열재(스티로폴50T)를 집어넣어 사용합니다.

열관류율 : 〈단위 면적의 재료(벽, 바닥, 창문)를 통과하는 열량〉을 말하며, 실제 열관류율이 낮을수록 단열성능이 좋습니다. 또한, 재료의 두께가 두꺼워질수록 단열성능이 탁월하게 됩니다.
① 무기질 단열재료 : 유리면(Glass Wool), 암면(Rock Wool), 세라믹 파이버, 펄라이트판, 규산, 칼슘판, 경량 기포콘크리트(ALC판넬)
② 유기질 단열재료 : 셀룰로즈 섬유판, 연질 섬유판, 폴리스틸렌폼, 경질 우레탄폼

일반적으로 中空(중공)의 사이즈는 50mm 정도로 하며, 단열에 있어서 외단열로 많이 시공합니다.

외단열	0.5B(100mm) + 50mm + 1.0B(200mm) = 350mm
내단열	1.0B(200mm) + 50mm + 0.5B(100mm) = 350mm
중단열	0.5B(100mm) + 50mm + 0.5B(100mm) = 250mm

1.5B 공간쌓기가 사용된 시험출제 문제로는

기사 - 커피숍 I
산업기사 - 자녀방, 재택근무자를 위한 원룸, 이동통신기기 매장
기능사 - 신혼부부, 30대 실내건축 전문가, 전문직 종사자 2인 등이 있습니다.

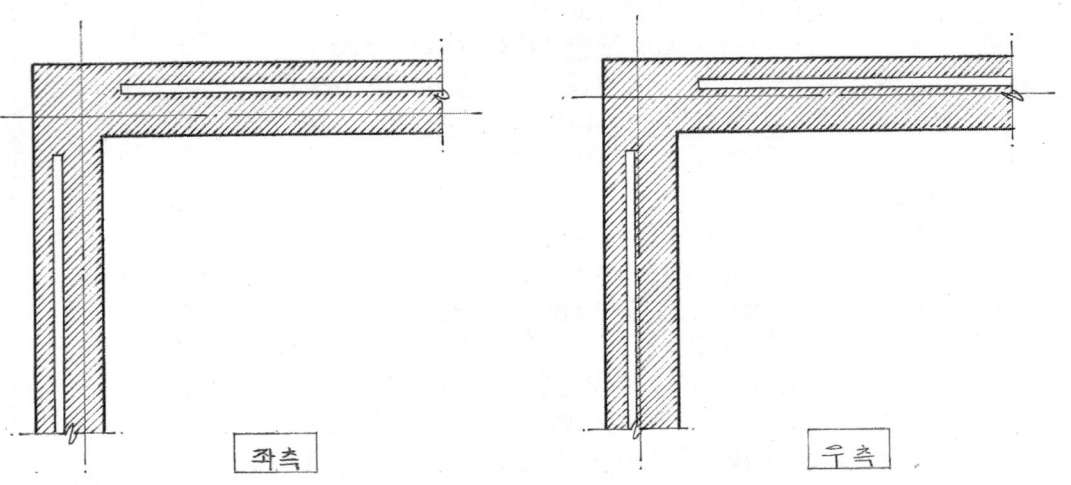

외단열 1.5B 공간쌓기(T:350)에서는 두 가지 형태로 시험에서 출제되고 있습니다. 먼저, 상부 좌측의 그림과 같이 0.5B(100mm)+50mm+1.0B(200mm)의 구성으로 1.0B의 중심부에 벽체의 중심선을 갖는 도면의 형태와 상부 우측, 전체 T:350mm의 중심부인 175mm의 위치에 벽체 중심선을 갖는 외단열과 같은 벽체의 구성이 있다는 사실을 수검자분들께서는 기억하시길 바랍니다.

* 좌측 외단열 공간쌓기 벽체 문제 유형 ~ 기사 : 커피숍 I
　　　　　　　　　　　　　　　　　산업기사 : 자녀방, 재택근무자를 위한 원룸
　　　　　　　　　　　　　　　　　기능사 : 신혼부부, 30대 실내건축 전문가, 전문직 종사자 2인등.

* 우측 외단열 공간쌓기 벽체 문제 유형 ~ 산업기사 : 이동통신기기 매장

향후 시험 출제 문제 중에 우측 외단열 공간쌓기 벽체로 변형되어 출제될수 있다는 사실을 말씀드리고 싶습니다.
※ 외단열 공간쌓기의 벽체 중심선 위치를 꼭 파악하시길 바랍니다.

▶ 일체식 구조

철근콘크리트구조에서 콘크리트(물, 시멘트, 모래나 자갈 등의 골재혼합)의 특성상 압축강도는 좋으나, 인장응력이 약한 반면에 철근은 압축강도는 약하나 인장응력이 좋기 때문에 그것을 보완하기 위해서 철근을 배근하게 됩니다. 일반적인 벽두께는 철근을 복배근(2줄배근) 시에 벽체의 최소 두께를 160mm로 정하고 있습니다. 시험도면에서 철근콘크리트 벽체의 두께는 200mm를 기준하여 작도하면 됩니다. 철근콘크리트 벽체의 표현 방법은 굵은선 1개와 가는선 2개(총 3개)를 45° 방향 사선으로 긋고 콘크리트를 표현해 줍니다.

| 실내건축 기능사 2차 작업형 실기 |

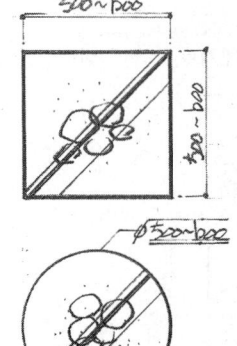

수험자분들께서는 철근콘크리트 구조에 있어서 〈기둥의 크기 및 표현법과 철근콘크리트 벽체의 두께〉를 기억하실 필요가 있습니다. 먼저, 정방형 크기의 기둥은 출제시험(실내건축기사, 산업기사, 기능사)에서 일반적으로 500각(500x500) 혹은 600각(600x600)으로 출제됩니다. 간혹, 장방형 크기의 기둥역시 출제가 되기도 하지만 대개 500각 혹은 600각의 크기가 출제되며, 원형기둥의 경우 직경은 Ø500 혹은 Ø600 크기가 출제됩니다. 기둥의 크기는 출제 시험도면에서 따로 기입이 주어지지 않으며 일반적인 수치라고 할때, 철근콘크리트 벽체의 두께를 200mm로 가정할시에 그 벽체두께의 크기에 따른 기둥크기의 비례를 가늠하실수 있을 것입니다. 참고로, 철근콘크리트 기둥의 경우 엄밀히 구조계산을 통해 그 크기를 구할수 있겠지만, 실내건축기사(20TYPE), 산업기사(20TYPE), 기능사(16TYPE) 출제 문제의 경우에 한해서라면 위에서 말씀드린바와 같이 500각 혹은 600각으로 작도하시면 됩니다. 또한 철근콘크리트 벽체의 두께역시 최소 120mm에서 200mm 정도이지만, 외벽체에 하중을 많이 받는다면 200mm 두께의 철근콘크리트 벽체를 사용하시면 되겠습니다.

■ 조적조 + 철근콘크리트조

이렇게 조적조(벽돌구조)와 철근콘크리트조로 두 가지 물성의 벽체로 만들어질 때에는 벽체 간의 경계를 표시해야 합니다. 즉, 동일한 물성으로 만들어진 벽체는 연결시켜주고, 다른 물성으로 만들어진 벽체는 끊어주어야 합니다.

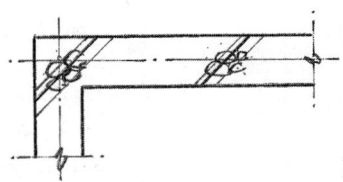

지붕이나 지하실과 1층사이에 슬라브(SLAB) 두께는 120mm로 하셔도 됩니다. 또한 슬라브(SLAB) 두께를 99년도 이전에는 120mm에서 점차 150mm, 180mm까지 상향되었으며 2005년도 7월이후 건축되는 슬라브(SLAB) 두께는 210mm로 강화되었습니다. 일반적인 슬라브(SLAB)의 두께는 공동주택의 경우 210mm이상, 일반 건물의 경우는 150mm 이상이어야 합니다. 일반적으로 철근콘크리트조가 조적조보다 더 많은 하중을 견딜수 있습니다.

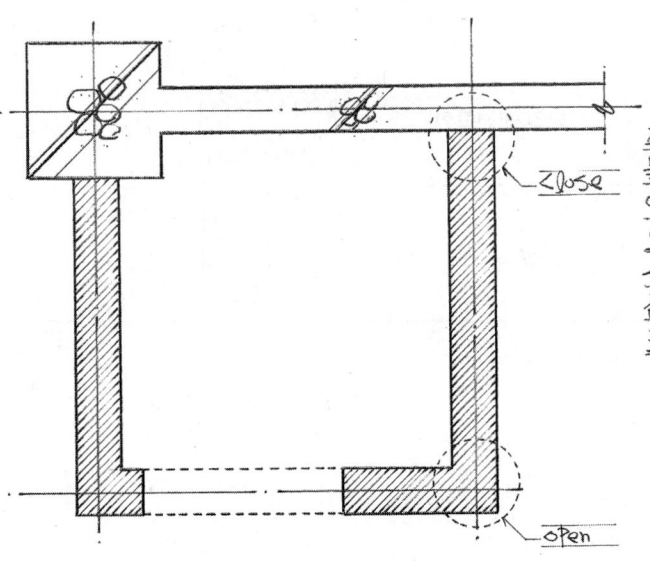

좌측의 벽체와 같이 두가지 물성이 사용된 구조에서, 동일한 물성끼리의 교차부위는 연결(open)시켜주며, 다른 물성이 교차할 때에는 그 교차부위를 반드시 닫아(close) 주어야 합니다. 또한, 조적조에서 해치(HATCH, HATCHING)를 표현할 때에는 45각을 유지하며, 일정한 너비로 사선을 긋도록 해야하며, 아래와 같이 선의 시작부위와 끝부위에 있어서는 중첩된 선으로 강하게 표현하도록 합니다.

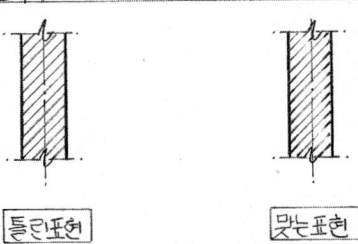

| 틀린표현 | 맞는표현 |

02 도면 내 재료 설계기호

재료	재료(단면) 설계기호	비고	재료	재료(단면) 설계기호	비고
지 반	지반		목재(구조재)	목재(구조재)	
잡석지정	잡석지정		목재(보조재)	목재(보조재)	
모래지정	모래지정		목재(치장재)	목재(치장재)	
자갈지정	자갈지정		합 판	합판	
콘크리트	콘크리트		유 리	유리	
철근콘크리트	철근콘크리트		STEEL 금속	STEEL금속	
석 재	석재		단열재(솜형)	단열재(솜형)	
벽 돌	벽돌		단열재(가루형)	단열재(가루형)	
블 럭	블럭		단열재(견고형)	단열재(견고형)	
테라초	테라초		망 사	망사	

06 개구부(출입구 및 창호) 표시기호

개구부란 건축물의 채광이나 환기, 통풍, 출입 등에 사용하기 위한 출입구·창문·환기통·채광창 등을 일컫는 말로서, 일반적으로 문과 창, 아치와 같이 벽면 상에 오픈된 형태를 말합니다. 그럼, 이제 문과 창에 대해서 알아보도록 하겠습니다.

01 문

문의 치수에 대해서 잠시 살펴보면, 모든 주 메인 출입구의 치수는 평균(폭900mm × 높이2,100mm)를 기준으로 하고 있습니다. 그 외에 보조문(욕실문, 창고문, 다용도실문, 탈의실문 등…)의 치수는 평균(폭 700~800mm × 높이 1,900~2,100mm)을 기준하고 있습니다. 여기에서 메인 출입문의 치수(폭900)은 프레임(문틀)을 포함한 벽체 간의 거리를 말합니다.

문 프레임의 여러 형태가 있으며, 문은 시중에서 기성제품을 구매하여 사용하기도 하며, 현장에서 직접 제작하기도 합니다.

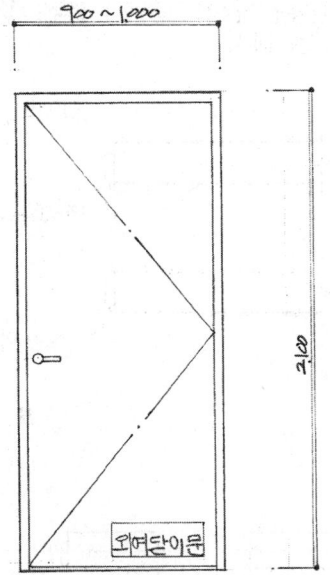
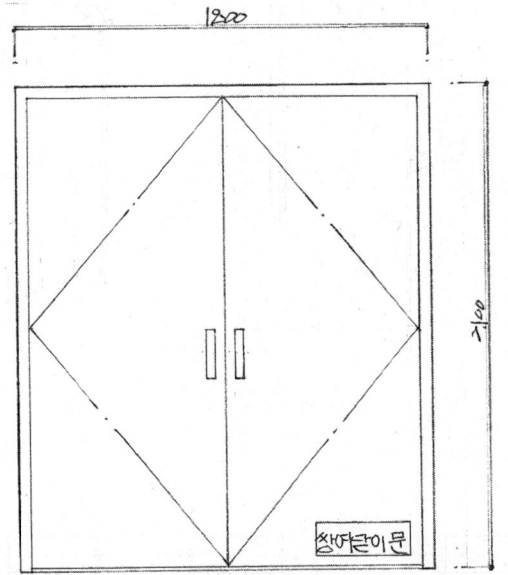

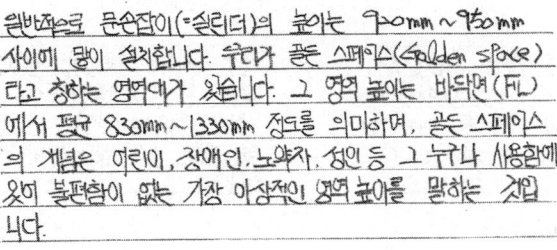

일반적으로 문손잡이(=실린더)의 높이는 900mm~950mm 사이에 많이 설치합니다. 우리가 골든 스페이스(Golden space)라고 칭하는 영역대가 있습니다. 그 영역 높이는 바닥면(FL)에서 평균 830mm~1330mm 정도를 의미하며, 골든 스페이스의 개념은 어린이, 장애인, 노약자, 성인 등 그 누구나 사용함에 있어 불편함이 없는 가장 이상적인 영역 높이를 말하는 것입니다.

- 문 작도과정에서 라운딩 호를 그릴 때(SCALE:1/30 적용할 때), 원형템플릿 넘버 가운데 <u>55번이나 60번</u>을 사용하여 1/4원형의 라운딩 호를 만들 수 있습니다. 평균 목재문 두께는 32~36mm 정도로 실무에서 작업하고 있습니다.
- 수검자들께서는 시험에서 주어지는 도면에서 반드시 개구부(문) 하단부위에 문틀(문지방)의 여부를 체크하기 바랍니다.
- 문 프레임에서는 평균 (45~50mm × 100~150mm) 정도 사이즈에서 작업하기 바랍니다.
- 문과 창 프레임의 기능은 우선적으로 <u>문과 창을 고정시켜주는</u> 기능을 갖고 있습니다. 그 외에 부가적인 기능으로서 개구부(문과 창) 양 측벽부위의 <u>벽체 마감재와의 재료분리</u>의 기능을 갖고 있습니다.

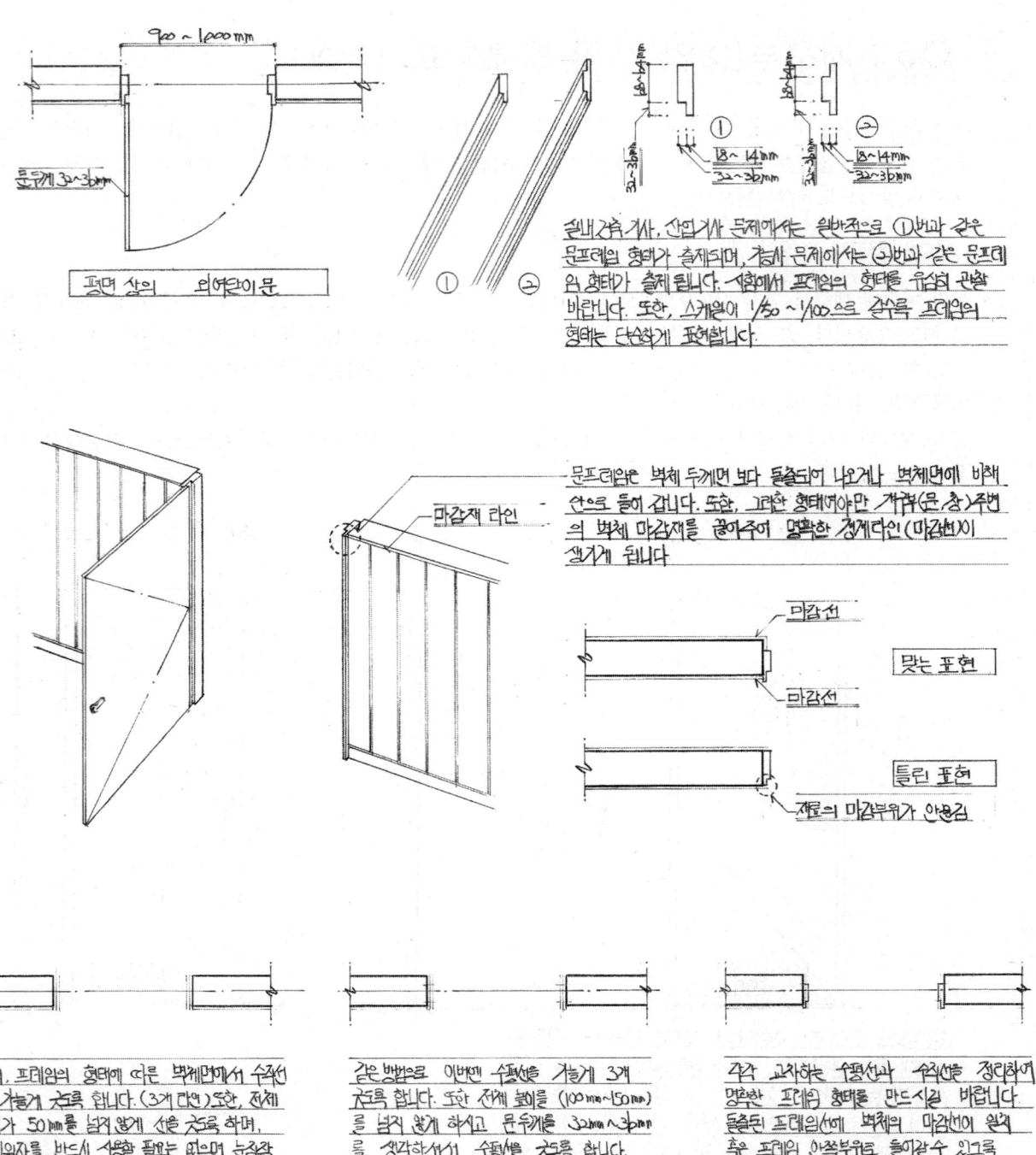

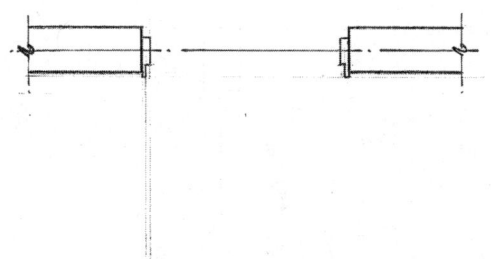
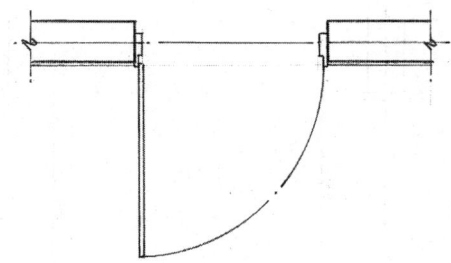

02 창문

창문은 건축물의 환기와 통풍 및 옥외의 채광을 위한 개구부로서, 시험도면에서는 고정창과 이중 미서기 창의 형태로 나타납니다. 창 프레임의 너비는 (45~50mm × 100mm) 정도로 작도하며, 유리의 두께는 임의로 얇게 두 줄을 그어서 표현합니다.

- 창문 폭은 시험도면에서 주어지지만, 창문 바닥에서 상부로 시작 높이는 주어지지 않습니다. 보다 정확한 높이를 알기 위해서라면 건축원도의 단면도(SECTION)를 보면 좋겠지만, 시험에서 일반적인 창문의 시작높이는 바닥에서 평균 1,000~1,100mm 높이에서 시작하여 상부 천장기준면(CL ; CEILING LEVEL)에서 하부로 300~400mm 내려서 창문의 높이를 나타내면 됩니다.
- 발코니 창의 경우는 바닥면(FL ; FLOOR LEVEL)에서 상부로 2,100mm 높이로 작도하면 됩니다.
- 이중창의 경우 실외부위는 알루미늄 창으로 작도하며, 실내부위는 목재 창으로 작도할 수 있습니다.(실외 알루미늄 프레임에 비해 실내의 목재프레임을 조금 더 크게 작도함)
- 시험도면에서 유리창 너비는 부분적으로 프레임을 넣어서 작도할 수 있으며, 실제 시중에 5m 너비의 유리사이즈가 시판되고 있습니다. 최대한 원도(시험도면)에 나타난 그대로 유리창을 작도하면 됩니다.

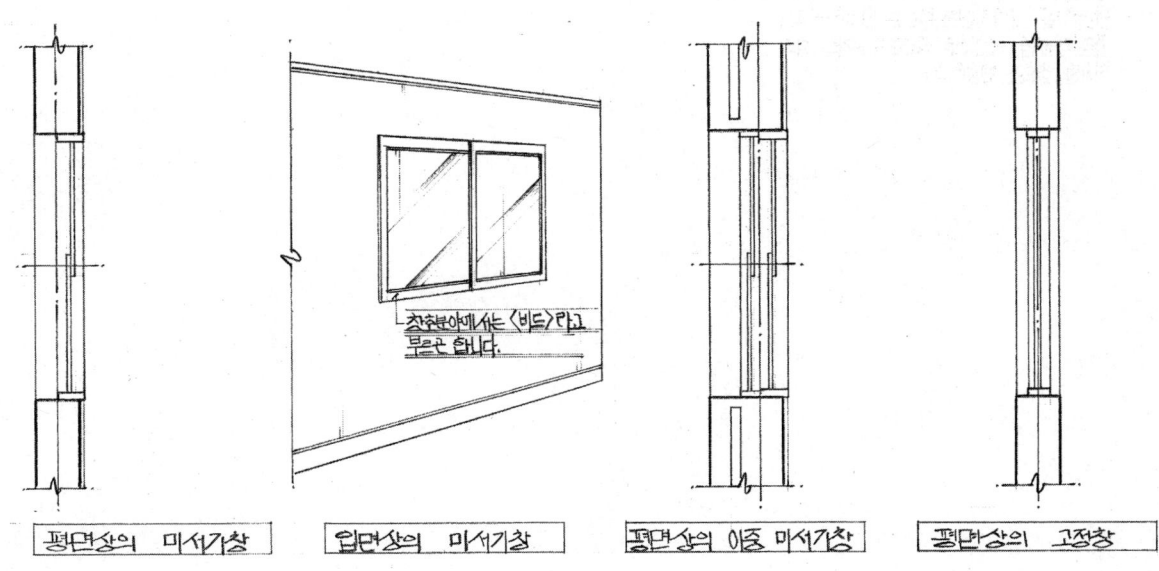

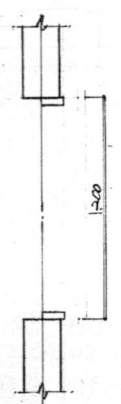
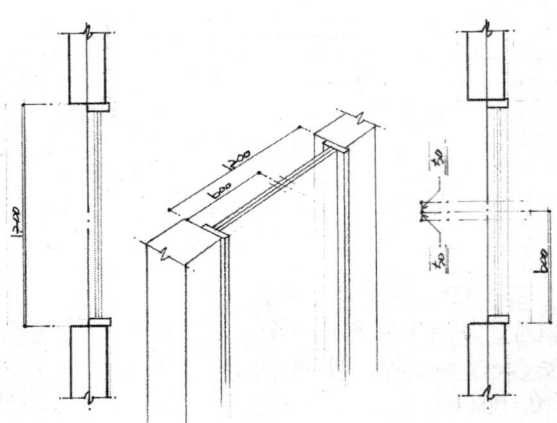

먼저, 창프레임 크기를 (50mm×100mm)로 벽체면에 비하여 조금 더 돌출되게 작도 합니다. 문짝드로법과 마찬가지로 스케일자를 반드시 사용할 필요는 없으며 눈짐작으로 체크하실수 있겠습니다.

양쪽 프레임 안쪽에 유리창이 끼워져 있으며 유리창을 작도하기 위하여 세 개의 가는선을 긋도록 합니다. 또한, 프레임을 포함한 유리창 두께의 크기를 상부 그림과 같이 1200mm라고 가정하겠습니다.

자 이제 반폭인 600mm의 위치에 선을 긋고 바드의 중점에 걸친 유리창의 중심을 표현하기 위해 상하에 각각 50mm 간격의 약한 선을 긋도록 합니다. (창호에서의 바드의 두께는 일반적으로 50mm 정도로 작업하지만, 기본 도면장에서 시각적 비례를 위하여 임의로 각 50mm씩 100mm로 설정함)

다음은 도면상에서 창문이 열리는 방향으로 유리창 선을 긋어주는다음, 선을 중단한 후 전체 창너비의 단절부위인 600mm 위치상에서 원점 색선을 수평으로 긋도록 합니다.

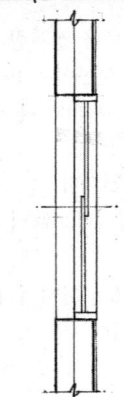

마지막으로 유리 프레임 라인을 연장해 주고, 좌측 벽체부위 안방선을 중간선의 굵기로 작도 하시면 창호가 완성됩니다.

03 출입구 및 창호 표시기호

명 칭	평면 표현	입체 표현
출입		
아치		
외여닫이문		
미서기문		
미들문		
쌍여닫이문		
접이문		
셔터		

회전문		
아코디언문		
창		
자재문		
미서기창		
고정창		
회전창		
이중 미서기창		
오르내리창		
쌍여닫이창		

Section 07 | 실내공간의 마감재료

실내공간은 천장, 벽체, 바닥으로 구성되어 있으며, 각각의 마감재에 따라 공간의 느낌은 달라지게 됩니다. 실내공간을 주거, 상업, 업무, 전시공간 등으로 구분할 때, 각 공간마다 적절히 사용될 수 있는 마감재들을 정리해 둘 필요가 있습니다. 공간 부위별 마감재들을 분류하자면,

01 바닥 마감재

바닥에 사용될 수 있는 대표적인 마감재로는 합성수지류, 우드플로링(Wood Flooring), 카펫류, 대리석, 타일 등을 사용할 수 있겠습니다.

바닥 마감재	종 류
합성수지 계열	우드륨, 리놀륨, 모노륨, P-TILE, DECO TILE, DELUEX TILE, AS TILE 450×450(450각)/500×500(500각)/600×600(600각)
우드플로링 계열	온돌마루(쪽마루, 합판마루, 원목마루), 강화마루 등(190×1200×8mm) (수종 : 체리, 웬지, 티이크, 마호가니, 월넛, 오크, 메이플 등)
카펫 계열	일반 카펫, 카펫타일(500×500mm), 러그(RUG), 매트 등
대리석 계열	보티치노(Botticino), 크리마마필(Crema Marfil), 비앙코(Bianco), 볼락스(Volax), 로조 알리칸테(Rojo Alicante), 사마하(Samaha), 델리카토(Delicato) 바닥(30mm), 내벽(20-25mm)
타일 계열	자기질타일(폴리싱, 포세린), 유리타일, 티타늄타일, 황토타일, 마블타일, 모자이크타일 (50mm 이하의 타일)

ⓔ FLOOR : APP 500각 P-TILE FIN(지정된 500×500 플라스틱 타일로 마감)

FLOOR : APP WOOD FLOORING FIN(지정된 우드플로링으로 마감)

FLOOR : APP 500각 CARPET TILE FIN(지정된 500×500 카펫타일로 마감)

FLOOR : APP 600각 MARBLE(VOLAX) FIN(지정된 600×600 볼락스 대리석 마감)

FLOOR : APP 300각 CERAMIC TILE FIN(지정된 300×300 자기질 타일 마감)

02 벽 마감재

벽체에 사용될 수 있는 대표적인 마감재로는 벽지류, 페인트류, 목재류, 인테리어 필름, 무늬목, 유리, 금속, 패브릭(Fabric), 파벽돌 등이 있으며, 그 외에도 디자인 컨셉에 따른 많은 물성의 재료들이 벽체 마감재로서 사용될 수 있습니다.

벽 마감재	종 류
벽지류	합지벽지, 실크벽지, 직물벽지, 천연벽지, 바이오세라믹벽지, 한지벽지, 발포벽지, 대나무벽지, 지사벽지, 갈석벽지, 질석벽지
페인트류	수성계도료(수성페인트), 유성계도료(에나멜, 리스계열), 용제계도료(락카계열), 염료형도료(스테인류), 액형도료(에폭시, 우레탄, 아크릴타입), 채무늬도료(베란다, 계단벽, 천장-졸라톤, 데코톤, 무늬코트)기능성도료(방균&항균페인트, 결로방지페인트, 천연페인트&친환경페인트)
목재류	원목, 집성목, 삼나무, 스프러스솔리드, MDF(Medium Density Fiberboard, 중질섬유판), 미송합판, 데크목
인테리어 필름	일반필름, 방염필름, 윈도우 필름, 열차단(단열)필름
무늬목	습식무늬목, 건식무늬목, 천연무늬목, 염색무늬목, 인조무늬목(메이플, 월넛, 오크, 비치, 마호가니, 로즈우드, 샤벨, 부빙가, 참죽나무, 에니그레, 에쉬, 홍송, 스프루스, 마코레, 웬지, 에보니(흑단), 제브라, 모아비, 배나무, 인조무늬목) 등
유리	플로트판유리, 강화유리, 반강화유리, 무늬유리, 열선흡수유리(색유리), 망입유리, 열선반사유리, 복층유리, 스팬드럴유리
금속	Steel Plate(GALVA갈바, 1.2T), Sus Mirror(스테인리스 미러), Sus Hairline(스테인리스 헤어라인), 산화철판(코르텐강판, 내후성강판)
패브릭	면, 마, 모, 견, 나일론, 아세테이트, 폴리에스테르 소재
파벽돌	화산석, 샌드브릭, 화강석, 호박돌, 편마암, 장백석, 와편

예 WALL : APP WALL PAPER FIN(지정된 벽지로 마감)

WALL : APP COLOR VP FIN(지정된 컬러 비닐페인트로 마감)

WALL : THK 9MM MDF ON APP FILM FIN
    (두께 9MM MDF 위에다 지정된 인테리어 필름지로 마감)

WALL : APP WOOD GRAIN(WALNUT) FIN(지정된 무늬목(월넛)으로 마감)

WALL : THK 10MM TEMPERED GLASS FIN(두께 10MM 강화유리로 마감)

03 천장 마감재

천장에 사용될 수 있는 대표적인 마감재로는 벽지류, 페인트류, 목재류, 인테리어 필름, 무늬목, 텍스(Tex, Fiber Board), 방수형 천장재(Exa Panel, Plastic Board) 등이 있으며, 그 외에도 디자인 컨셉에 따른 많은 물성의 재료들이 천장 마감재로서 사용될 수 있습니다.

천장 마감재	종류
벽지류	합지벽지, 실크벽지, 직물벽지, 천연벽지, 바이오세라믹벽지, 한지벽지, 발포벽지, 대나무벽지, 지사벽지, 갈석벽지, 질석벽지
페인트류	수성계도료(수성페인트), 유성계도료(에나멜, 리스계열), 용제계도료(락카계열), 염료형도료(스테인류), 액형도료(에폭시, 우레탄, 아크릴타입), 채무늬도료(베란다, 계단벽, 천장-졸라톤, 데코톤, 무늬코트), 기능성도료(방균&항균페인트, 결로방지페인트, 천연페인트&친환경페인트)
목재류	원목, 집성목, 삼나무, 스프러스솔리드, MDF(Medium Density Fibreboard, 중질섬유판), 미송합판, 데크목
인테리어 필름	일반필름, 방염필름, 윈도우 필름, 열차단(단열)필름
무늬목	습식무늬목, 건식무늬목, 천연무늬목, 염색무늬목, 인조무늬목(메이플, 월넛, 오크, 비취, 마호가니, 로즈우드, 샤벨, 부빙카, 참죽나무, 에니그레, 에쉬, 홍송, 스프루스, 마코레, 웬지, 에보니(흑단), 제브라, 모아비, 배나무, 인조무늬목 등
텍스	마이톤, 아미텍스, 마이텍스, 집텍스 9T(300×600) 12T(300×600)
방수형 천장재	Exa panel(엑사판넬), Plastic Board(플라스틱보드), Living Board(리빙보드)

예 CEILING : APP CEILING PAPER FIN(지정된 천장도배지로 마감)

CEILING : APP COLOR LACQ FIN(지정된 컬러 래커로 마감)

CEILING : APP ZOLATON SPRAY FIN(지정된 졸라톤 스프레이로 마감)

CEILING : APP WOOD GRAIN(WALNUT) ON CLEAR LACQ FIN
(지정된 무늬목(월넛) 위에 투명 래커로 마감)

CEILING : APP PLASTIC BOARD FIN(지정된 플라스틱보드로 마감)

또한, 입면도에서는 반드시 천장 몰딩마감재와 걸레받이를 반드시 기재하도록 요구합니다.

MOULDING : THK 6MM MDF ON APP FILM FIN
(두께 6MM MDF 위에 지정된 인테리어 필름지로 마감)

BASE BOARD : THK 9MM MDF ON APP FILM FIN
(두께 9MM MDF 위에 지정된 인테리어 필름지로 마감)

■ 일반적으로 천장 몰딩높이는 45~50mm / 걸레받이 높이는 90~100mm로 잡을 수 있습니다.

바닥, 벽체, 천장에 따른 마감 재료들을 정리해보았습니다.

평소 시험에 출제되는 공간들에 대해 마감재를 정리하셔서 공간 특성에 맞게 최소한 몇 가지 정도는 암기해야 합니다.

Section 08 | 도면 치수기입 관련

도면에 치수를 기입할 때에는 시험문제에 나와 있는 치수선의 위치에 준하여 긋고서 치수를 기입할 수 있겠습니다. 가령, 시험문제에 상부와 좌·우측에 치수선이 위치하게 되면 똑같이 상부와 좌·우측 세 방향에 치수선을 그을 것이며, 상·하부와 좌·우측에 치수선이 있을 시에는 마찬가지로 상·하·좌·우 부위에 치수선을 긋고 치수(제도체에 준하여)를 기입할 수 있겠습니다. 또한, 치수선을 그을 때에는 매번 높이를 달리하여 부분치수선과 전체치수선을 긋기보다는 수검자 개개인이 매뉴얼화한 일정한 규칙을 갖고서 작업하시면 좋겠습니다.

아래와 같이 예를 든다면,

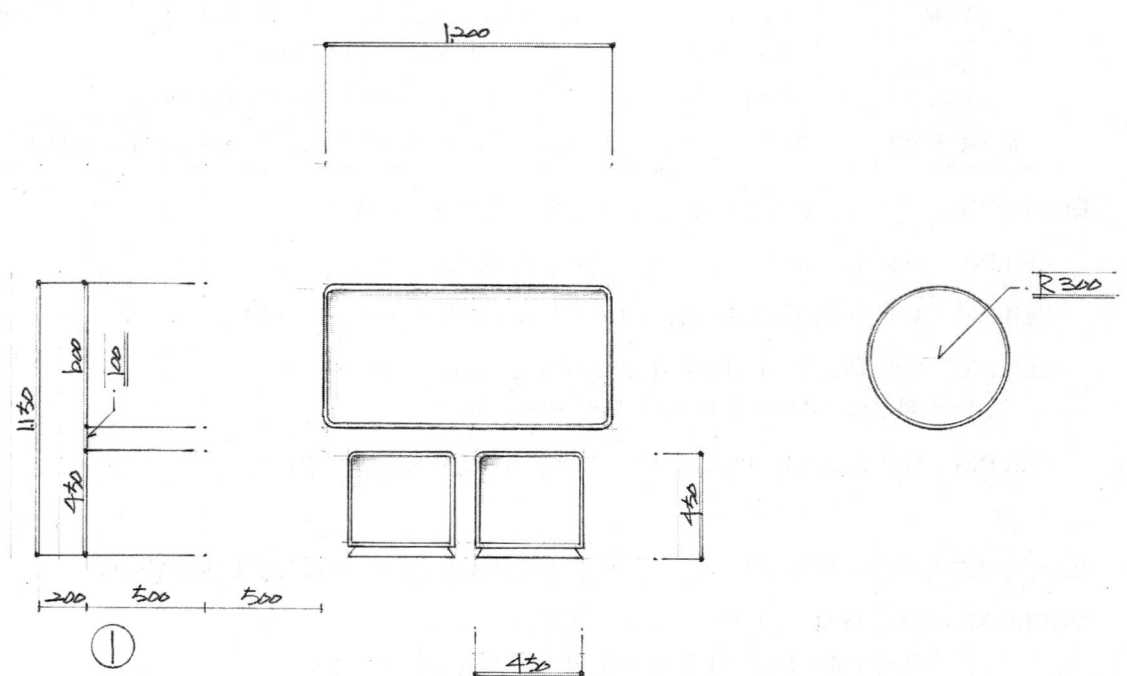

상부의 치수기입법과 같이 치수 기입 시에 ═ 가상선 / 보조선 의 3개 선을 사용하여 기입하실 수 있겠습니다. 물론, 치수 및 텍스트 (영문, 숫자, 한글) 기입역시 마찬가지입니다.
①번 치수기입과 같이 부분치수와 전체치수를 기입할 시에 매번 달리 그 간격을 정할 것이 아니라, 수검자 여러분들께서 매뉴얼로 미리 정하셔서 평소에 연습하시면 좋겠습니다. 처음 점적는 거리가2(500), 부분치수 거리까지 (500), 전체치수 거리까지 (200) 이런 식으로 정해 놓으시면 시험 때 용이하게 작도하실 수 있습니다. 또한 치수선들의 교차부위에 대해서는 점(·DOT)이나 사선(/45°)으로 표현이 가능하겠습니다. 일반적으로는 점(·)을 많이 사용하고 있습니다. 점을 찍을 때에는 그냥 프리핸드로 찍으시기보다는 원템플릿 가운데 가장 작은 원에 1번에 맞춰서 점을 찍는 훈련을 하시길 바랍니다. 그리고 부분치수를 기입할 시에 치수간격이 협소하면 인출선을 사용하셔서 기입하시면 되겠습니다. (※ 1번 원템플릿은 꽉 채우지 마시고 적당히 보기좋게 채우시길 바랍니다. 좋은 도면은 특정 한 부위를 멋지게 만드는 것이 아닌, 전반적으로 모든 각 요소 요소들이 제대로 잘 나와야만 (통일성, 조화) 전체적으로 눈에 띄는 멋진 도면이 만들어지게 됩니다.)

이제 치수기입에 따른 내용을 정리해보자면,

(1) 치수기입 시 1,000 단위마다 콤마(,)를 찍어줍니다.
(2) 치수선 위에는 보조선과 가상선을 그어줍니다.

(3) 치수선의 교차부위에는 점(.)이나 사선(45°)으로 표시합니다. 일반적인 경우 사선에 비해서 점(·)의 형태가 보기에 좋습니다. 사선은 시험장에서 조급한 마음으로 긋다보면 일정치 못하게 나와 보기에 좋지 않기 때문입니다.

(4) 제도체에 준하여 숫자를 기입합니다.

(5) 숫자는 항상 기준선 윗부분에 기입합니다.
    - 수평치수선 : 상부 / -수직치수선 : 좌측

(6) 치수선 및 치수보조선은 외벽에서 일정한 간격을 띄우고 매뉴얼화된 치수선 및 치수보조선을 수검자 스스로 정리해서 매 시험마다 적절히 활용할 수 있겠습니다.

(7) 일반적으로 치수선은 부분치수선과 전체치수선으로 두 개로 표시하시면 되겠습니다.

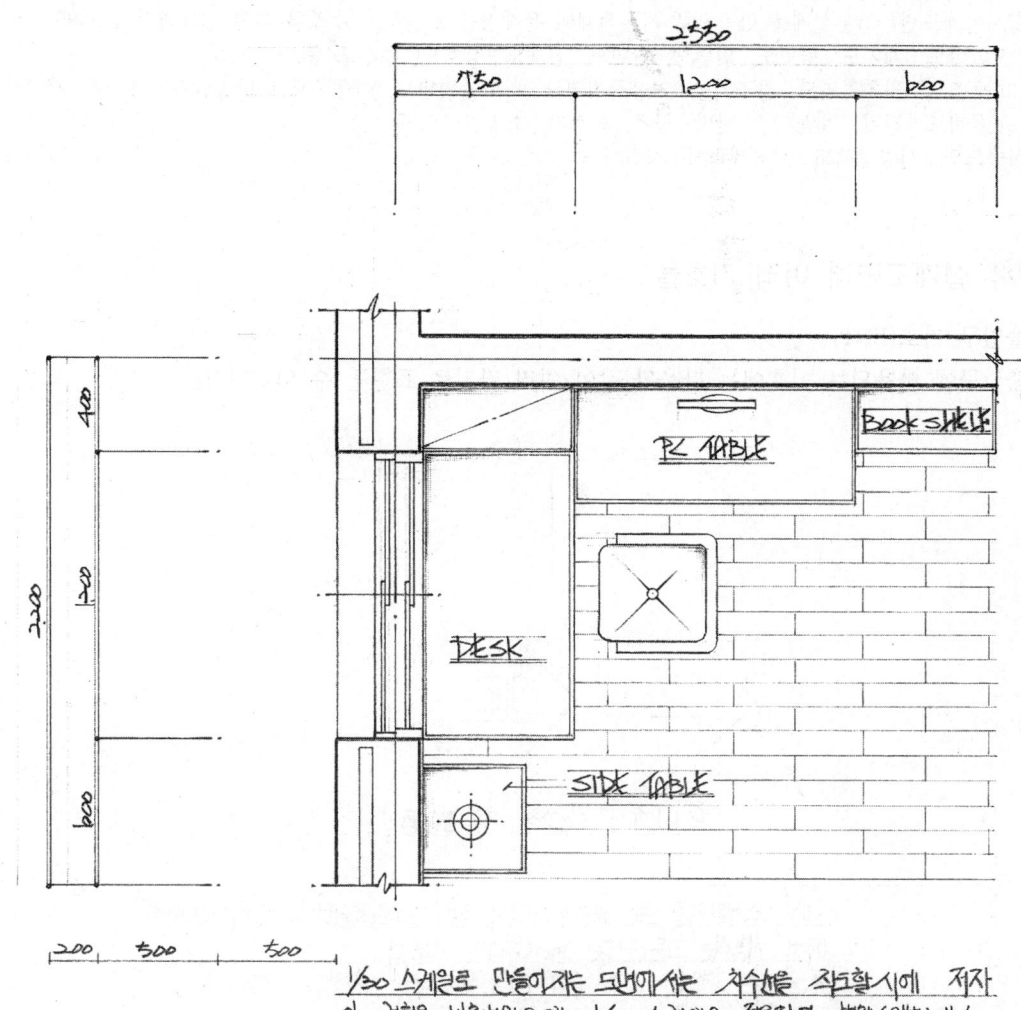

Section 09 | 설계도면의 종류 및 여러 기호들

일반적으로 도면에는 많은 여러 기호들이 사용됩니다. 물론, 도면에 사용되는 모든 기호들을 수검자들께서 반드시 외울 필요는 없습니다. 도면을 작업하면서 자연스럽게 암기가 되고 또한 숙달이 될 것입니다. 실내건축자격증 시험은 기본설계도면에 근거한 수검자들의 설계력을 평가하는 시험으로 실제 실무에서의 실시설계도면에 준하는 내용까지는 필요가 없습니다.

01 설계도면의 종류

- 계획설계도면 : 구상도, 스케치도, 계획도, 조직도, 동선도, 면적도표 등 기본설계 전 단계 일련의 초기설계과정의 도면
- 기본설계도면 : 계획설계와 실시설계의 중간단계에서 진행하는 일련의 설계과정의 도면
- 실시설계도면 : 기본설계를 바탕으로 기본설계의 문제점을 보완하고 수정한 최종 설계과정의 도면
    (1) 일반도 : 배치도, 평면도, 입면도, 단면도, 전개도, 창호도, 투시도 등
    (2) 구조도 : 기초평면도, 골조기초, 지붕틀평면도, 바닥틀평면도, 기둥·보 바닥일람표, 배근도, 각부상세도 등
    (3) 설비도 : 전기, 위생, 냉·난방, 공조, 승강기, 소방설비도 등
- 시공도면 : 시공상세도, 시공계획서, 시방서 등

02 설계도면내 여러 기호들

① 출입구 기호(ENT)

출입구에 사용되는 기호에는 다음과 같이 여러 가지로 표현될 수 있습니다.

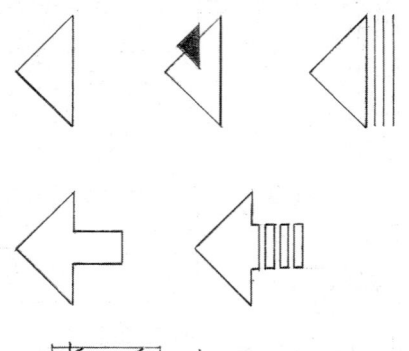

ENT 다양한 기호 표현들

이제 스케일자를 보는 방법에 대해서 잠시 살펴보겠습니다. 우리가 도면상에서 사용하는 모든 단위는 mm(밀리미터)입니다.
* 척도의 개념은 크게 실척, 배척, 축척으로 구분하고 있습니다.
 ① 실척 ~ 실물 1:1 크기
 ② 배척 ~ 실물크기를 확대하는 개념
 ③ 축척 ~ 실물크기를 줄이는 개념 (= Scale, 스케일)

또한, 시험에서 사용하고 있는 축도는 스케일상 S:1/30과 S:1/50 두가지가 사용됩니다. 그럼 〈스케일 눈금〉을 예를 들어 설명하자면

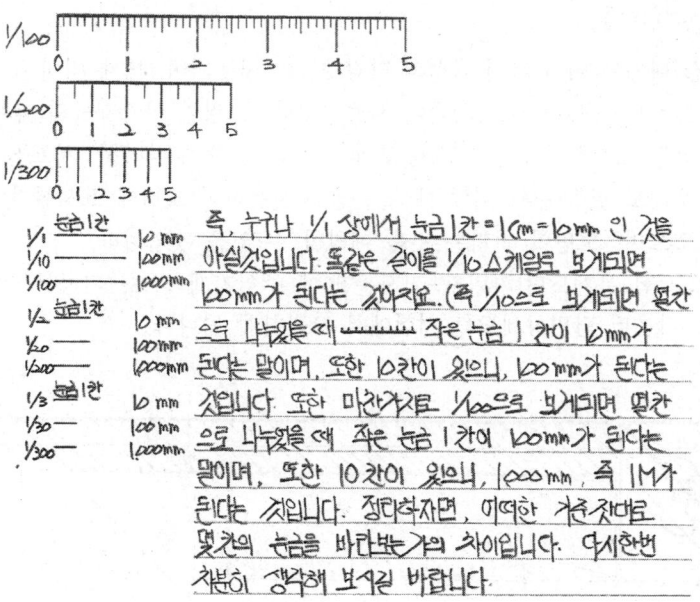

② 입면 방향표시 : 입면도에 사용되는 공간의 방향을 말하는 것으로, 시험문제에서 입면 방향이 주어지면 수검자들께서는 그대로 입면방향을 똑같이 하면 됩니다. 간혹, 입면방향이 주어지지 않는 도면의 경우엔 도면치는 12시 방향을 A방향으로 표시하시고 시계방향으로 3시 방향 B방향, 6시 방향 C방향, 9시 방향 D방향으로 표시하면 됩니다.

■ **실내건축 기사, 산업기사 출제문제**에서는 방향이 주어지기도 하고, 때론 주어지지 않는 문제가 있다는 것을 기억하기 바랍니다.
실내건축 기능사 출제문제에서는 방향이 반드시 주어지며, 요구하는 방향으로 입면도를 치면 됩니다.

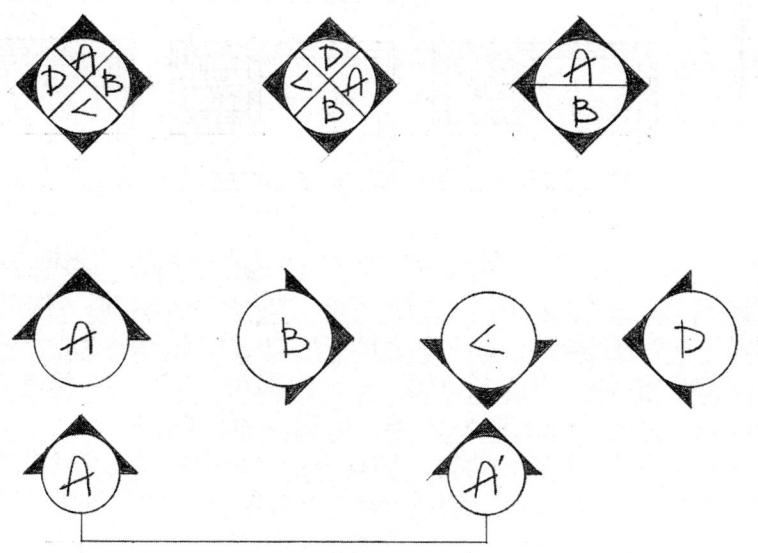

③ 절단선 및 단면절단선표시

- 절단선 : 공간 내에는 여러 가지 물성의 마감재들이 사용되며, 벽체 역시 조적식 및 일체식 구조의 물성(벽돌조, 철근콘크리트조)들이 사용됩니다. 그러한 마감재들의 패턴표시 및 벽체 단면의 물성을 모두 표현하기에는 시간이 많이 소요되며, 때에 따라선 샤프심 가루가 번져서 도면이 오염될 우려도 있습니다. 이럴 때 절단선을 사용하여 도면에 표시한다면 도면 작업시간 역시 줄일 수 있으며, 도면이 번지는 것을 예방할 수 있을 것입니다.

- 단면절단선 : 시험 문제도면(평면도-기사문제)에 주어지게 되며, 기사문제에서 벽체 종단면상세도 및 카운터 단면상세도를 시험에서 요구하게 됩니다.

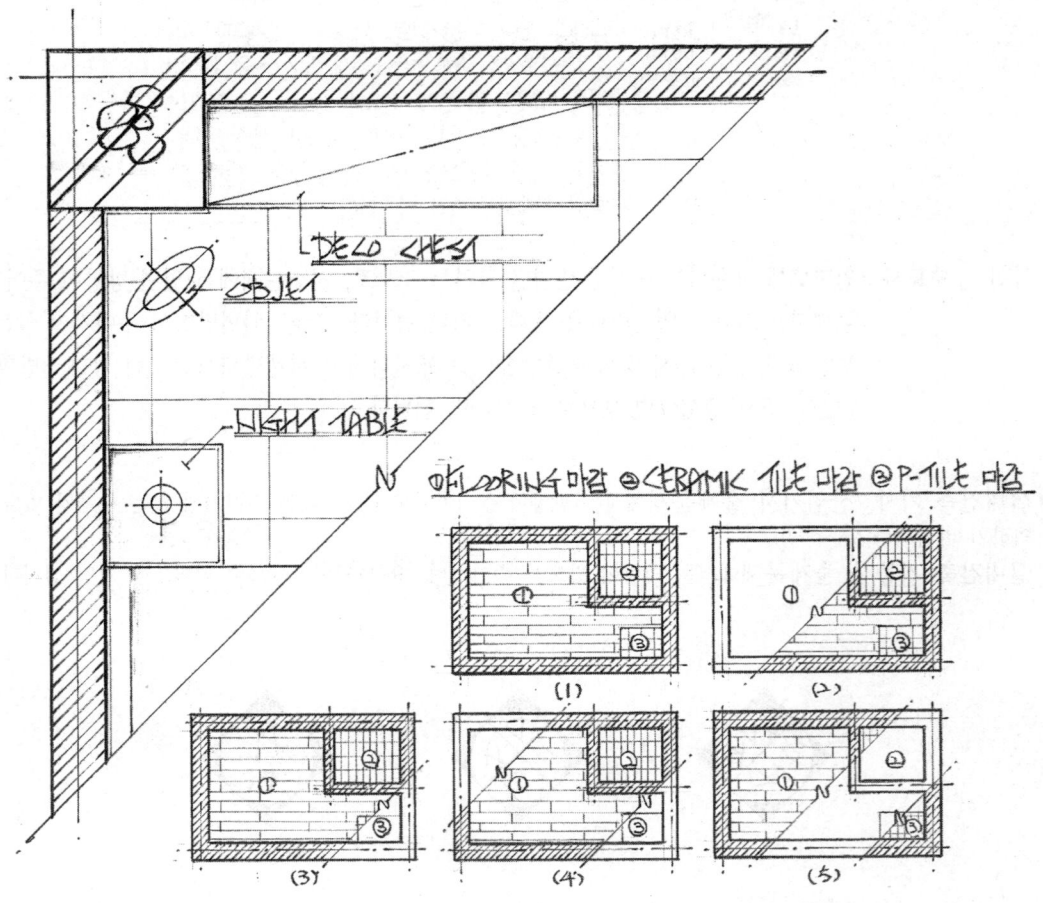

④ 인출선(引出線)표시 : 인출선을 사용할 때에는 치수를 제외한 텍스트 앞 부위는 항상 수평(가로)선이 되도록 합니다.(90°, 45°각도의 인출선 사용)

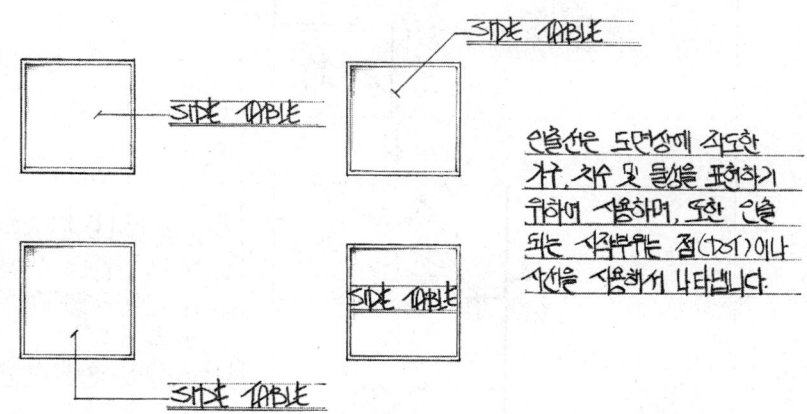

⑤ 실내 단차이 표시 : 바닥 및 천장면 기준에서 위로 올라가고 내려오게 되는 단의 차이를 표시하는 것으로 바닥면(FL ; FLOOR LEVEL, FLOOR LINE)을 0으로 기준 시에 위로 올라가면 〈+〉, 내려가면 〈-〉로 생각하시면 됩니다. 마찬가지로, 천장의 경우 역시 천장면(CL ; CEILING LEVEL, CEILING LINE)을 0으로 기준 시에 등박스 표현 시 올라가면 〈+〉, 내려가면 〈-〉로 생각할 수 있습니다.

- FL. : FLOOR LEVEL(바닥기준면)
- CL. : CEILING LEVEL(천장기준면)
- CH. : CEILING HEIGHT(천고, 천장고), FL에서 CL까지의 높이

일반적인 개념상, 공간 분류에 따른 천고는
공간(SPACE) - 주거공간 천고(CH.)/ 2,400 ~ 2,500mm
　　　　　　　상업공간 천고(CH.)/ 2,700 ~ 2,800mm
　　　　　　　업무공간 천고(CH.)/ 2,400 ~ 2,500mm
　　　　　　　전시공간 천고(CH.)/ 3,200mm 이상
으로 생각할 수 있습니다.

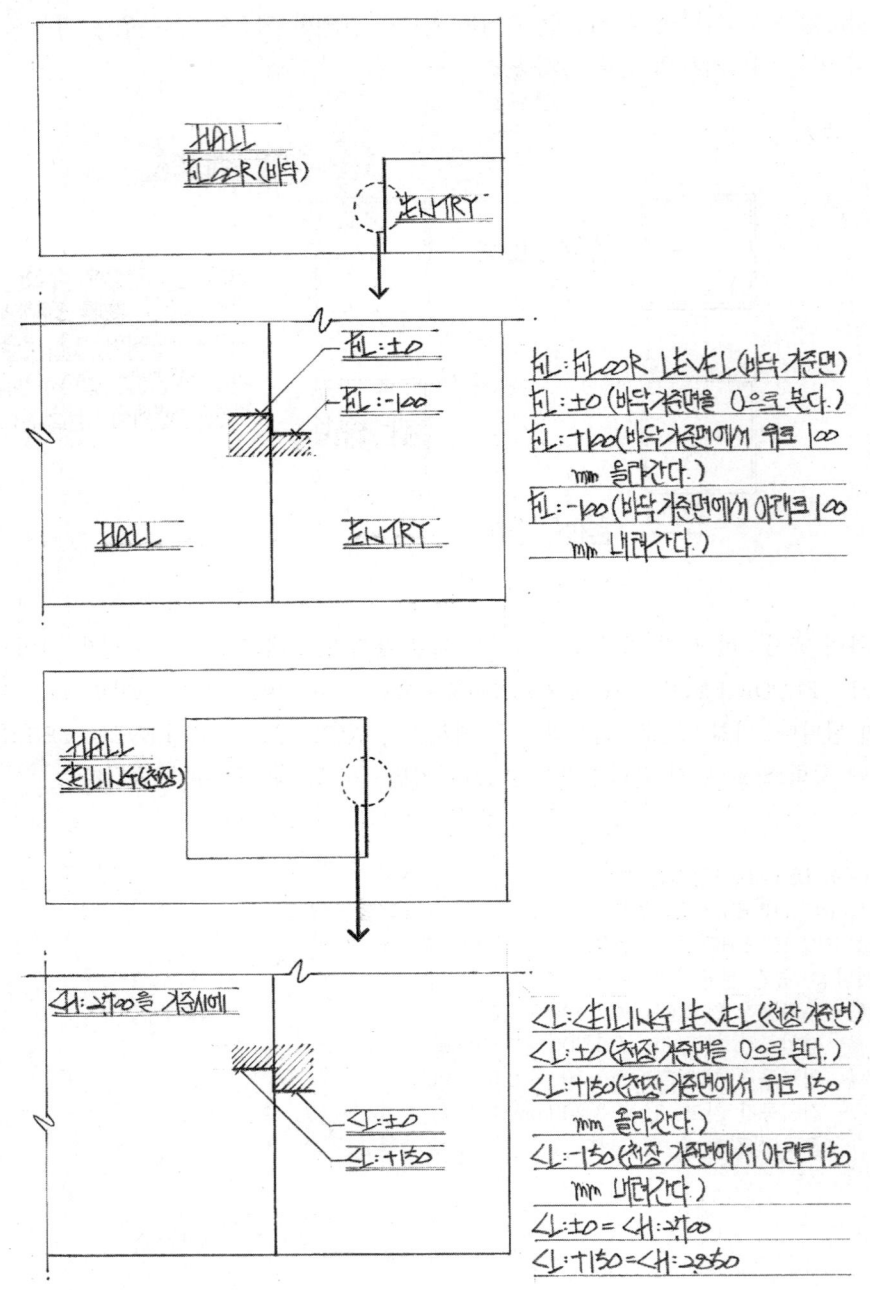

Section 10 | 실내공간 내 가구 및 요소

실내공간 내에는 무수히 많은 가구 및 요소들이 담겨 있습니다. 가구는 우리 생활에 있어서 편리성과 아름다움을 담고 있는 도구로서 그 시대를 거듭하여 다양한 형태와 의미를 담고서 진화되어 왔습니다. 또한, 기술의 발전에 따른 재료의 발견과 인간 내면의 의식에 부합하여 또 다른 상징적인 개체로서 우리 개개인의 삶을 더욱더 윤택하게 만들어 주었습니다. 또한, 우리는 공간을 접할 때 오감(시각, 청각, 후각, 미각, 촉각)을 통해 그 공간 내의 매개체들과 주변 환경 요소들을 인지할 수 있으며, 그러한 오감을 통한 접촉과 반응으로 감각의 전이를 느낄 수 있게 되었습니다.

자~그러면 가구를 기능에 따른 분류를 하자면,

기능별 분류	가구 품목
인체계 가구 - **인간의 행동을 직접적으로 도와주는 가구**	인체를 지지하는 데 직접적으로 사용되는 방식의 가구 - 침대, 의자, 소파, 스툴, 좌식의자, 벤치, 암체어 등
준인체계 가구 - **인간의 행동하는 목적을 도와주는 기능**	인간의 행동을 직접적으로 도와주는 가구의 보조가 되는 가구로 동작을 할 때 필요한 가구 - 책상, 작업대, 사이드 테이블, 카운터 등
건축계 가구 - **공간의 영역을 나누는 기능**	공간의 영역을 나눌 때에도 사용되고 수납을 목적으로 쓰이는 가구 - 책장, 캐비닛, 파티션, 붙박이가구 등

이렇듯 구분할 수 있다. 일반적으로 수검자들이라면 **기성과 맞춤**이라는 용어를 한번쯤은 들어보셨을 것입니다. 가구의 치수는 대개 **1자(尺)=30.30303cm=303.0303mm** 라는 기본치수로서 측정될 수 있습니다. 실무에서 즐겨 쓰는 치수개념으로서 기성품목의 가구들의 경우엔, 300, 600, 900, 1,200, 1,500, 1,800, 2,100 등 3의 배수로서 만들어져 시판되고 있습니다. 그 외에 공간의 구조와 형태 및 특성에 맞게 최대한의 데드스페이스(DEAD SPACE, 비효율적인 공간)의 활용도를 높일 수 있게 맞춤가구로서 대신할 수 있을 것입니다.

학생들을 교육하다 보면 몇몇 학생들은 이 세상에 존재하는 모든 가구들의 치수를 전부 다 머릿속에 담아두려는 듯 무조건 암기하려는 학생들이 가끔 있습니다. 물론, 아주 바른 자세이기도 하죠.^^; 그러나, 꼭 그럴 필요는 없다는 것입니다. 모든 가구에 명확히 정해진 치수는 없습니다. 기본적인 치수는 인간공학(Human factor)에 근거할 때, 분명히 그 수치는 존재하지만, **가구의 치수는 상당히 가변적이라는 것입니다.** 우리 수검자분들께서는 조금 더 탄력적인 사고로 가구들의 치수를 생각하시면 좋을 것 같습니다.

무조건적으로 열심히 가구의 치수를 암기하시기보다는 실제 여러분들 주변에 놓여져 있는 각종 가구 및 소품들에 대한 치수 감각을 익히길 바랍니다. 저 역시도 모든 가구들의 치수는 외우지 못합니다. 이론과 실무를 통한 감각으로 치수의 개념이 수검자분들보다 조금 낫다는 것 외엔 거의 커다란 차이점은 없을 것입니다. **이제부터라도 수검자 여러분들께서는 제가 방금 말씀드린 바와 같이 주변의 무언가에 대해서 실제로 자를 갖고서 재어보려고 노력하는 그 열정을 강조하고 싶습니다.**

처음 배울 때의 진척이란 보잘 것 없을지도 모릅니다. 그러나 그 지루함을 잘 견뎌내면 어느새 모든 사물에 대한 비례감과 치수감각을 자연스럽게 익히게 될 것입니다. 우리는 설계를 하면서 치수의 개념이 없게 되면 상당히 설계에 자신감이 결여되고 힘들어집니다. 늘 모든 사물들을 보시면서 - 공간 역시 마찬가지로 - 스케일감과 비례감을 느끼시길 바랍니다. 여러분들께서 공부하시는 준인체계가구인 책상(650~700 × 1,200~1,500)의 사이즈라든가 혹은 앞에 놓여 있는 제도판(중자형 900 × 600)에 따른 기본 사이즈를 눈으로 익히시게 되면 주변의 가구들 및 집기 소품들의 사이즈가 눈에 보일 것입니다. **특히나 수검자들께서 갖고 계신 스케일자(300mm) 및 제도판(중자형 900 × 600)을 최대한 활용하시길 바랍니다.**

- ■ 일반적으로 우리 주변의 가구들의
  치수(폭 기준)는 대개 300/ 450/ 500/ 600/ 750에서 형성되며,
  높이의 기준은 450/ 500/ 600/ 750/ 900/ 1,200/ 1,500/ 1,800/ 2,100에서 형성됩니다.

이제 치수의 개념이 어느 정도 정립된 후, 우리는 실제로 **가구의 조형성**에 대해서 생각해 볼 수 있을 것입니다. 치수의 개념은 완벽하지만, 그에 걸맞는 옷 역시 중요할테니 말이죠.

제가 매 도면마다(실내건축기사/ 실내건축산업기사/ 실내건축기능사 실기, 과년도 출제문제 스케치물 참조) 수검자 여러분들께서 시험에 보다 쉽게 접근할 수 있도록, 여러 가지 디자인에 따른 아이디어 스케치

및 마카작업을 해두었습니다. 보다 다양한 선택을 할 수 있도록 작업해둔 것이니만큼 최대한 활용하기 바랍니다.

◆ 가령 산업기사 문제에서 「패스트푸드점」이란 문제에서 하나의 테이블에 대하여 다양한 ALT.를 잡아두었으며, 그 중 하나가 실제 도면에 사용되었습니다. 테이블의 나머지 디자인에 대해서는 다른 타 도면에 사용되는 테이블의 디자인으로 활용할 수 있기를 바랍니다. 그러한 식으로 다양한 디자인과 디테일들을 다른 도면에 활용한다면 보다 디자인 작업(특히, 투시도에서의 디자인들)에 힘든 점들이 상당히 줄어들 것이며, 또한 이 책의 강점이라고 거듭 말씀드리겠습니다!!!

시험문제에서 요구하는 가구들은 필수적으로 반드시 꼭 집어넣어야 합니다.

그 외에 실내 공간의 요소들을 잠시 살펴보자면, 필수적으로 넣어야 할 가구들을 다 넣었는데도 공간 내 비어 보이는 심심한 부위가 분명히 발생합니다. 이제는 연출을 하셔야 한다는 것이죠. 우리 주변의 각종 소품류들은 상당히 많을 것입니다. 공간 내에 가장 훌륭한 요소는 그 공간의 스케일감이 느껴질 수 있는 **사람**이라는 요소일 것입니다. 누구나 그러한 사실을 알고 있지만 실제로 사람을 자신있게 그리는 수검자들은 많지 않을 듯합니다. 거듭 말씀 드리지만, 중요한 것은 시간 내에 최대한 공간의 컨셉에 맞추되, 남들과 차별성을 갖고서 제대로 연출된 공간을 연출하는 것입니다. 이렇듯 사람을 대신할 수 있는 가장 훌륭한 공간 내 요소로서 「**식물, 나무, 액자, 화병, 그림, 패턴 등등**」이 있습니다. 그 외에도 각종 **램프(브라켓, 벽등)**의 적절한 배치와 심미성이 강조된 디자인들이면 금상첨화일 것입니다.

다년간 강의를 해오면서 학생들의 가장 취약한 점이란 것이 바로 위에서 언급했던 그러한 연출력이 상당히 부족하다는 것이죠. **필수 가구들 이외의 각종 소품류의 디자인과 디테일에 따른 연출력의 부재!!!** 이것은 단시간 내에 성취할 수 있는 내용들이 아닐 거라는 생각이 듭니다. 즉, **스케치능력**을 말하는 것이죠. 스케치능력은 하루아침에 완성될 수 있는 것이 절대 아닙니다. 하면 할수록 어려운 것이 어쩌면 스케치일 겁니다.

그러면, 스케치력을 보강하기 위해서는 어떻게 하면 좋을까요? **정답은 많이 그려보는 방법 외엔 없다!!!** 라고 말씀드리고 싶습니다. 예를 들어보겠습니다. 여러분 앞에 책상 위에 종이컵이 놓여 있다고 해보죠. 그리는 방법을 모르는 사람은 그 자신의 눈에 보이는 대로-맞고 틀리고를 떠나서-종이컵을 쉽게 그리기 시작할 것입니다. 그런데, 형태를 알고 소점(VP ; Vanishing Point, 소점, 소멸점, 소실점)의 원리를 알고 있는 사람이라면 먼저, 충분히 종이컵을 관찰하게 됩니다. 종이컵의 상태(움직임, 동세)라든가 그 컵을 위에서 내려다 볼 때의 각도라든가… 이런 식으로 그 원리를 생각하고 나서 기본 형태를 잡아나가면서 부분적으로 디테일들을 잡아나간다는 것이죠.

정리하면, **사물을 그리는 방법**을 알고서 관찰 분석하며 그려나간다는 것이죠. 처음에는 당연히 시간이 소요될 것입니다. 그러나, 반복해서 그리다보면 습작한 만큼 시간이 줄어들 것이며, 또한 그 이미지들이 머릿속에 충분히 각인된다는 것입니다. 그러한 이미지들을 많이 기억할수록 그만큼 그 상황에 맞는 개체들을 바로 끄집어낼 수 있습니다. 그것이 스케치를 잘하는 사람과 그렇지 못한 사람과의 차이입니다.

하루에 하나, 둘씩 주변의 가구 및 개체들을 늘 그려보는 습관은 상당히 중요하답니다.

- ■ 형태(Form)
    ① 기하학(Geometry) : 인간이 인위적으로 자와 컴퍼스를 사용해서 만든 형태
        - 예 육면체, 구, 원기둥, 원추, 피라밋, 사면체 등은 대표적인 기하학 형태들이며 일명 Platonic's forms(플라토닉 폼)이라고 하며, 그리스의 철학자인 플라톤이 말한 자연계의 가장 이상적인 형태를 의미합니다.
    ② 유기(Organic) : "탄생", "곡선"의 의미를 지니고 있는 형태로서
        - 예 바다의 파도, 식물의 넝쿨 등이 있습니다.

자연계의 모든 형태란 위에 기재한 **기하학과 유기의 형태** 외에는 없습니다. 그러한 형태들의 변형과 중첩에 따른 형태들이 파생된다고 할 수 있겠습니다.

사물을 그릴 때에는 먼저 그 기본형태가 어떠한 것인지(육면체, 구, 원기둥, 원추, 피라미드, 사면체 등) 파악해야 합니다. 그런 다음, 사물의 움직임(동세)을 관찰하시고 구도를 잡으신 다음, 부분과의 관계를 관찰하면서 그려나가면 될 것입니다.

기본 형태를 많이 그리게 되면 자연히 변형과 응용이 수월하게 됩니다.

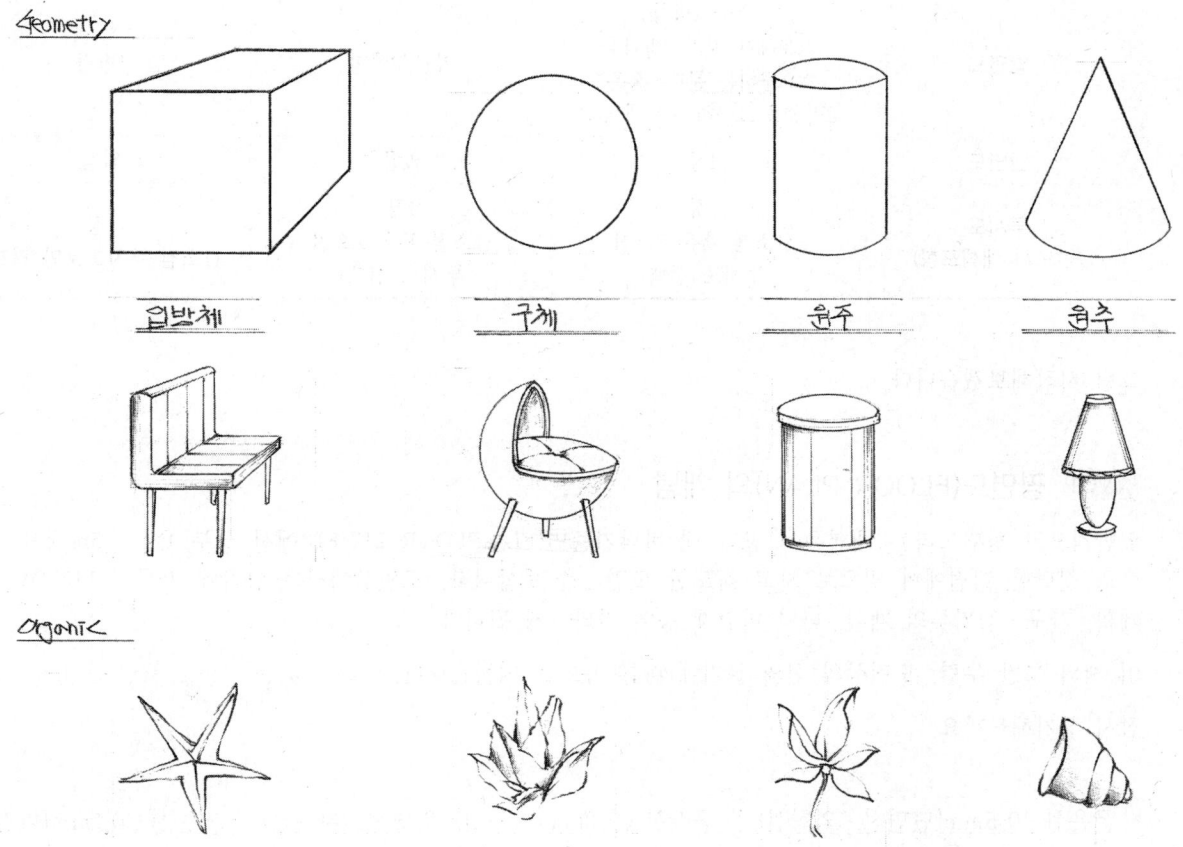

Section 11 | 실내공간 도면의 종류 및 작도법

자~ 이제 수검자 여러분들과 함께 실제 실내공간 도면작도법에 대해서 알아볼까 합니다. 시험에서는 아래의 표와 같이 도면들을 요구합니다.

도면명	실내건축기사	실내건축산업기사	실내건축기능사
평면도	1장	1장	1장
천장도	1장	1장	1장
입면도	평균 1방향 (문제에 따라 2방향을 요구하는 문제, 혹은 3방향을 요구하는 문제 있음)	평균 2방향	1방향
단면도	1장	없음	없음
투시도 (반드시 채색포함)	1장 (1소점 혹은 2소점 투시도 선택)	1장 (1소점 혹은 2소점 투시도 선택)	1장 (1소점 투시도로만 작도)

그럼 시작해보겠습니다.

01 평면도(FLOOR PLAN)의 개념

일반적으로 평면도라는 개념은 「공간 내 바닥기준면(FL ; FLOOR LEVEL)에서 상부 1.2~1.5m에서 수평으로 절단한 지점에서 밑으로 보고 작도한 도면」을 뜻합니다. 도면상에서는 공간에 따른 조닝(ZONING) 계획, 가구·집기류의 계획, 바닥 마감재 등이 나타나게 됩니다.

이 책의 초반 무렵, 도면상의 선의 굵기에 따른 용도를 배웠습니다.

잠시 상기해볼까요.

▶ 굵은선-0.5mm(단면선, 외형선) / 중간선-0.3mm(가구선, 입면선, 치수선) / 가는선-0.1mm(마감선, 해치선, 지시선)

사람이 1.2~1.5m 위에서 밑으로 내려다 볼 때, 관찰자 자신의 눈높이라인(VPL ; View Point Line)은 즉, 벽체의 높이선과 일치하며, 가장 근접하기 때문에 벽체선은 **굵은선(0.5mm)** 을 쓰는 것이며, 관찰자가 밑으로 내려다 볼 때, 바닥면(FL ; Floor Level)과는 가장 멀리 떨어져 있기 때문에 바닥마감선 및 패턴선은 **가는선(0.1mm)** 을 사용하며, 관찰자의 눈높이선과 바닥면과 눈높이라인 사이에는 가구, 집기류들이 배치되어 있기 때문에 **중간선(0.3mm)** 을 쓰게 된답니다. 이러한 원리를 이해하시겠죠.^^

02 평면도(FLOOR PLAN)의 작도 시 주의사항

- 벽체선, 가구선, 바닥 마감선 굵기의 명확한 구분이 필요합니다.
- 반드시 입면방향을 나타내는 기호를 표현하셔야 합니다.(예 A, B, C, D)
- 출입구를 나타내는 ENT. 기호는 꼭 표현하셔야 합니다.
- 출입문의 바닥에 문틀 여부를 필히 꼭 체크하셔야 하며, 문과 창 프레임은 벽체 두께선에 비하여 튀어나오거나 들어갈 수 있도록 하셔야 합니다.

- 가구를 배치하면서 기본 박스형으로 끝내기보다는, 박스형 내부에 보조선을 그어서 시각적으로 부드러운 가구의 형태를 잡도록 합니다.
- 제도체에 근거하여 텍스트를 기입할 수 있도록 합니다.(바닥 마감재의 명칭을 반드시 제도체로 표현하시길 바랍니다.)

03 평면도(FLOOR PLAN)의 작도 순서

① 먼저, 벽체중심선을 요구하는 스케일로 **약하게** 긋습니다.

② 벽체선을 두께에 맞도록 **약하게** 긋습니다.

- 실내건축기사 : 일반적으로, 200mm, 100mm 벽두께로 시험문제에서 출제됩니다.
- 실내건축산업기사 : 일반적으로, 200mm, 100mm 벽두께로 시험문제에서 출제됩니다.
- 실내건축기능사 : 외벽 350mm 벽두께와 200mm, 100mm 벽두께로 시험문제에서 출제됩니다.

③ 처음 작도한 벽체중심선을 **강하게** 긋습니다.

④ 개구부(문, 창)를 만듭니다.

⑤ 두 번째 작도한 벽체선을 **강하게** 긋습니다.

⑥ 완성된 벽체 내부에 마감선을 전체적으로 긋습니다.

⑦ 비어 있는 도면의 상부에서 하부로 계획을 세워나가며 가구 및 집기들을 작도합니다.

⑧ 전반적으로 실내가구 및 집기들을 공간 내에 배치한 후, 인출선을 사용하여 텍스트를 기입합니다.

- 각 실내가구 및 실(RM.)의 명칭과 <u>전체 공간의</u> 타이틀을 기입해줍니다.
  타이틀의 텍스트 높이는 크게, 각 실(RM.)의 텍스트 높이는 중간, 실내가구의 텍스트는 작게 해서 도면에 나타냅니다.

⑨ 입면도 방향표시를 하도록 합니다.

- 시험문제에서 **방향이 주어지면 그대로 따라갈 것**이며, 주어지지 않을 시에는 **12시 방향을 A방향으로 잡고서 시계방향으로 방향을 기재**해 줍니다. 또한, 일반적으로 1/30 스케일의 도면 작도 시에는 원 템플릿 가운데 **13번, 14번, 15번**의 원을 사용하여 방향표시기호를 만들 것이며, 그 위치는 시각적으로 안정감이 있는 위치에다가 나타내도록 합니다.

⑩ 절단선을 사용하여(1개 혹은 2개) 바닥 마감재의 물성을 모두 포함시킨 위치에 45°방향으로 끊어서 나타내도록 합니다.

⑪ 절단선과 절단선 안쪽, 혹은 절단선과 절단선의 바깥쪽부분, 또는 절단선과 벽체의 내부에다가 마감재의 패턴을 집어넣도록 하며, 그 벽체부분에 벽체의 물성에 맞게 **45°사선의 해치(HATCH)**를 일정한 간격으로 표현하도록 합니다.

⑫ 도면 내부를 전부다 정리한 후, 도면 치수선을 뽑아서 각 치수를 기입하도록 합니다.

- 도면 치수에 따른 보조선들의 외벽과의 떨어진 거리는 정해진 것은 아니지만 자신만의 일정한 규칙이 있다면 훨씬 수월하고 빠르게 치수선을 뽑아낼 수 있을 것입니다.

⑬ 도면명 및 스케일(Scale)을 기입하도록 합니다.

- 도면명의 기입 역시, 시험에서는 박스형을 만들어준 후, 안쪽에 넘버(1)를 기입하고 난 후, 영문 혹은 한글로 도면명을 기입합니다. 박스 우측 하단 부위에 요구하는 스케일(예 S=1/30 or S=1/50) 등을 기입하도록 합니다.

⑭ 도면의 컨셉(CONCEPT)을 180자 내외로 기입하도록 합니다.

- 컨셉을 기입할 때에는 도면의 우측 하단부에 박스를 만들어서 기입해 나갑니다.
  전반적으로 공간을 풀어서 기입하며, 천장마감재나 벽 마감재 그리고 바닥마감재의 기재 및 공간 전체를 대표할 수 있는 키워드(Keyword)와 분위기 혹은 동선관계, 가구배치와 그에 따른 조명계획 등을 중점적으로 기입하도록 합니다. 또한, 컨셉을 기입할 때, 제도체로 기입하시면 좋겠지만 설령 수검자 본인의 글자체로 기입해도 무방합니다.

※ 과년도 출제문제의 각 평면도의 컨셉(Concept)을 참고하기 바랍니다.

벽체 중심선을 치도록 합니다. 처음 단계에서는 약하게 중심선을 치도록하며 벽체 두께를 약하게 잡은후, 다시한번 벽체 중심선을 강하게 치도록 합니다.

| 실내건축 기능사 2차 작업형 실기 |

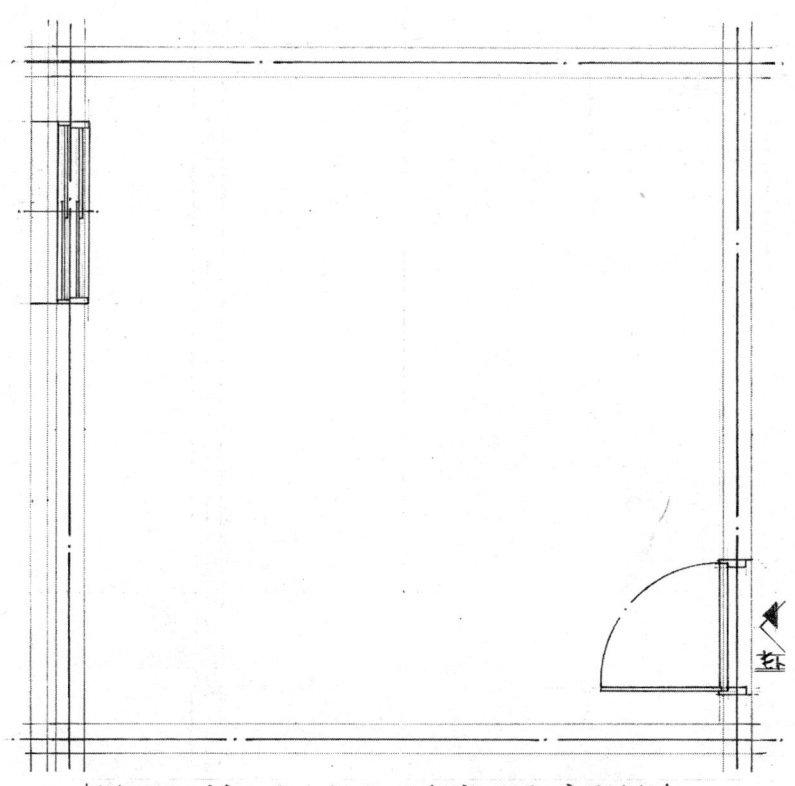

벽체 두께를 약하게 잡은 후, 문과 창(개구부)을 작도하도록 합니다.
(개구부 작도 참조 바랍니다.)
※ 출입문을 작도하신 다음 〈반드시〉 화살 기호를 그려 넣으시길 바랍니다.
수검자분들께서 가끔씩 잊고 넣으시지 않기도 합니다. 꼭 기억바랍니다.

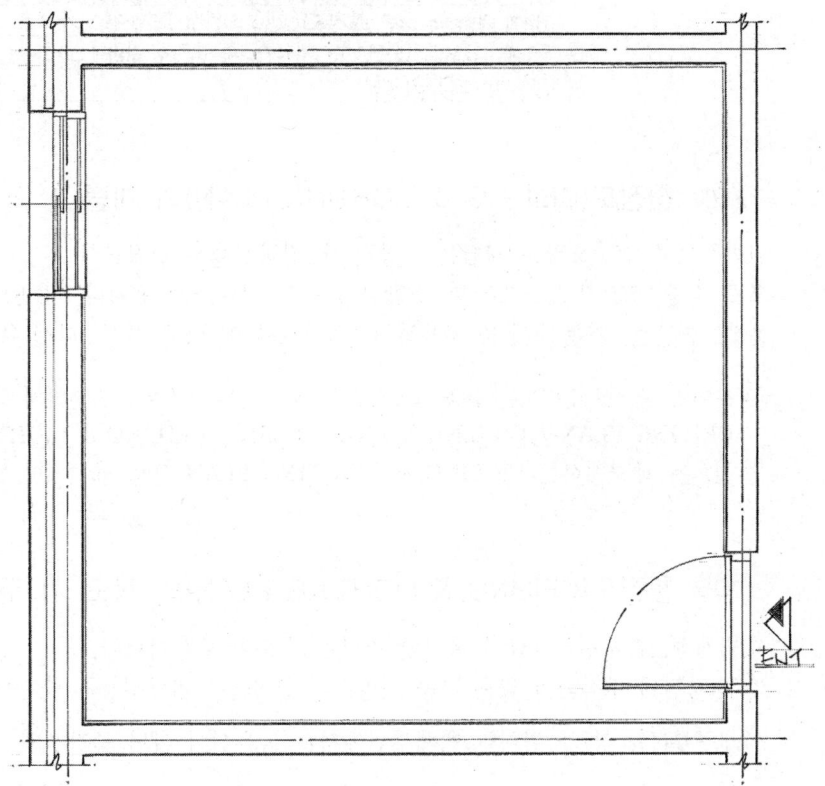

개구부를 완성하신 다음 벽체선을 강하게 다시 한번 긋도록 합니다. 그런 다음 내부벽체
에 마감선을 긋도록 합니다. 이제 도면을 설계하실 준비가 끝났습니다.

도면설계의 기초

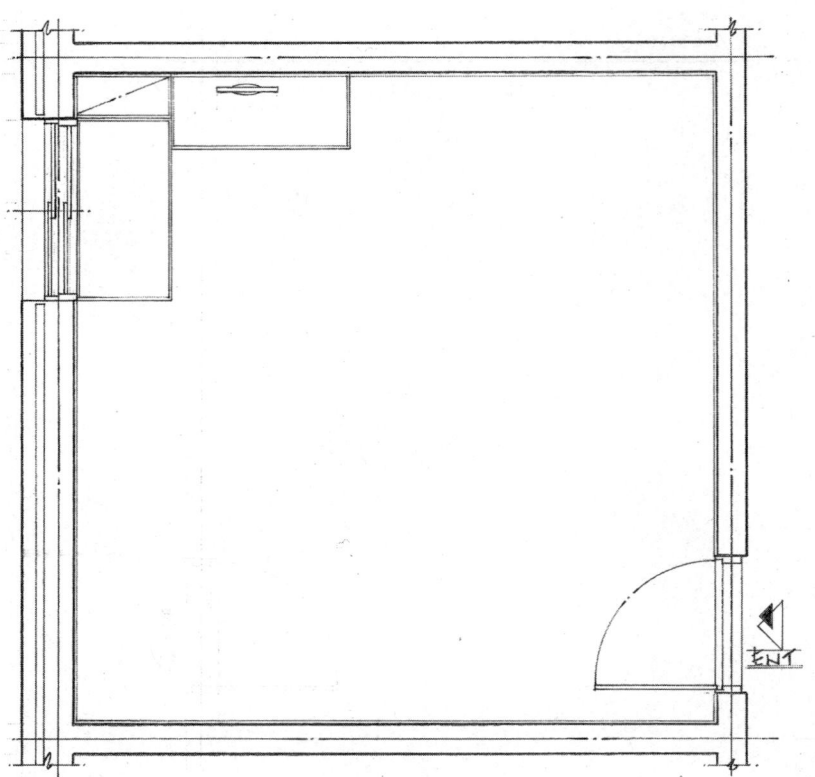

04 천장도(CEILING & LIGHTING PLAN)의 개념

일반적으로 천장도라는 개념은 「공간 내 천장면을 수평절단한 후 그 상부에서 밑으로 보고 작도한 도면」으로 각종 조명기구, 공조 및 소방설비 등이 나타나게 됩니다. 평면도와 마찬가지로 선의 굵기에 따른 굵은선, 중간선, 가는선 등을 사용하며, 선의 종류에 따른 실선, 파선(은선), 일점쇄선 등이 사용됩니다.

- 도면명 상에서 천장도는 한글 텍스트표현 외에 영문 텍스트로 표현하게 되면,
  CEILING PLAN / CEILING & LIGHT PLAN / CEILING & LIGHTING PLAN 등으로 표현 가능합니다. 또한, 본 교재에서는 CEILING & LIGHTING PLAN 으로 표기되어 있음을 참고 바랍니다.

05 천장도(CEILING & LIGHTING PLAN)의 작도 시 주의사항

- 벽체선, 가구선, 마감선 굵기의 명확한 구분이 필요합니다.
  (천장면에 부착되어 있는 각종 조명이나 설비들은 가구선, 즉 중간선의 굵기로 표현할 수 있습니다.)
- 개구부(문, 창)가 위치한 벽체부위에서는 굵은선이 아닌 중간선의 굵기로 작도하기 바랍니다.
- 천장도에서 FIX WINDOW(고정유리)는 유리두께의 선을 표현하지 않습니다.
  (평면도에서는 FIX WINDOW 표현 시 양쪽 프레임 사이에 유리의 두께에 따른 중간선으로 두 줄을 그어서 표현합니다.)

- 도면 작도 시 사용되는 램프들의 이격 거리(떨어진 거리)는 여러 가지 상황을 고려하여 배치할 수도 있겠지만, 일반적으로

⊕	• DOWN LIGHT(다운라이트, 매입등)는 평균 1,200 ~ 1,800mm 거리상에서 배치하면 됩니다.
⊕CL	• CEILING LIGHT(실링라이트, 직부등)는 공간 내 중심부에 배치시키면 됩니다.
◐⊢	• BRACKET(브라켓, 벽등, 벽부등)은 조명 자체의 기능 외에도 미적인 조형물로서의 역할을 할 수 있습니다. 그러기에 공간상에서 조도가 다소 약한 부분이나 미적인 느낌을 연출할 만한 벽체부위에 위치시키면 됩니다.
Ⓟ	• PENDANT(펜던트, 매다는 등)는 일반적으로 주거 공간 내의 주방 식탁상부 및 오브제(작품)로서 연출할 시에 효과적으로 사용하시면 됩니다.
◁	• SPOT LIGHT(스포트라이트, 강조등)는 공간 내에 특정부위를 강조할 때 사용하는 국부조명으로 HL(Halogen Lamp)를 일반적으로 많이 사용하며, 50W, 75W 등 다양한 조도로 표현할 수 있습니다.
Ⓢ	• SENSOR LIGHT(센서등)는 공간 진입 시 잠시 동안 켜져 있는 램프로서 오랫동안 머물지 않는 공간에 사용하면 됩니다.
Ⓕ	• FIRE SENSOR(열감지기)/ SMOKE SENSOR(연기감지기)는 화재 시 공간 내 천장에 부착하여 화재발생을 자동적으로 감지하고 경보하는 장치를 말합니다.
✦	• CHANDELIER(샹들리에)는 램프로서의 주 기능뿐만 아니라 여러 개의 램프로 이루어진 장식 위주의 등(램프)을 말합니다. 특히, 샹들리에의 스펠링(Spelling)을 기억하기 바랍니다.
▭○▭	• FLUORESCENT LAMP(형광등)은 일반적으로 FL이라는 약어를 사용하여 조명방식이 아닌 방식에 사용되는 램프를 말합니다. 그 사이즈는 시중에 무수히 많습니다. 긴 변을 600mm, 900mm, 짧은 변을 45mm ~ 50mm로 생각해 천장도에 나타내면 되겠습니다.
▣	• DAMPPROOF LAMP(방습등)은 말 그대로 욕실과 같이 물을 사용하는 공간의 천장면에 많이 사용합니다. 즉, 습기를 방지하는 등(램프)이라는 표현이겠습니다. 또한, 스펠링(Spelling)을 기억하시길 바랍니다.
- - - -	• NEON LAMP(네온등)은 공간 분위기를 연출하는 간접 조명방식으로 사용되며, 그 단위표시는 M(미터)로 나타냅니다. 때에 따라 NON NEON(논네온) 역시 많이들 사용하고 있습니다.
●	• SPRINKLER(스프링클러)는 화재 발생 시 Sensor(센서)의 감지에 따른 특정 온도(75℃)이상 상승할 때 자동 살수되는 소화설비기구입니다. 소방법상 법적인 스프링클러의 설치 간격은 1.8m ~ 3.2m 사이에 하나씩 설치하시면 됩니다. 참고로 본 교재에서는 대략 2.4m 이격거리로 스프링클러를 설치하였습니다. 또한, 스프링클러는 물 쓰는 공간에서는 설치할 필요가 없습니다.
✺	• CDM(특수조명)은 무대용 특수조명으로 노래방 등에 많이 사용됩니다.
▤	• VENTILATOR(환기구, 환풍기)는 말 그대로 오염된 공기를 환기시키기 위해 공간 내에 설치하도록 하며, 욕실 및 화장실에는 반드시 한 개를 꼭 설치하도록 합니다. 사이즈는 150각(150mm × 150mm) 및 200각(200mm × 200mm) 기호로 표시하면 되겠습니다.
⊠	• ACCESS DOOR(점검구)는 평균 450각이나 600각의 사이즈로 천장도에 표시하게 되며, 실제 점검이 필요한 천장 상부에 대해서 사람이 올라갈 수도 있습니다.

자~ 이렇게 천장도의 LEGEND(범례표)에 들어가는 기호들은 상당히 많습니다. 수검자 여러분들께서는 자신만의 암기법을 활용하셔서-기호들의 첫 글자 이니셜만을 외우셔서, 혹은 기호의 형태들 가운데 유사한 박스형들을 모아서 원형은 원형대로 모아 암기하셔서 꼭 범례표에 집어넣기 바랍니다. 평균 상업공간에 사용될 수 있는 천장기호들을 대략 10 ~ 13개 정도 일반적으로 사용됩니다.

- 천장도에서 마감재 및 천장고(CH ; CEILING HEIGHT)를 제도체에 준하여 도면상에 표현하기 바랍니다.
- 천장면에 단차이가 나타나 있다면 천고(CH 혹은 CL의 기호를 사용하여)상에서 치수를 표현하기 바랍니다.

예 천고(CH) : 2,500mm 인 공간이 있다고 가정할 때, 천장면의 특정부위가 천고 CH : 2,500mm 보다 150mm가 기준 천장면 위로 올라갔다고 하게 되면, CH기호와 CL기호 두 가지 가운데 한 가지를 사용하여 높낮이를 나타낼 수 있습니다.
첫 번째, CH로 표현할 때엔 CH : 2,500 와 CH : 2,650로 나타낼 수 있으며,
두 번째, CL로 표현할 때엔 CL : ± 0 와 CL : +150로 나타낼 수 있습니다.

- 천장도에는 특별히 패턴을 넣을 필요는 없습니다.(평면도에는 바닥 마감재의 패턴을 넣으시길 바랍니다.)
- LEGEND(범례표)를 반드시 표현하시길 바랍니다. 혹은 LEGENDS 및 INDEX로 표현할 수도 있습니다.

06 천장도(CEILING & LIGHTING PLAN)의 작도 순서

① 먼저, 벽체중심선을 요구하는 스케일로 **약하게** 긋도록 합니다.

② 벽체선을 두께에 맞도록 **약하게** 긋도록 합니다.

③ 처음 작도한 벽체중심선을 **강하게** 긋도록 합니다.

④ 개구부(문, 창)의 위치를 작도하도록 합니다.(중간선 사용)

⑤ 두 번째 작도한 벽체선을 **강하게** 긋도록 합니다.

⑥ 완성된 벽체내부에 마감선을 전체적으로 긋도록 합니다.

※ 천장 몰딩선은 반드시 그을 필요는 없습니다.

⑦ 창호 앞부분의 커튼박스를 표현합니다.(D : 150~200mm)

⑧ 비어 있는 도면의 전반적인 천장계획들을 세워나가며, 램프들을 정돈되게 배치하시길 바랍니다.

■ 램프의 사이즈는 수검자분들께서 갖고 계신 원 템플릿(Sankis NO.101기준) 가운데 1.5 ~ 5번에 있는 원들을 사용하시면 되겠습니다.
적절히 시각적인 비례가 중요합니다. 우리가 천장도에 표시하는 원템플릿의 사이즈는 실제 그 사이즈로 시공된다는 것보단, 전반적으로 그러한 형태(원형, 사각형 등)가 사용되며, 그 위치에 그러한 램프가 있다라고 이해하시면 되겠습니다.
참고로 말씀드리면, 실제 실무현장에서는 DOWN LIGHT(다운라이트, 매입등)의 직경은 ∅150으로 작업하며, HALOGEN LAMP(할로겐램프)는 ∅75를 사용하고 있습니다.

⑨ 전반적으로 천장면의 램프 및 등박스, 커튼박스 등을 배치한 후, 인출선을 사용하여 텍스트를 기입하도록 합니다.

■ 각 실내가구 및 실(RM.)의 명칭과 전체 공간의 타이틀을 기입해줍니다.
타이틀의 텍스트 높이는 크게, 각 실(RM.)의 텍스트 높이는 중간, 조명 및 설비 등의 텍스트는 작게 해서 도면에 나타냅니다.

⑩ 절단선을 사용하여(1개 혹은 2개) 천장 마감재의 물성을 모두 포함시킨 위치에 45° 방향으로 끊어서 나타내도록 합니다.

⑪ 절단선과 절단선 안쪽 벽체, 혹은 절단선과 절단선의 바깥쪽 벽체부분, 또는 한 개의 절단선으로 절단 시 상·하 벽체의 한 부분에 벽체의 물성에 맞게 **45°사선의 해치(HATCH)**를 일정한 간격으로 표현하도록 합니다.

⑫ 도면 내부를 전부다 정리한 후, 도면 치수선을 뽑아서 각 치수를 기입하도록 합니다.

■ 도면 치수에 따른 보조선들의 외벽과의 떨어진 거리는 정해진 것은 아니지만 자신만의 일정한 규칙이 있다면 훨씬 수월하고 빠르게 치수선을 뽑아낼 수 있을 것입니다.

⑬ 도면명 및 스케일(Scale)을 기입하도록 합니다.

- 도면명의 기입 역시, 시험에서는 박스형을 만들어준 후, 안쪽에다 넘버(2)를 기입하고 난 후, 영문 혹은 한글로 도면명을 기입합니다. 박스 우측 하단 부위에 요구하는 스케일(예 S=1/30 or S=1/50) 등을 기입하도록 합니다.

⑭ 이제, 도면 하단 우측 부위에 LEGEND(범례표)를 표현하도록 합니다.

- LEGEND(범례표)를 표현할 때에는 박스의 사이즈는 상관없습니다. 그래도 역시 나름대로의 자신만이 즐겨 쓸 수 있는 사이즈를 매뉴얼화 시키면 좋겠습니다. 또한, TYPE(기호), NAME(명칭), EA(수량)에서 TYPE들을 원은 원대로 박스는 박스대로 서로 비슷한 형태들로 정리해서 표현해 나간다면, 보는 입장에서도 상당히 정리된 느낌을 받게됩니다. 거듭 말씀해 드리지만, 도면상에서 정해진 사이즈 이외의 것들에 대해서는 〈시각적 비례감〉 및 구성과 Lay Out을 생각하시면서 작업하시는 습관을 갖게 되면 좋겠습니다.

■ 과년도 출제문제의 각 천장도의 LEGEND(범례표)를 참고하기 바랍니다.

벽체 중심선을 긋도록 합니다. 처음 단계에서는 약하게 중심선을 긋도록 하며 벽체 두께를 약하게 잡은 후, 다시한번 벽체 중심선을 강하게 긋도록 합니다.

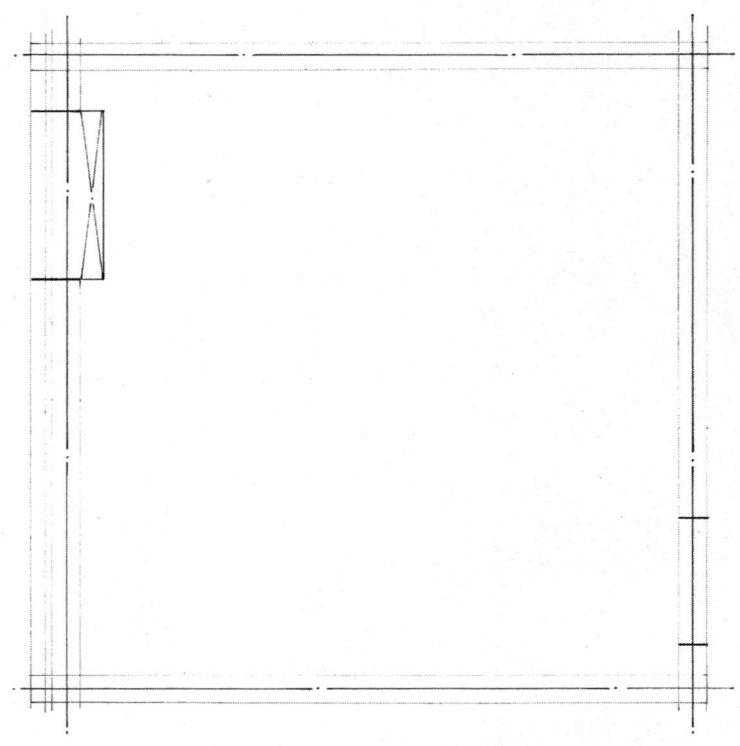

벽체 두께를 약하게 잡은다후, 문의 위치와 창호 부분의 커튼박스를 작도하도록 합니다. 커튼박스의 너비는 (D: 150~200mm)정도로 작도하시길 바랍니다.

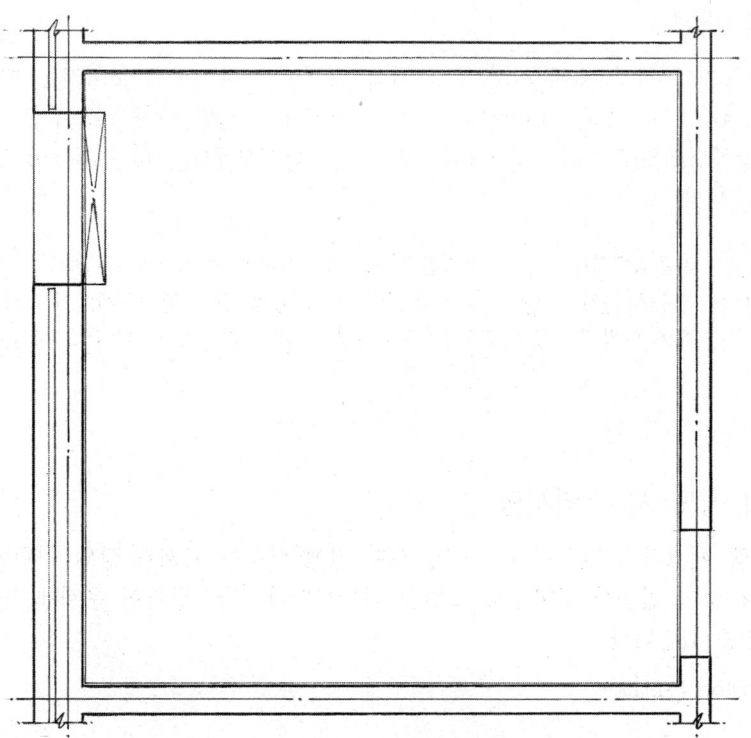

출입문과 창문쪽 커튼박스를 완성하신다음 벽체선을 다시 한번 긋도록 합니다. 그런다음 내부 벽체에 마감선을 긋도록 합니다. 자~ 이제 천장 부위에 등기구를 작도합니다.
※ 천장도에서 문턱부위는 반드시 넣을 필요는 없습니다. 마감선은 반드시 넣어야 합니다.

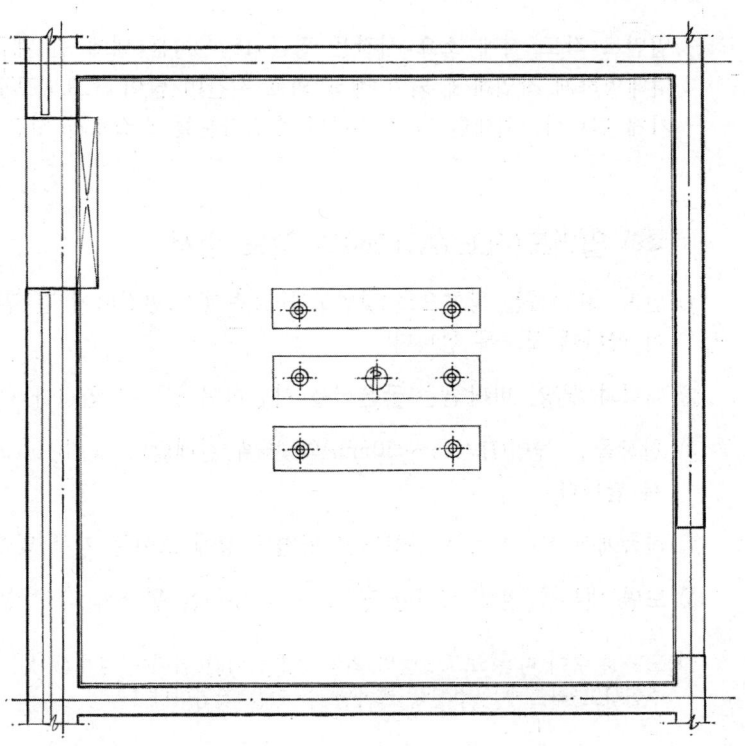

이제 천장계획에 근거하여 도면을 작도해 나갑니다. 천장부위에 부착된 등기구 및 각종 설비들에 대하여 표현을 하시면 됩니다. 논스케일(범례표)에 사용되는 TYPE(기호), NAME(명칭) 등에 대해서는 수검자 여러분들께서 기억하셔야 합니다. 기호상에서 원은 원데크 박스는 박스데크 기호들을 정리하시기 알려드시길 바랍니다.
자~ 수검자 여러분 이러한 과정들에 의거하여 천장도를 작도해 나가시길 바랍니다.

도면설계의 기초 **101**

07 입면도(ELEVATION)의 개념

일반적으로 입면도라는 개념은 「재실자가 공간 내에 서서 특정 한쪽 벽체면을 바라보고 보여지는 벽면상의 가구들을 작도한 도면」으로 재실자의 서 있는 위치에서 바라보는 벽체에 부착된 가구들을 우선적으로 그려주면 됩니다. 입면도에서는 천장몰딩부위(H : 45~50mm)와 벽체 걸레받이부분(H : 90~100mm)의 마감재는 반드시 텍스트로 기입해야 합니다.

- 원칙적으로 시험 출제도면에서는 입면상의 특정방향(A, B, C, D)가운데 요구하는 방향이 주어집니다.(참고로, 기사는 1개 방향, 산업기사는 2개 방향, 기능사는 1개 방향) 그러나, 최근의 문제 및 향후 출제문제에서는 방향이 주어지지 않을 가능성이 많으며, 또한 기존에 나왔던 똑같은 과년도 출제문제에서와는 다르게 스케일(Scale)을 바꿔서 출제되고 있습니다.

08 입면도(ELEVATION)의 작도 시 주의사항

- 시험문제에서 요구하는 방향을 꼭 체크하기 바랍니다. 간혹, 시험 전에 연습한 문제가 당일 시험에 나왔을 때, 들뜬 마음에 아무 생각 없이 연습한 방향으로 도면을 작도하다가 다른 방향이 문제에 출제된 것을 뒤늦게 확인하는 경우가 종종 있습니다.
- 벽체면(내벽)은 굵은선으로 작도해야 합니다.

- 입면도 역시 마찬가지로 도면작도에 사용되는 선은 세 가지입니다.
  ① **굵은선 - 0.5mm(단면선, 외형선)**
  ② **중간선 - 0.3mm(가구선, 입면선, 치수선)**
  ③ **가는선 - 0.1mm(마감선, 해치선, 지시선)**

- 입면도 작도 시에 소요 시간은 평균 15~20분 내에 한 개 방향을 마칠 수 있도록 해야 합니다. 너무 디테일하게 작업하게 되면 예상 외로 시간이 많이 소요되므로 다음 도면에서는 어쩔 수 없이 시간에 쫓기게 됩니다. 최대한 각 도면마다 수검자분들 스스로가 시간을 체크하면서 작업해야 합니다.

09 입면도(ELEVATION)의 작도 순서

① 먼저, 요구하는 방향으로 평면도를 돌려서 도면걸이에 건 후, 벽체 중심선을 요구하는 스케일을 사용하여 **약하게** 긋도록 합니다.
② 내벽과 천장, 바닥선은 **굵은선을 사용**하여 긋도록 합니다.
③ 천장몰딩 높이(H : 45~50mm)와 벽체 걸레받이 높이(H : 90~100mm)에 해당하는 선을 약하게 긋도록 합니다.
④ 좌측에서 우측으로 이동하면서 평면도 상에 보이는 가구 및 집기 선들을 그으면서 작도해 갑니다.
⑤ 도면 내부를 전부 정리한 후, 도면 치수선을 뽑아서 각 치수를 기입하도록 합니다.

- 도면 치수에 따른 보조선들의 외벽과의 떨어진 거리는 정해진 것은 아니지만 자신만의 일정한 규칙이 있다면 훨씬 수월하고 빠르게 치수선을 뽑아낼 수 있을 것입니다.

⑥ 도면명과 방향 표시 및 스케일(Scale)을 기입하도록 합니다.

- 도면명의 기입 역시, 시험에서는 박스형을 만들어준 후, 안쪽에다 **넘버(3)**를 기입하고 난후, 영문 혹은 한글로 도면명과 방향을 기입합니다. 또한, 박스 우측 하단 부위에 요구하는 스케일(예 S=1/30 or S=1/50) 등을 기입하도록 합니다.

먼저 요구하는 방향으로 평면도를 돌리신 후, 벽체의 중심에서 중심간의 거리를 요구하는 스케일을 활용하여 선을 긋습니다. 그리고 내부 벽체의 선을 강하게 잡도록 합니다.

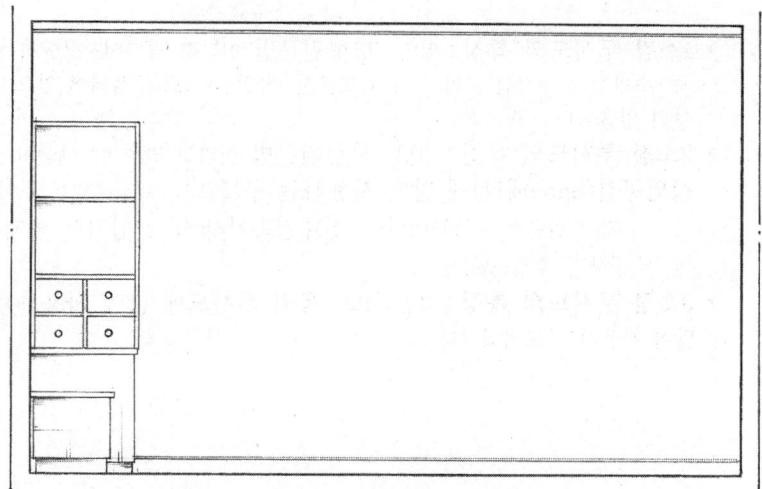

상부의 천장몰딩 부위와 하부의 걸레받이 부위를 작도하신 후 (천장몰딩H: 45~50㎜, 걸레받이H: 90~100㎜) 요구하는 입면 방향의 가구들을 작도해 나갑니다.
※ 입면도를 작도하는 과정에서 그 벽체면에 부착된 가구들을 원척으로 작도해 나가시면 됩니다. 특히, 실업에서는 기사, 산업기사는 입면도 방향이 바뀔 수도 있습니다. 기능사에서는 입면도의 방향이 주어집니다.

10 투시도(PERSPECTIVE)의 개념

■ 실내건축기사/ 산업기사에서는 **1소점 혹은 2소점 투시도** 가운데 하나를 선택해서 작도하며, 실내건축기능사에서는 **반드시 1소점 투시도**로 작도해야 합니다.

일반적으로 투시도라는 개념은 「**평면도, 천장도, 입면도를 조합하여 3차원 도법으로 작도한 도면**」으로 달리 표현하자면, 「**공간 내에 재실자가 어느 지점에 서서(SP) 전면 벽체의 특정 지점(VP)을 바라볼 때 그 지점과 재실자가 서있는 위치 사이의 원근감에 따른 공간 내 3차원 모습을 작도한 도면**」이라고 할 수 있습니다. 보통, 투시도를 말할 때, PERSPECTIVE(퍼스펙티브)라고 말하며, PERS(퍼스)라고도 간단히 말합니다.

투시도는 일반적으로 1소점 투시도, 2소점 투시도 및 3소점 투시도가 있습니다. **실내공간상에서는 1소점과 2소점 투시도가 사용**되며, **3소점 투시도는 일반적으로 외관투시형태**에 사용됩니다.

■ 자~ 그럼 투시도에 사용되는 용어들에 대해서 잠시 살펴보겠습니다.
- FL : 'Floor Level' 일명 **바닥 기준면**이라고 합니다. 달리 말해 여러분들께서 지금 딛고 있는 바닥면을 말하는 것입니다. 즉, **인테리어 바닥마감 레벨**을 말하는 것이죠.(타일바닥, 장판지바닥, 대리석바닥 등)
- CL : 'Ceiling Level' 일명 **천장 기준면**이라고 합니다. 즉, **우리 시야에 보이는 천장면**을 말하는 것입니다. 천장면 상에는 등기구, 환풍기, 점검구 등 많은 것들이 있겠습니다.
- VPL : 'View Point Level' 일명 **관찰자(재실자)의 눈높이 선**을 말합니다. 평균 VPL의 높이는 바닥기준면(FL) 에서 **상부로 1.2 ~ 1.5m**로 설정합니다. **간단히 1.5m로 고정**해도 상관없겠습니다.
- VP : 'View Point' 일명 **소점, 소멸점, 소실점**이라고 말합니다. 엄밀히 소점은 **Vanishing Point가 맞는 표현**입니다.(원근감, 깊이에 따른 점의 개념)

▶ **1소점 투시도의 특징** : 일명 '**평형원근법**'이라고 말하며, 상당히 **정적인 구도**입니다.
즉, 수평선과 수직선 그리고 사선(흐름선, 방향선)으로 구성되어 있으며, 공간(주거, 상업, 업무, 전시)들에 사용함에 무리 없습니다.
▶ **2소점 투시도의 특징** : 일명 '**사선원근법**'이라고 말하며, 상당히 **동적인 구도**입니다.
상업공간(Shop매장)에 많이 사용하는 구도로서, 특정부위를 보여주면서 전체의 분위기를 파악할 수 있는 "강조" 시 많이 사용하는 구도입니다. 실내건축기사 및 산업기사 출제문제 가운데 상업공간의 문제에서 투시도에 사용하면 좋겠습니다.
▶ **3소점 투시도의 특징** : 일반적으로 **옥외 투시도에 많이 사용**하며(조경, 경관, 조감, 건축 등) **극적인 연출**에 많이 사용하는 도법입니다.

11 투시도(PERSPECTIVE)의 작도 시 주의사항

– 먼저, 투시도를 그려나갈 때, 스케일(SCALE=N.S) Non Scale(논 스케일)이란 사실에서 출발하셔야 합니다.

> ■ 일반적으로 평면도의 스케일이 S=1/30이라고 가정할 때,
> **1소점 투시도로 작도**하게 된다면, 사용되는 **스케일은 S=1/30으로 적용**하고,
> **2소점 투시도로 작도**하게 된다면, 사용되는 **스케일은 S=1/40으로 적용**하길 바랍니다.
> 일반적으로 2소점 투시도에서 사용되는 스케일인 S=1/40이 조금 더 안정감이 있기 때문입니다. 물론 2소점 투시도에서 S=1/30으로 작업해도 틀린 것은 절대 아닙니다.
> 투시도에서 S=N.S 논 스케일이란 말은 즉, 다시 말해서 '스케일이 없다' 라는 표현보다는 '보다 자유로운 스케일을 사용해서 작도할 수 있다.' 라고 생각하면 되겠습니다.
>
> ■ 척도의 개념 : 척도란 **대상물에 따른 일정 크기의 비율**을 말하는 것으로서, 크게는 「실척, 배척, 축척」으로 구분할 수 있습니다.
> ① 실척 : 실제 실물 크기인 1:1 사이즈를 말합니다.
> ② 배척 : 실척인 1:1 사이즈를 보다 확대한 개념을 말합니다.
> ③ 축척 : 우리가 일반적으로 Scale(스케일)이라고 말하며, 실척인 사이즈의 대상물을 줄이는 개념을 말하는 것입니다.
> **실내건축기사, 산업기사, 기능사에서 요구하는 도면의 Scale(축척)은 S=1/30과 S=1/50을 일반적으로 사용**하고 있습니다. 그에 준한 스케일을 사용해 도면을 작도해야 합니다.

12 투시도(PERSPECTIVE)의 작도 순서

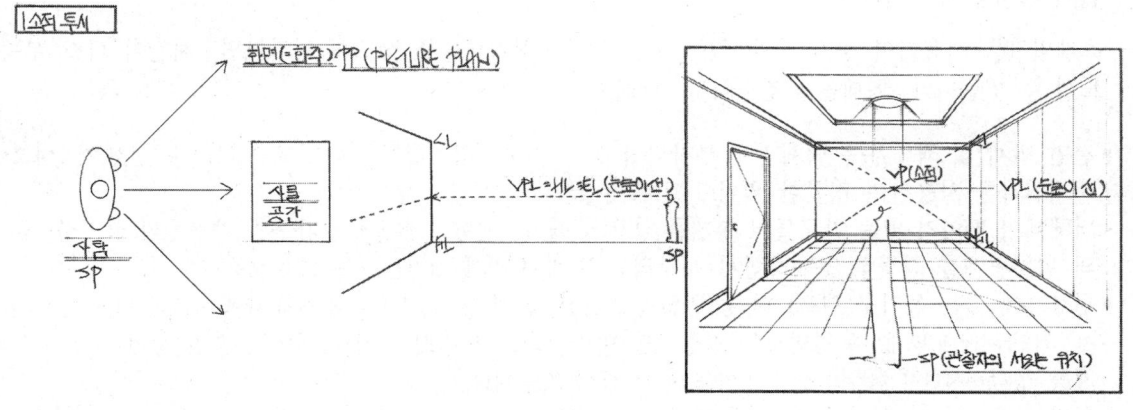

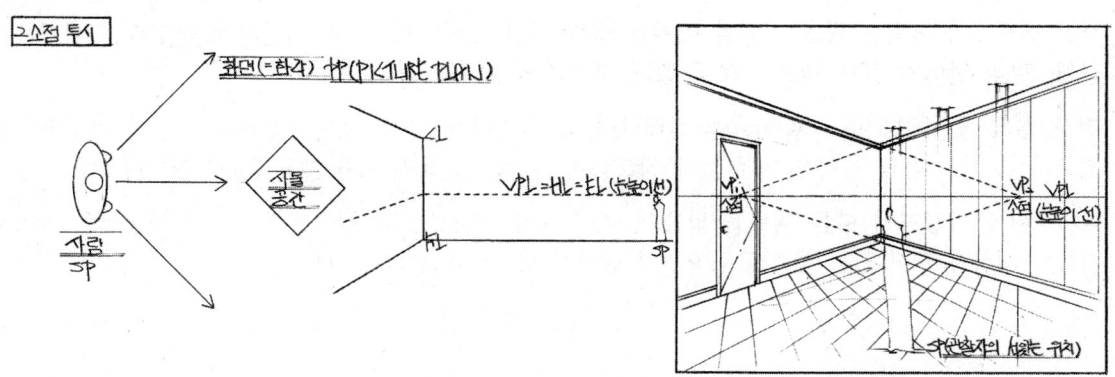

도면설계의 기초 **105**

3소점 투시

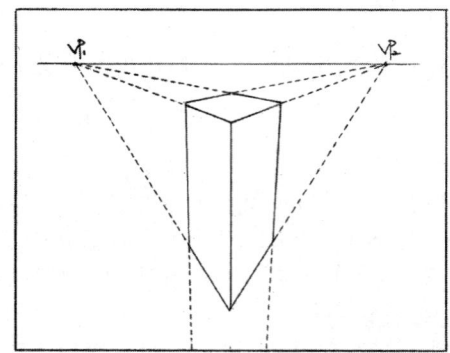
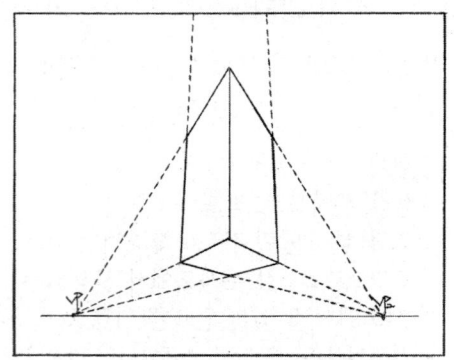

- 투시도의 작도 시 공간 내 **완성된 가구·집기의 VP(소점)에서 만들어가는 과정에 남는 보조선들은 남기기** 바랍니다.(시험에서는 보조선을 반드시 남길 것을 명시하고 있음)

> ■ 논 스케일에 따른 자유로운 프리핸드로서 투시도를 작업하실 수 있습니다. 그렇지만, **반드시 공간 내 모든 선들은 VP(소점)에서 나와야 한다는 사실**을 기억하기 바랍니다. 그에 따른 **보조선과 잔선들은 남겨두기** 바라며, **너무 강하게 나왔을 시엔 지우개와 지우개판을 사용하여 어느 정도 지워주기** 바랍니다.

- 투시도 작도 시에 SP(관찰자가 서 있는 위치)에서 바라보는 **전면 벽체를 기준으로 부착된 가구들을 박스형으로 SP위치까지 만들어 준 후**, 입면도의 디자인을 참조해서 실제 디테일들을 SP에서 **전면 벽체 부위로 작도해 들어간다는 사실**을 기억하기 바랍니다.
- 공간 내 완성된 가구들에 **부분 명암처리**를 해주게 되면, 완성된 투시도에 **채색작업(마카) 시 시간을 많이 절약**할 수 있습니다.
- 스케일자를 사용하여 공간 내에 있는 모든 가구·집기류들을 작도해 나간다면, 시간이 다소 부족함을 느낄 수 있습니다. 형태들을 잡아나갈 때에는

> ■ **전면 벽체 및 좌·우측 벽체면에 부착되어 있는 가구·집기류들**은 1/30 혹은 1/40 등 현재 적용하고 있는 **스케일자를 사용하여 정확한 위치**에 형태들을 잡기 바랍니다.
> ■ **벽체에서 떨어져 있는 가구들의 형태를 잡으실 때**에는 평면도 상에 있는 **가구와 가구들의 상·하·좌·우의 위치관계를 적절히 조율하면서 시각적인 비례에 맞게** 형태들을 잡을 수 있습니다.
> ■ **천장도에 있는 등기구(램프) 및 등박스(우물천장 등)의 경우, 그 위치를 잡을 때에는 원리상으로 똑같습니다.** 시각적인 비례에 맞게, 즉 **평면도와 천장도를 머릿속으로 오버랩(중첩)시키면서 평면 상에 가구의 위치관계를 생각**하시면서 천장면 상의 형태들을 작도할 수 있습니다.
> ■ **등기구(램프)들의 위치를 잡을 때**에는 재실자의 서 있는 위치를 고려하여 **원근감이 적용**되게 타원템플릿을 사용하여 **멀리 있는 램프는 작게**, 재실자와 근접하는 위치에 있는 **가까운 램프는 조금 크게** 작도하기 바랍니다.

- 천장 램프에서 나오는 **빛을 처리할 때에는 광량(빛의 양)**을 생각하여 **재실자에 근접하는 램프는 조금 길게, 멀리 떨어져 있는 램프는 조금 짧게** 광량을 조절하기 바랍니다.
- **천장 몰딩 높이(H : 45 ~ 50mm)**와 **걸레받이 높이(H : 90 ~ 100mm)**를 정확히 재어서 작도할 필요는 없겠지만, 천장 몰딩 높이를 너무 높게 작도하여 공간을 무겁게 하지 않도록 주의합니다.
- 벽체부위에 **마감재에 따른 패턴**을 넣을 수 있으며(수직의 스트라이프 패턴), 또한 원근감을 반드시 생각하여 재실자가 서 있는 곳으로 나오면서 점차적으로 넓게 잡기 바랍니다.

■ 우리는 '**패턴(Pattern)**'이라는 용어를 자주 사용하곤 합니다.
패턴이란 「**반복된 문양**」을 말하는 것이며, 패턴은 어떠한 형태의 **텍스처(Texture), 질감표현에 있어서 상당한 효과**를 냅니다. 또한, 패턴은 "**리듬감과 율동감**" 등의 공간 내에 생기와 활력을 불어넣을 수 있을 것입니다. 수검자들께서 즐겨 사용할 수 있는 패턴들을 연구해 보기 바랍니다.
참고로, 필자는 "**몬드리안 구성(Composition)**"과 "**아라베스크문양(arabesque)**"을 많이 사용하고 있습니다.

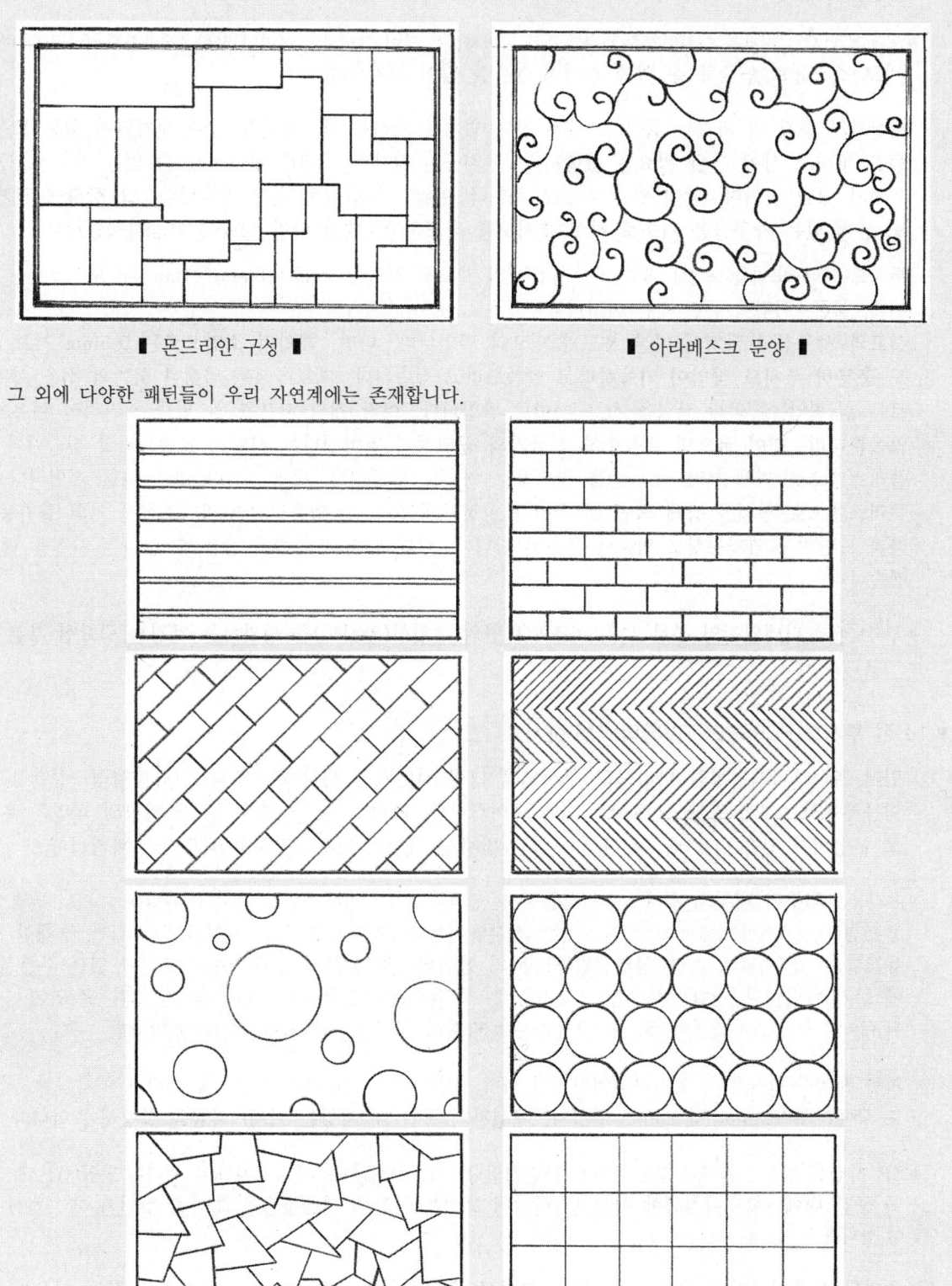

■ 몬드리안 구성 ■   ■ 아라베스크 문양 ■

그 외에 다양한 패턴들이 우리 자연계에는 존재합니다.

- 투시도에서 바닥마감재의 패턴을 넣은 다음, 바닥마감재의 유·무광, 즉 반사재인가 아닌가를 판단한 후, 가구의 바닥에 비치는 **반영(Reflection)처리-수직으로 반사느낌을 연출**해 주면 좋겠습니다.

- 시험에서 **요구하는 가구·집기류를 전부 계획을 세워 넣은 후**에도 공간의 특정부위가 비어보일 수도 있습니다. 그때는 **요구사항 이외의 각종 소품류(액자, 화병, 화분, 콘솔 등)를 집어넣어서 공간의 안정감을 유도**할 수 있습니다.

> ■ 평소 수검자 여러분들께서는 각종 소품류들의 이미지들을 많이 그려보고 어떠한 시험문제공간이 주어진다 하더라도 **바로 소품들로 연출할 수 있게 스케치 연습을 많이 하기** 바랍니다.

- 재실자의 공간 내 서있는 위치(SP)에서 전면 벽체를 바라볼 때, **재실자 앞에 배치되어 있는 모든 가구들을 투시도 상에 그릴 필요는 없습니다.** 투시공간 상에서 실제로 부각시킬 수 있는 가구 및 공간 분위기가 있을 것이며, 앞에 있는 가구로 하여금 분위기가 단절될 수도 있습니다. **그 상황에 맞게 평면도 상에 있는 가구들을 기초로 하여 투시도를 작도하고, 때에 따라 생략이 가능하겠습니다.**

- 투시도(여타 도면들 포함) 작업 시 여러 개의 제도용 샤프(0.3mm/0.5mm/0.7mm)와 플러스펜을 사용하는데, 물론, 이것이 틀린 것은 아닙니다.
  샤프와 샤프심의 굵기에 따른 용도가 있으니 말입니다. 다만, **개인적 소견으로는 0.5mm 샤프 하나로도 충분히 투시도 작업이 가능하다**고 말씀드리고 싶습니다. 제도에서는 일정한 굵기의 선을 샤프를 누르는 힘(**필압**)에 의해 작업을 하는 것이니 말입니다. 여러 개의 샤프를 쓸 만큼 시간적인 여유가 많지 않을뿐더러, **선이 굵으면 굵을수록 선굵기의 균일성이 떨어진다는 사실**을 말씀드리고 싶습니다. 또한, 플러스펜으로 벽체선(FL, CL선)을 작업하는 경우도 있습니다. 물론, 틀린 것은 아닐 것입니다. 다만, 플러스펜으로 형태를 잡게 되면 선 굵기를 일정하게 잡을 수 없을뿐더러(필압조절이 거의 불가능) 때에 따라 도면의 오염가능성도 염두에 두셔야 합니다. 디테일 역시 자세히 잡을 수 없다는 사실을 말씀드리겠습니다.

> ■ 투시도에서 **디테일적인 부분**은 수검자들의 **도면의 우위성(완성도)을 평가하는 채점의 중요한 부분**입니다.

■■ 1소점 투시도(PERSPECTIVE)의 작도순서

① 먼저, **어느 벽체방향을 바라보고 투시도를 그릴 것인가를 생각**해야 합니다.(**방향설정**) 일반적으로 시험문제에서는 4개 방향(A, B, C, D)이 주어집니다. 그리고 한 개 혹은 두 개 방향의 벽면은 유리창으로 구성되어 있습니다. 즉, **유리창이 있는 방향을 전면벽체로 설정하고 작도**하기 바랍니다.

> ■ 유리창은 **외부와 내부의 경계**로서 공간상에서는 단절과 동시에 외부의 요소가 내부로 유입될 수 있는 **투영성**을 갖고 있습니다. 밀폐된 벽체의 느낌보다는 전면벽체부위 혹은 좌·우측 벽면 상에 유리창이 위치한다면, **경쾌한 느낌을 유도**할 수 있겠습니다. 특히, **상업공간(Shop)의 전면벽체의 설정에 있어서는 카운터가 있는 부분을 전면에 두기 바랍니다.** 상업공간에서는 그 공간을 대표할 수 있는 엠블럼(Emblem), 즉 '**상호**'와 '**로고**' 등이 카운터 뒤 이미지 월 부위에 일반적으로 나타나기 때문에 **명확히 공간을 직시**할 수 있다는 것입니다.

② 이제 재실자(관찰자)가 공간 내 어디쯤에 서서 전면벽체를 바라다볼 것인가를 생각해야 합니다. 즉, 평면도 상에서 SP(Standing Point, 관찰자, 재실자의 공간 내 서있는 위치) 지점을 설정해야 합니다.

> ■ **SP 지점은** 명확히 정해진 것이 아니고 **가변적**입니다. 수검자들이 임의로 설정할 수 있다는 말입니다. 즉, 「**내가 이 공간 내에 어느 위치쯤 서서 내 시야에 보이는 공간의 내용물들을 보여줄 것인가**」에 대하여 생각해야 합니다.

③ 준비된 트레이싱지에 **수평·수직선을 그어서 중심축**을 잡도록 합니다. 중심축을 잡는 이유는 주어진 트레이싱지 정중앙부에 화면(PP ; Picture Plan)을 위치시키기 위해서입니다.

④ 축을 잡은 후, **전면벽체의 내벽과 내벽 간의 거리(안목길이, 안목거리)를 체크**하고 현재 작도하고 있는 스케일(1/30 or 1/40)을 활용하여 **수직선(세로축)을 기준으로 각각 좌·우측으로 똑같은 사이즈로 등배를 나누어 줍니다.**

⑤ 같은 방법으로, **천고(CH ; Ceiling Height)의 반절을 수평선(가로축)을 기준으로 상·하 부위로 눈금을 체크**한 후, 약하게 선을 긋도록 합니다.

⑥ 이제 트레이싱지 정 가운데에 **전면벽체의 형태(박스형)**가 나왔습니다.

⑦ 그 다음으로 재실자(관찰자)가 공간 내에 서서 전면 벽체를 바라볼 때의 **눈높이선(VPL ; View Point Level)을 설정**해야 합니다. 즉, FL(Floor Level : 바닥면)을 기준으로 생각할 때 위로 올라가면 높이의 기준선, 밑으로 내려오면 깊이의 기준선이 됩니다. 일반적으로 VPL 눈높이선은 **천고(CH ; Ceiling Height)의 2/3지점**을 잡아줍니다. 달리 말씀드린다면, **바닥면(FL ; Floor Level)에서 위로 1,200 ~ 1,500mm 높이 선 상에 VPL(눈높이선)**을 잡아줍니다. 간단히, **1,500mm 높이를 눈높이 선으로 지정**할 수도 있습니다.

⑧ 방금 지정한 1,500mm VPL(눈높이선) 선 상에 **재실자가 바라다보는 하나의 점**이 있을 것입니다. 우리는 그 점을 **VP(View Point, Vanishing Point : 소점, 소멸점, 소실점)**라고 말합니다. 즉, 하나의 지점인 VP점을 설정해야 합니다. **눈높이선의 좌측지점, 정중앙지점, 우측지점** 등 이렇게 그 지점을 설정할 수 있으며 **일반적으로는 정중앙지점에 VP점을 많이 설정**합니다. 그렇게 함으로써 **보이는 공간은 좌·우 대칭으로 안정적인 느낌을 유도**할 수 있겠습니다.

■ 1소점 투시도의 특징인 「**안정적인**」 구도이면서, 때에 따라서 소점을 좌측 혹은 우측 지점으로 이동시키게 되면 공간 내 특정부위를 "강조"할 수 있습니다.

⑨ 공간 내의 모든 선들은 현재 재실자가 바라보고 있는 지점인 VP(소점, 소멸점, 소실점)에서 나오게 됩니다. **VP점에서 전면벽체의 상·하·좌·우의 모서리점들을 연장**합니다.
이렇게 해서 **하나의 화각, 화면(PP ; Picture Plan)**이 만들어졌습니다.

자~ 지금부터 평면도상에서 재실자가 서있는 위치에서 **가장 멀리 떨어져 있는(바라다보는) 전면벽체(내벽의 수평선)의 가로축을 "폭"**이라 하고, **전면벽체에서 재실자 쪽으로의 세로축을 "깊이"**라고 하겠습니다.
즉, **가로 ⇨ 폭, 세로 ⇨ 깊이**라는 전제하에,

⑩ 이제 **전면벽체 기준에서 부착되어 있는 가구들로부터 현재 재실자가 서있는 위치(SP)까지 입방체(Box형)들을 만들어 나옵니다.** 그 순서는 좌·우측 벽체에 부착된 가구들 가운데 **좌측벽체를 먼저 혹은 우측 벽체를 우선하든 관계없습니다.** 가구의 **가로(폭) 치수를 스케일자로 측정한 후에 FL(Floor Level, 바닥 기준면) 상에 눈금을 체크**하기 바랍니다. 그 다음 **VP(소점)에서 삼각자를 이용하여 방금 FL(바닥 기준면) 상에 체크된 눈금을 밀면서 선을 긋도록 합니다.**

⑪ 그 다음은 FL(Floor Level, 바닥기준면)에서 밑으로 내린 수직선(**깊이 기준선, 즉 재실자가 공간 내 서있는 위치에서 앞의 물체들을 바라볼 때, 원근감이 발생되며 좌·우측 벽체 바닥에 만들어지는 실제 깊이점에 영향을 주는 선**)에 가구의 세로 깊이점을 체크합니다. 그리고 현재 재실자가 서 있는 위치점(SP)에서 방금 깊이의 기준선에 체크한 지점을 연장하여 실제 좌·우측 벽체 바닥에 만나는 지점에 눈금을 체크합니다. **체크된 지점에서 I자를 사용하여 수평선을 연장**하게 되면 일단 의도하는 가구 및 집기류의 3차원 형태 이전단계의 박스 밑면 형태가 나오게 됩니다.

⑫ 사각형의 밑면 네 개 모서리점들을 삼각자를 사용하여 수직으로 약하게 선을 끌어올리도록 합니다.

⑬ 이제 명확한 박스 형태를 잡기 위하여 **가구·집기류의 높이**를 잡아야 할 것입니다. **공간상에 있는 모든 가구·집기류들의 높이의 기준점**은 전면벽체의 좌·우측 모서리 바닥지점인 **0점을 기준으로 높이를 체크합니다.**

⑭ **VP(소점)에서** 방금 체크했던 **높이점을 연장하여** ⑫번에서 올린 수직선과의 교점을 잡도록 합니다. 이제 3차원의 박스형태의 가구를 만들었습니다. 그리고 만들어진 **박스형의 코너부위를 터치하여서 형태를 남겨두도록** 합니다.

⑮ 지금까지 ①~⑭번까지의 과정에 의거하여 **공간상의 좌·우측 및 SP(재실자의 공간 내 서있는 위치) 점 앞에 보이는 가구들의 형태를 만든 후, 입면도에 나타나 있는 가구·집기류의 디자인의 디테일들을 참조하여 만들어 나가도록** 합니다.

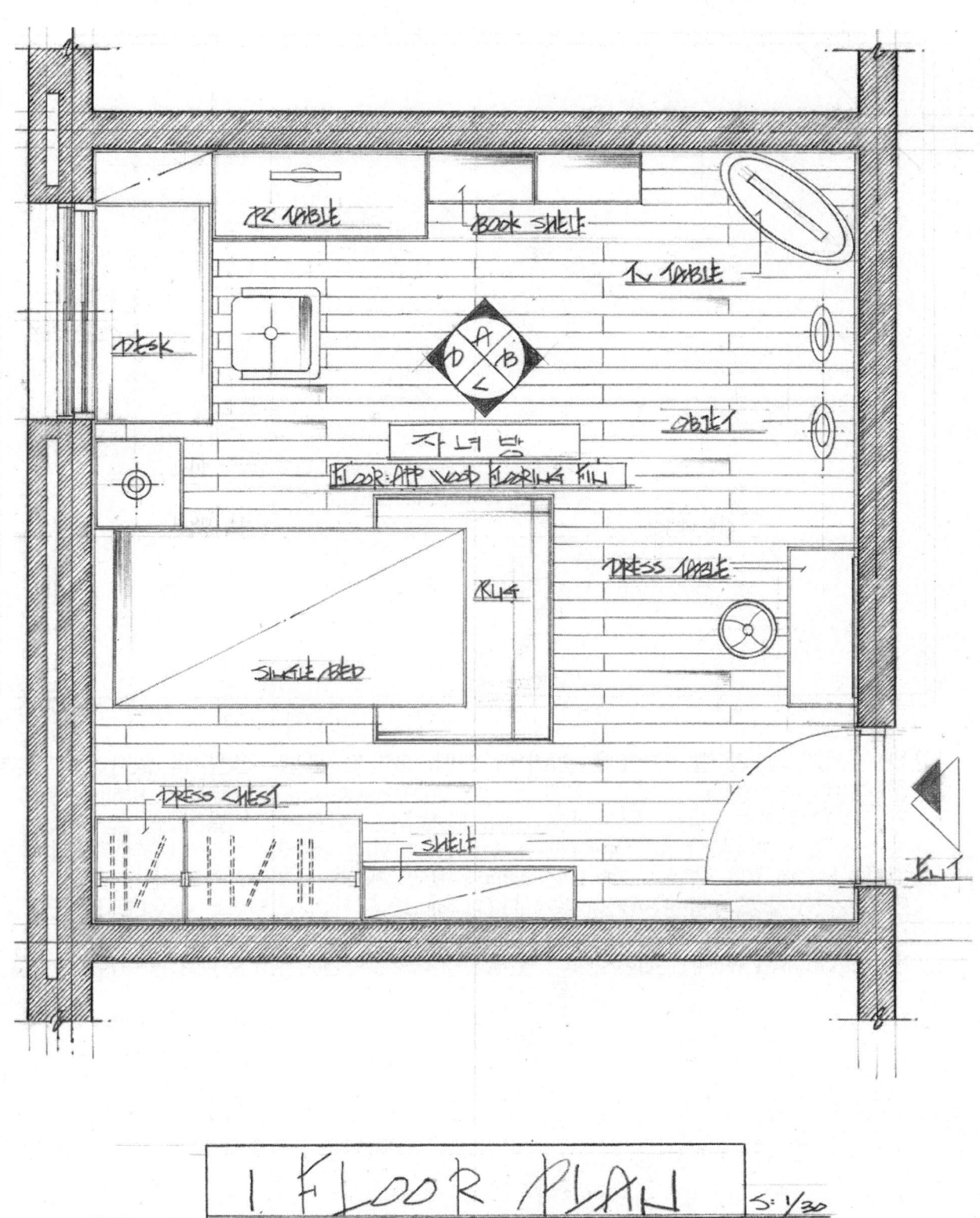

1. FLOOR PLAN S:1/30

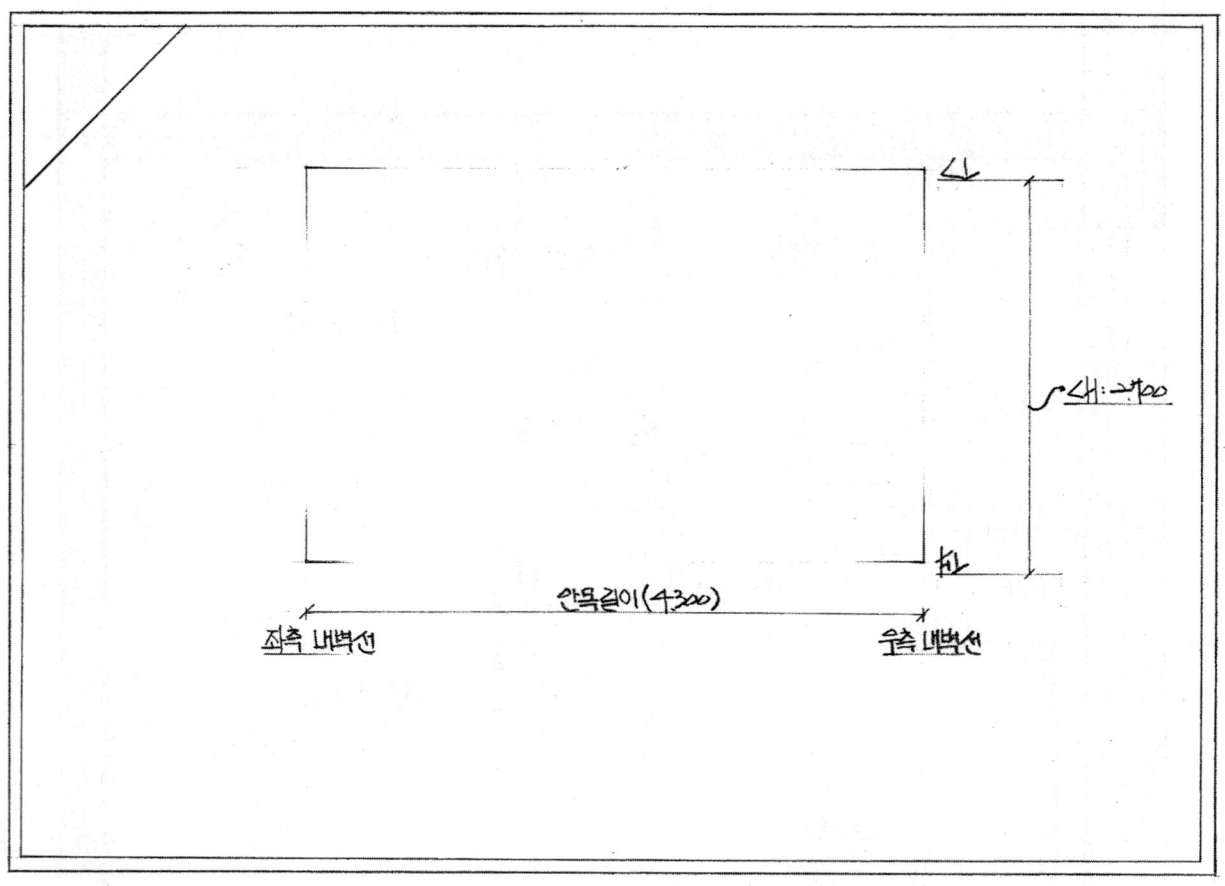

① 먼저, 투시도를 그리고자 하는 전면벽체를 설정하셔야 합니다. 현재 저자 본인은 전면벽체를 창문이 있는 방향으로 정하겠습니다. (B→D방향) 그런 다음 주어진 트레이싱지 (A2 : 594mm × 420mm)를 4등분으로 나누신 후, 현재 작도하고 있는 스케일 (SCALE)로 좌측과 우측의 내벽(=내부벽체)과 내벽간의 거리 (=안목길이)를 잡으셔야 합니다. 현재 저자는 종이의 지면상 A4 사이즈 (297mm × 210mm)에 S : 1/50로 진행순서를 먼저 말씀드리겠습니다. 일반적으로 1소점 투시도 작도시 S : 1/30 (대개 평면도에 적용되는 스케일)로 진행하시면 되겠습니다.
다음은 공간의 천장고 (CH : 2,700mm)에 맞게 FL (FLOOR LEVEL : 바닥기준면)선과 CL (CEILING LEVEL : 천장기준면)선의 위치를 작도합니다.
※ CH (CEILING HEIGHT : 층고, 천장고 즉, FL에서 CL까지의 거리, 현재 <자녀방>의 CH : 2,700mm임.)

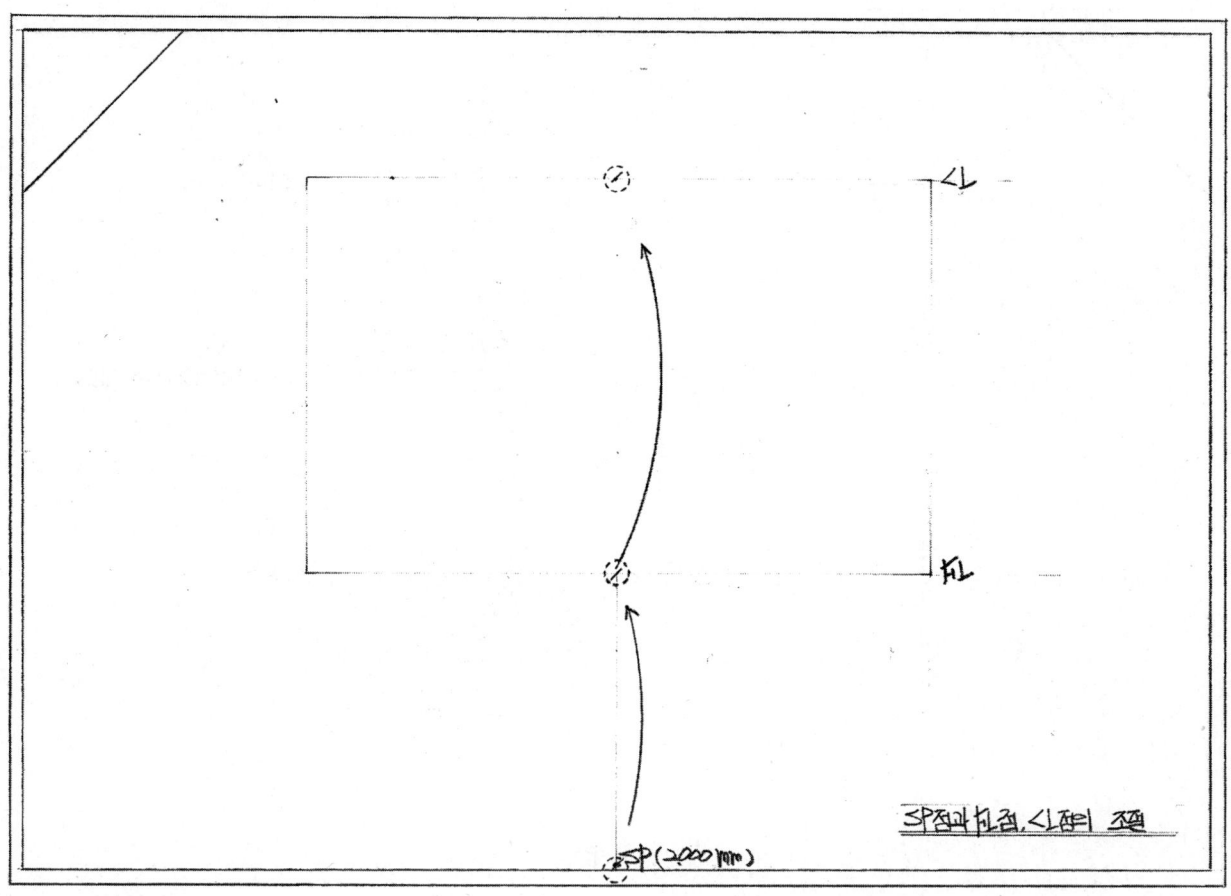

SP점과 h.점, v.점의 조절

SP(2000mm)

㉢ 다음 SP(STANDING POINT: 제도자의 공간 내 서있는 위치) 설정에 따른 방법을 살펴보도록 하겠습니다. 실제 시험에서 〈자녀방 평면도〉상에서 SP점은 3500mm가 적당하겠습니다. 그 범위 내에서 좌측 가구는 자바라(선반)이 보일것이며, 우측 가구는 BOOK SHELF(책장)가 화면(PP: PICTURE PLAN, 화지)내에 보이게 됩니다. 현재 제가 붙인 지면상의 이유로 SP점의 위치를 h.선 밑으로 2000mm 위치에 설정하였습니다. 명확히 정해진 SP점은 없습니다. 다시 말하자면 자신이 평상 서는 위치에 서기 전면의 가구를 얼만큼 보여줄 것인가의 차이일 뿐입니다. SP점의 위치에 따른 트레이싱지상의 h.점과 v.점의 위치는 달라지게 됩니다. SP점의 위치는 트레이싱지 테두리선 하단부위에 임의로 설정하시고 수검자에서 정한 거리만큼 수직대의 위로 올라가 시면 만나는 지점(즉, 정한 SP거리 끝나는 지점)이 h.점(바닥 기준면)이 되며 천장고 치수 올린다면 끝나는 지점이 v.점(천장 기준면)이 되는 것입니다. 여기서 주의하실 것은 h.점과 v.점간의 대(천장고)가 트레이싱지의 사분점 중앙부에 위치해야 한다는 것입니다. 보다 안정된 구도를 위해서라도 말입니다.

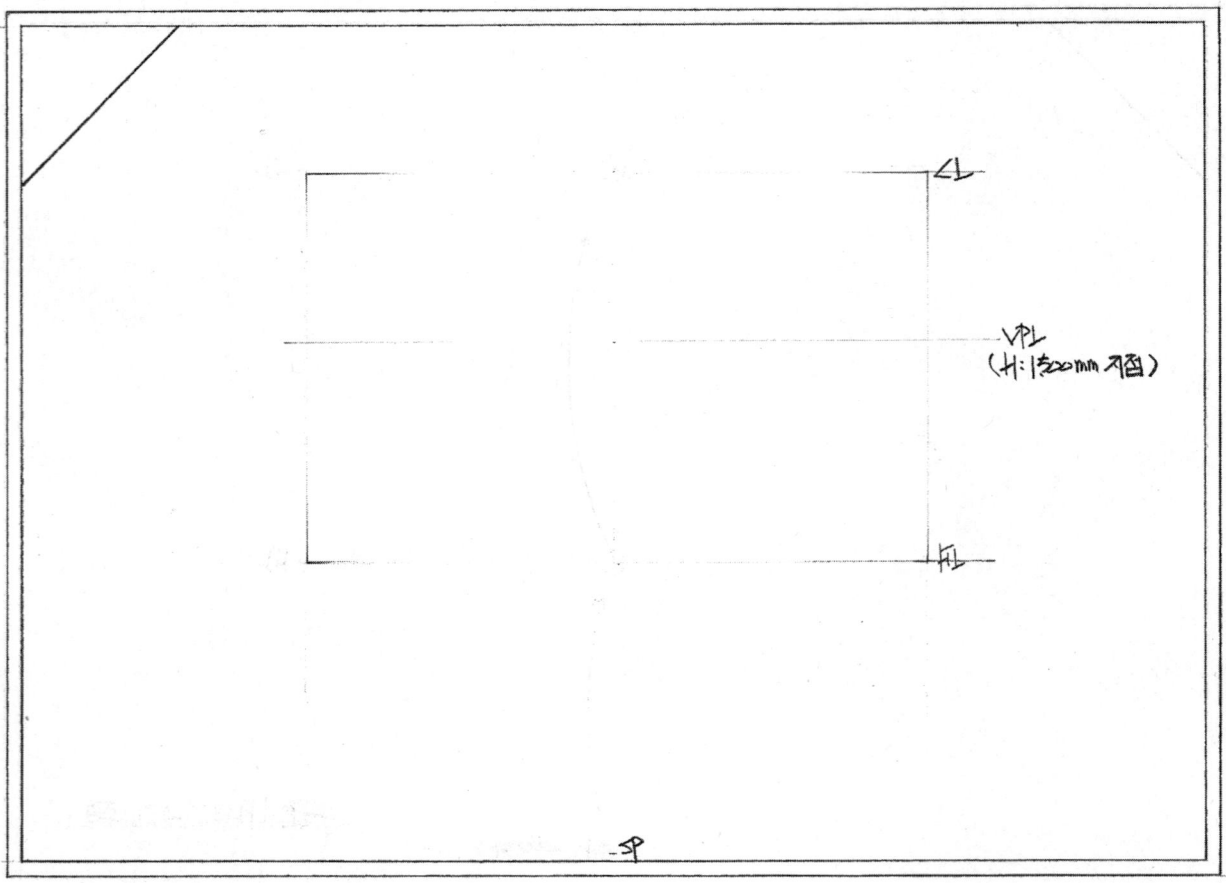

③ 이제 그 다음으로 공간 내 재실자의 눈높이선(VPL)을 설정하셔야 합니다. 일반적으로 VPL(VIEW POINT LINE)은 천장고(CH)의 2/3 지점 높이를 설정합니다. 쉽게 말씀드리자면 FL(바닥거실면)에서 상부로 1200mm ~1500mm 사이 높이를 VPL 높이로 결정하시면 됩니다. 간단히 1500mm 높이를 VPL로 결정하도록 하겠습니다. 도한 VPL 선상에 재실자가 바라보는 포커스 점이 있을 것입니다. 우리는 그 점을 VP라고 부릅니다.

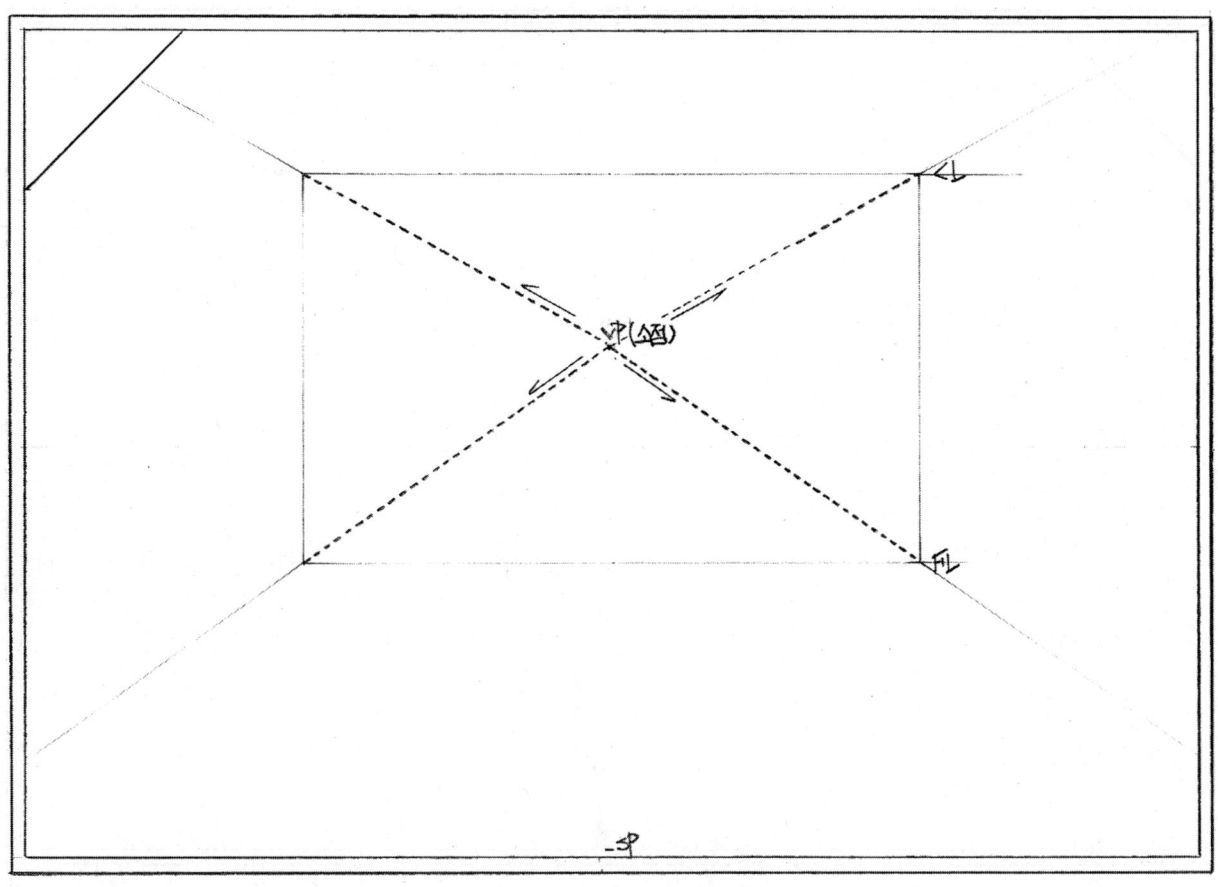

① VP(VANISHING POINT: 소점, 소멸점, 소실점)에서 공간내에 존재하는 모든 가구 및 집기류들은 기본 Box형태들로 만들어지게 됩니다. 즉, 1소점 투시도의 구도는 수평선과 수직선 및 사선(흐름선, 방향선)에 의해서 만들어집니다.
※ 자~수검자 여러분! 여기에서 제가 몇가지 TIP을 말씀드리겠습니다.

다음과 같은 1소점 투시도 형태가 3가지 있습니다. 그 차이점이라면 VPL상에 소점(VP)이
i) 정중앙부에 있고 ii) 우측부에 있으며 iii) 좌측부에 있다는 것입니다.
i)번의 경우는 1소점 투시도의 일반적인 특징인 상당히 〈정적인〉 느낌을 받지만 ii)번과 iii)번의 경우처럼 VP점들이 정중앙에서 벗어나게 되며 〈강조〉의 느낌이 상당히 강하다는 것입니다.
수검자 여러분들께서 i), ii), iii)번 것 중에 선택하실수 있겠습니다. 즉, ii)번과 iii)번은 VPL상 특정부위를 제실자가 바라봄으로써 명확히 강조할수 있는 구도인 것입니다. 정확하고 안정적인 분위기를 의도하신다면 i)번 구도를 사용하시면 좋겠습니다. 참고로 저자 본인은 〈정중앙〉부에 VP점을 설정하였습니다.

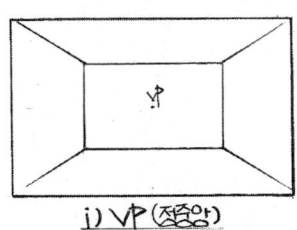
i) VP (정중앙)

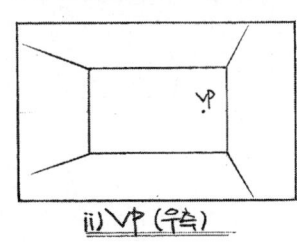
ii) VP (우측)

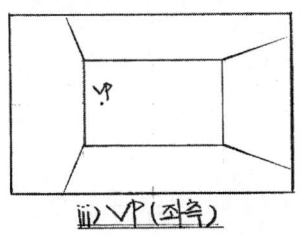
iii) VP (좌측)

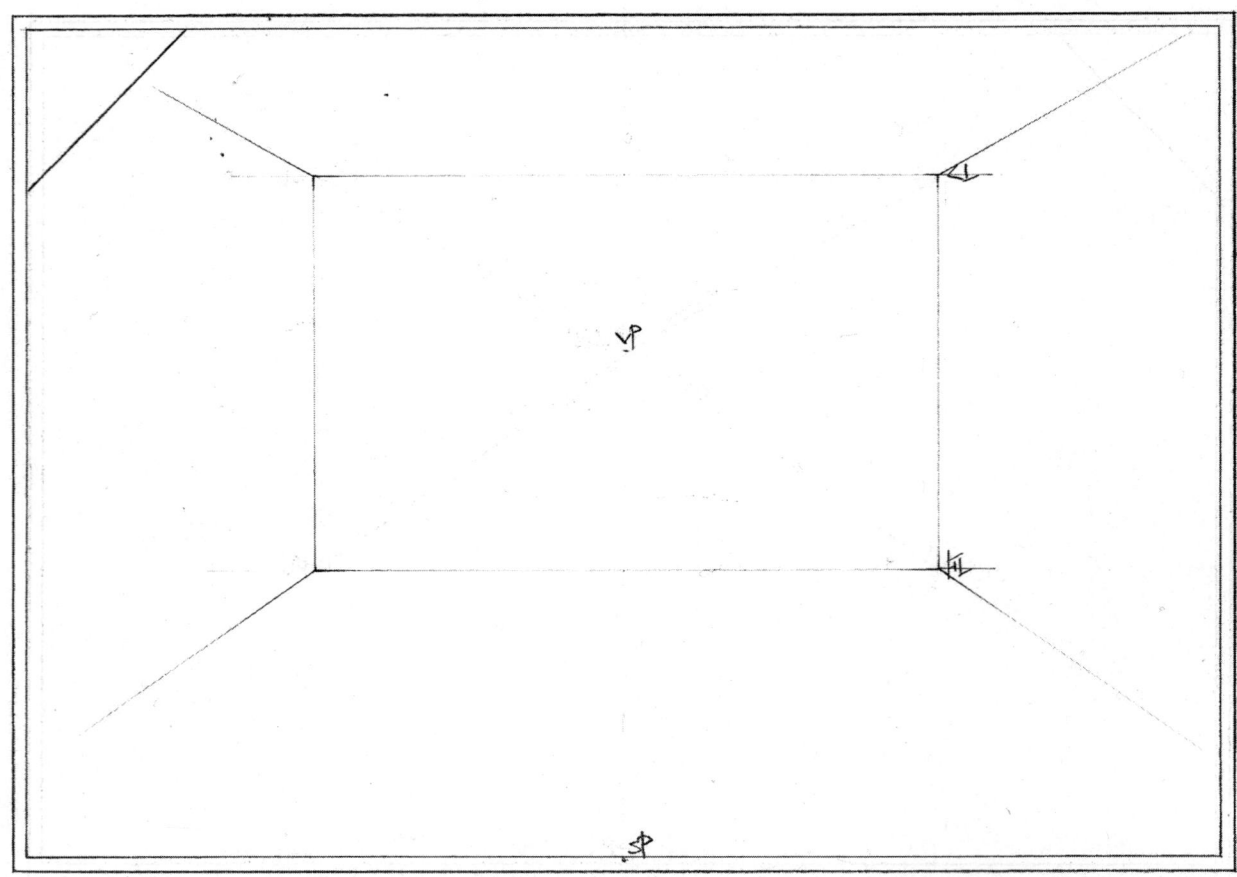

⑤ 이제 하나의 완성된 구가 나왔습니다. 그러면 지금부터 재실자가 서 있는 위치점(SP) 기준에서 전면에 보이는 가구 및 집기류들을 만들어 보겠습니다. 현재 재실자가 서있는 위치점(SP)에서 전면 가구 및 집기류들을 만들어 갈때, 전면벽체에 부착되어 있는 물체부터 SP점 바로 앞에 보이는 물체까지 BOX형으로 만들어갈 것입니다. 그리고 입면도에서 만들어진 디자인들을 참조하여, SP점 앞에서부터 전면벽체쪽으로 디자인들을 해나갈 것입니다.

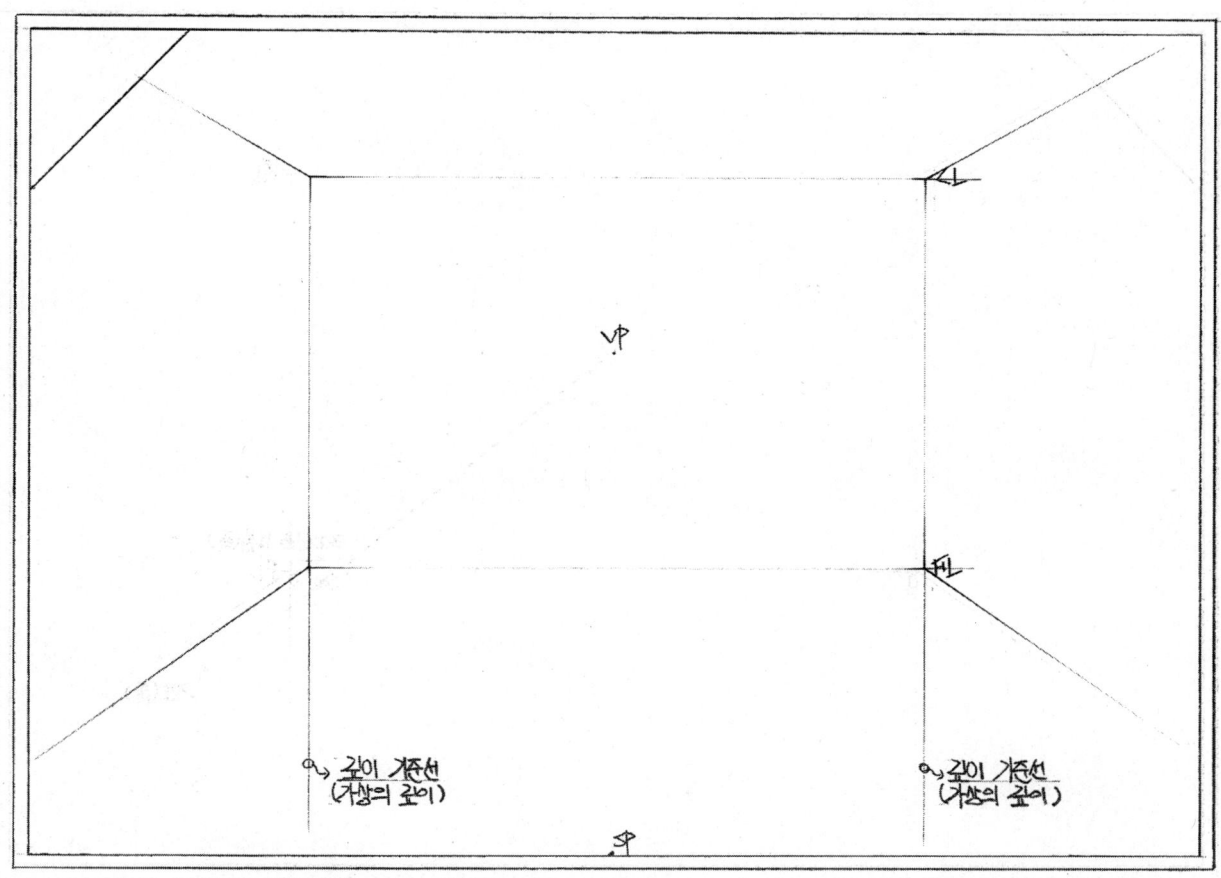

④ 수검자 여러분~ 가구 및 집기들은 고유치수를 갖고있죠. 그런데 현재 제도자는 전면벽체에서 어느정도 떨어진 위치에 서서 앞에 있는 물체들을 바라보고 있다보니 원근감이 발생한다는 것입니다. 그래서 깊이(원근)에 영향을 주는 기준선이 있어야 겠습니다. 정부의 두 소실 공간 좌·우측 내벽라인을 밑으로 내려 깊이에 영향을 주는 기준선을 만들었습니다. 좌측 물체를 만들때에는 좌측의 깊이 기준선을 사용하며, 우측물체를 만들때에는 우측의 깊이 기준선을 사용하시길 바랍니다. 앞으로 공간 내 만들어지는 가구들은 상당히 많습니다. 그렇다보니 좌·우측 기준선 중 한계만을 사용하게 되면 모든 깊이의 눈금들이 한계의 깊이기준선에 표시되므로 눈금들로 하여금 혼동을 느끼실 수 있을 것입니다. 그래서 두 개의 깊이 기준선을 생각하신다면 눈금들로 하여금 발생되는 혼란을 줄이실 수 있겠습니다.

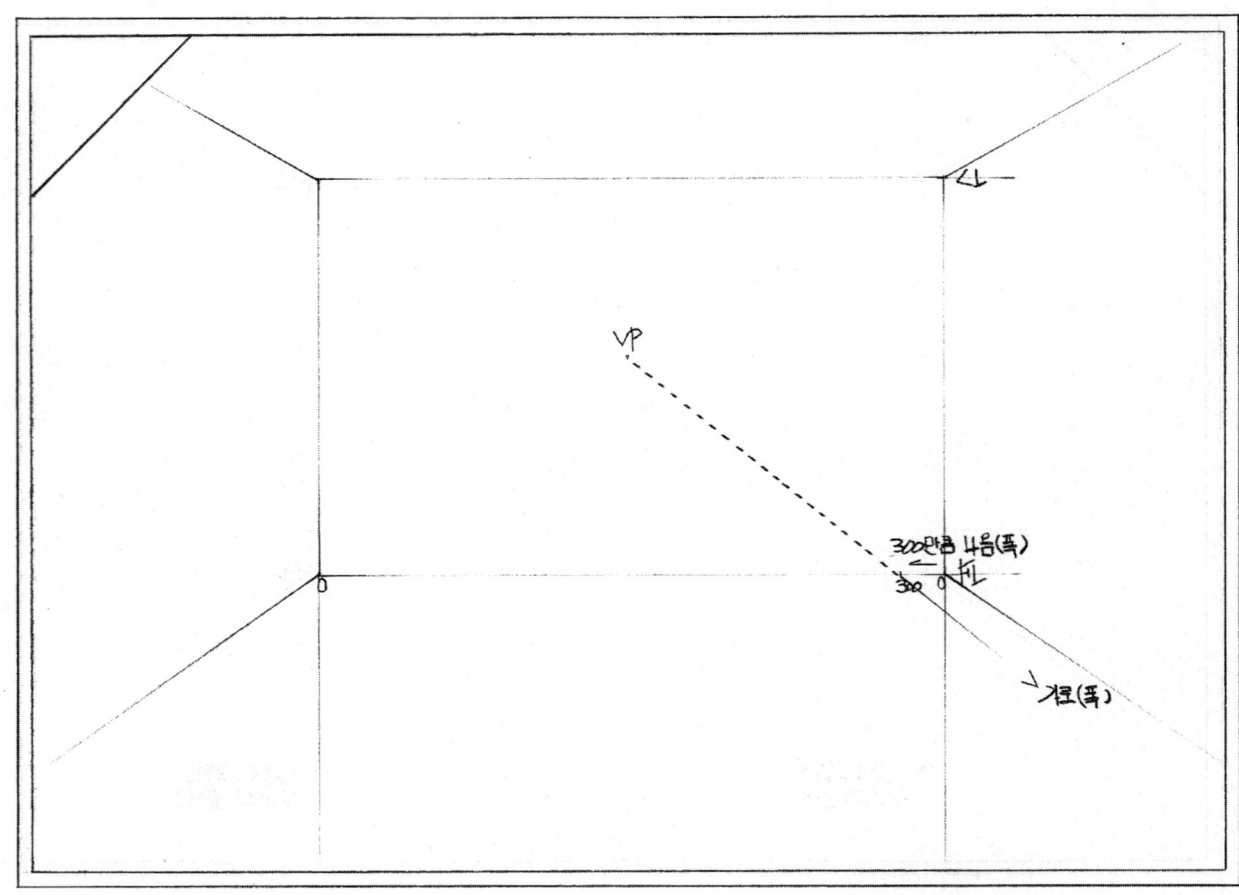

① 저자 본인은 우측벽체 모서리에 위치한 책장(Book Shelf)을 먼저 만들어 보겠습니다.
현재 평면도상 우측벽체 부위의 책장의 가로(=폭)과 세로(=깊이)의 사이즈는 폭: 300mm, 깊이: 630 입니다.
먼저 폭 300mm를 FL(바닥기준면)상에 눈금 체크하신후, VP(소점)에서 선을 연장시킵니다.
※ 거듭 말씀드리지만 공간 내 모든 선들은 VP(소점)에서 난다는 사실을 기억바랍니다
 (모든 선들은 VP에서 나고, VP로 향한다!)

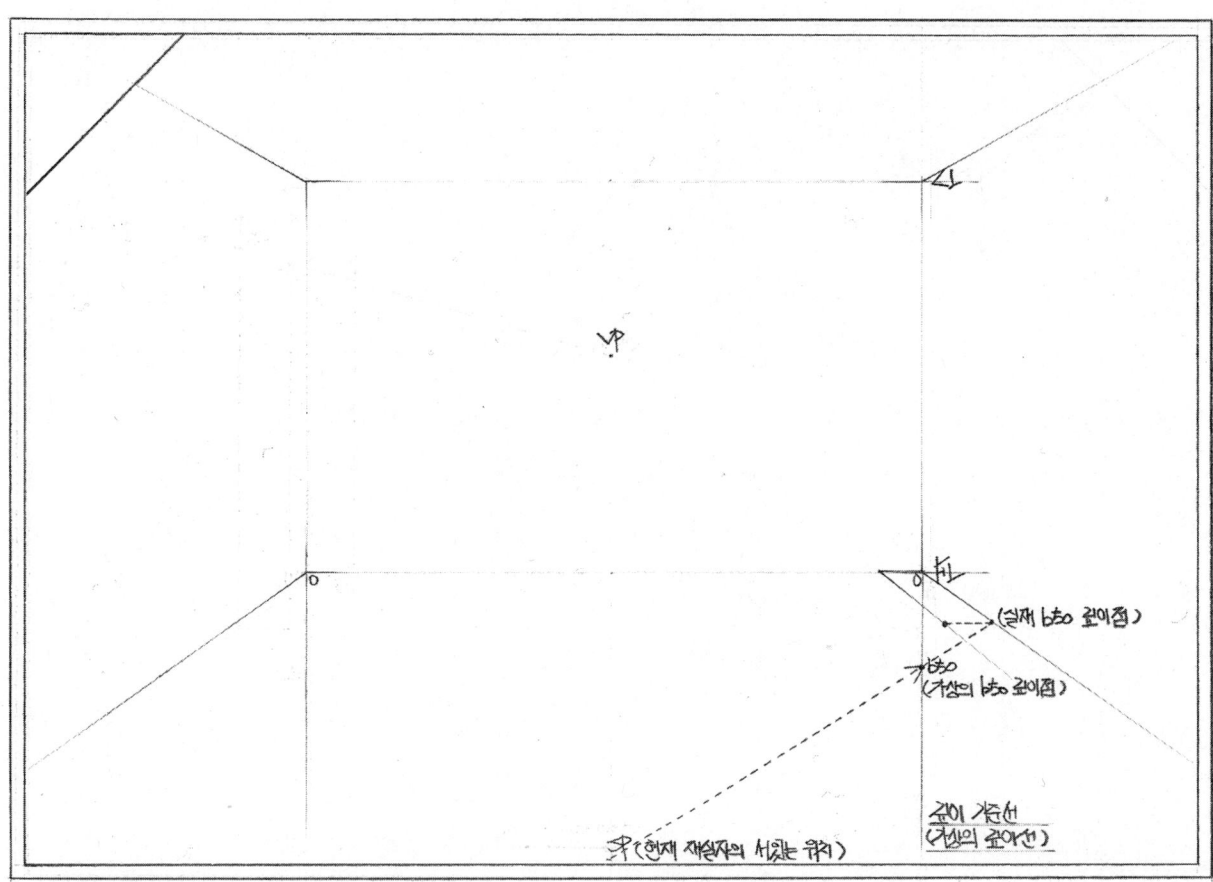

⑧ 이제 책장의 깊이(650)를 잡도록 하겠습니다. 우측의 물체를 만들다보니 우측의 깊이 기준선(가상의 깊이선)을 사용하여 눈금을 체크한 후, 현재 제설자가 서있는 위치인 SP점에서 연장을 시켜다보면 우측 벽체 하단부위(바닥면)에 만나는 지점이 생깁니다. 그 지점이 바로 현재 제설자의 서있는 위치(SP)에 따른 실제 책장의 깊이점이 되겠습니다. 그 실제깊이지점에서 T자를 사용하여 수평라인을 그어주면 일단 의도한 폭 300mm, 깊이 650mm에 해당하는 책장의 밑면이 완성됩니다.

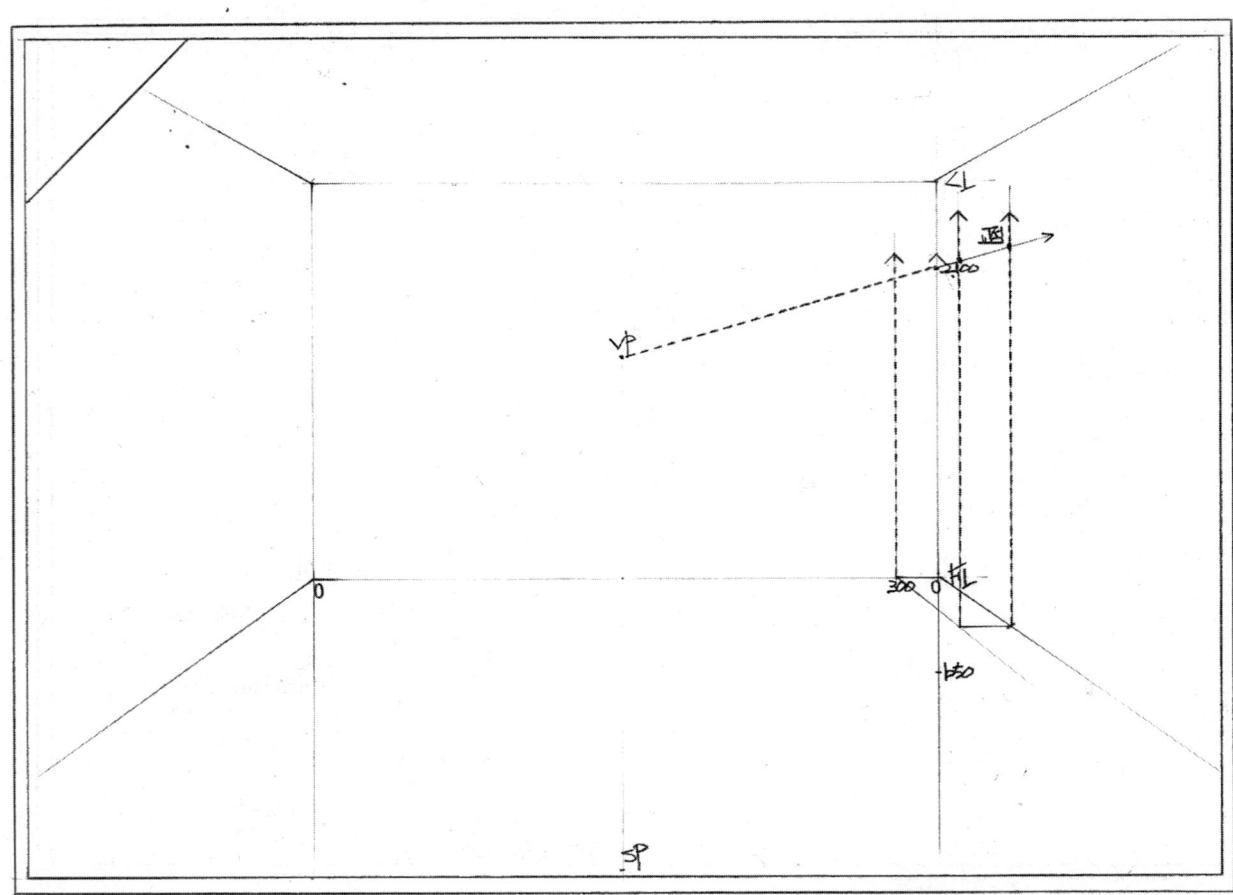

⑨ 자~ 그다음 책장의 높이를 잡으셔야 겠습니다. 높이의 기준점은 항상 0점이라는 사실먼저 기억 바랍니다. 공간 내 물체가 어느곳에 위치하든 항상 그 해당물체의 높이 기준점은 좌측 0점과 우측 0점이 되겠습니다. 우측 모서리 안쪽에 있는 책장의 밑면 4개 모서리 고점을 삼각자를 이용하여 생부로 똑바르게 수직라인을 치도록 합니다. 그다고 책장의 높이를 2,100mm에 해당하므로 (입면상의 책장높이 참조바람) 우측 모서리 0점에서 +2100mm 에 해당하는 지점에 눈금을 체크 하신후, VP(소점)에서 0점상의 +2100mm 지점을 똑바르게 연장을 합니다.

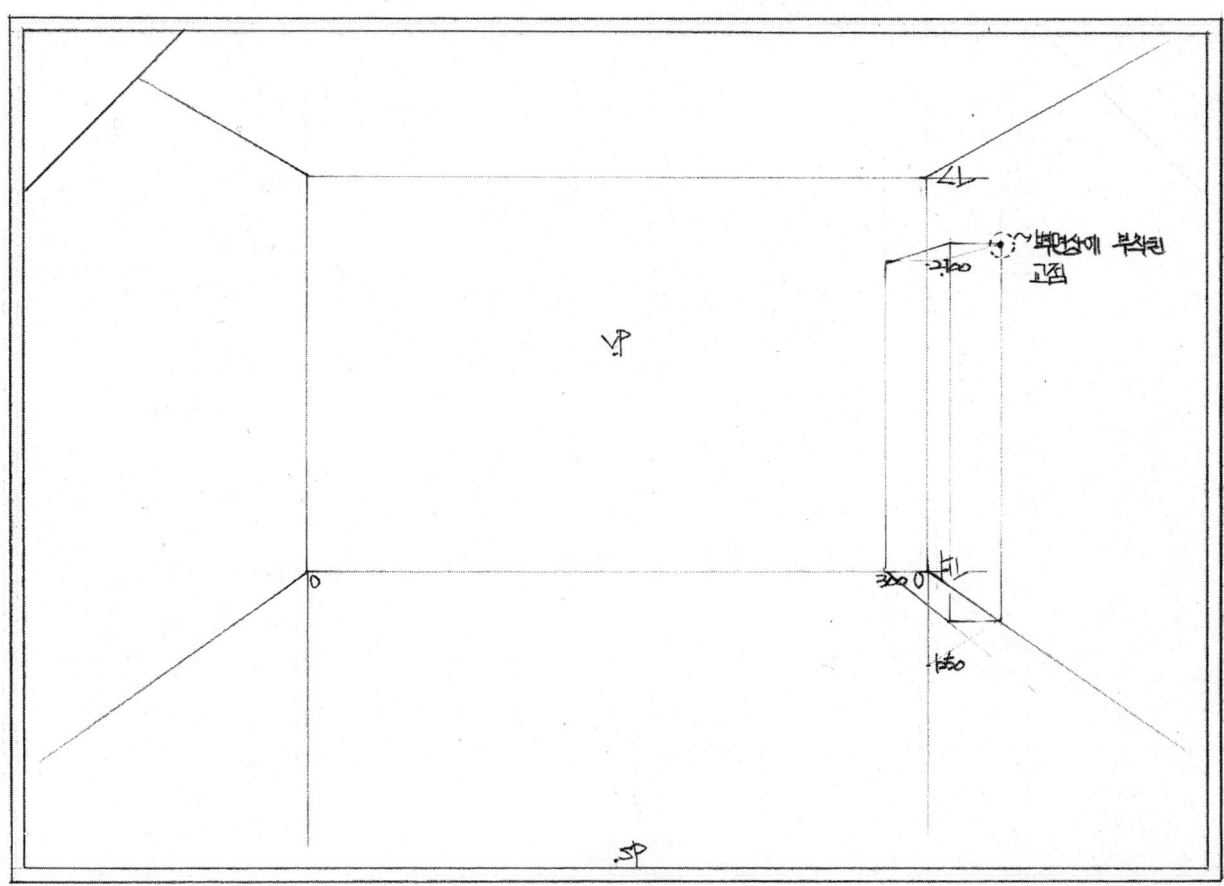

⑩ 그러면 이제 가로(폭)300mm, 세로(길이)1650mm, 높이 2100mm 인 박스형의 책장이 만들어 집니다. 항상 수검자분들께서 기억하셔야 할 것은 물체의 높이점은 항상 0점을 기준하며, 물체의 끝나는 지점에서 벽면상에 부착되어 있는 고점을 찾으셔야 한다는 것입니다.

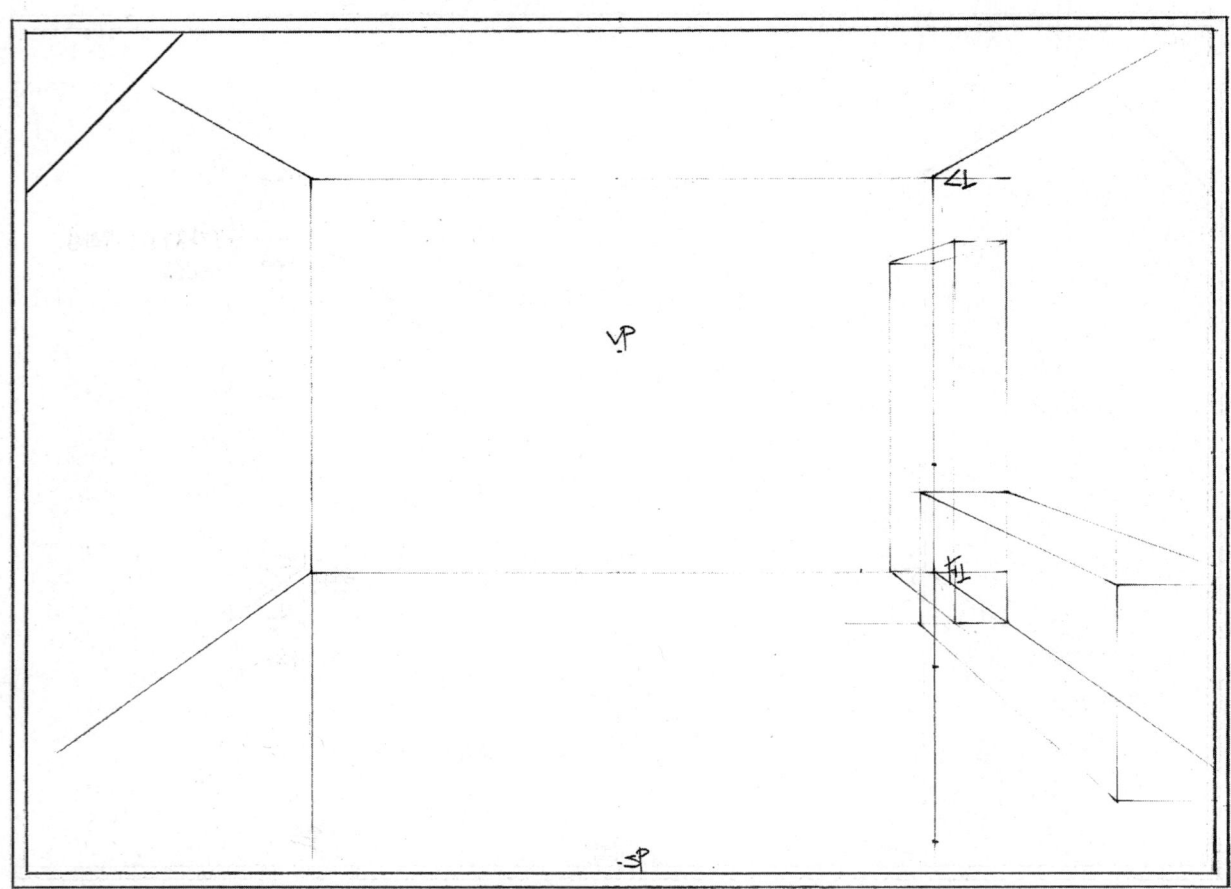

⑪ 마찬가지로 그 다음 붙여있는 가구 (PC TABLE)를 이와같이 반복하여 BOX형태들을 만드실수 있겠습니다. 자~ 이제 마지막으로 내용을 정리하자면, 가로(폭)의 눈금을 VP(소점)에서 연장하여 밀고, 세로(길이)의 눈금을 길이 기준선(가상의 길이)에 눈금체크 후, S.P점(제삼자의 공간 내 서있는 위치, 원근)에서 눈금점을 연장하여 우측 벽체의 바닥에 만나는 실제의 길이점을 잡으신후, 만들어질 사각의 밑면들의 4개 코너 모서리점을 약하게 끌어 올린후, 높이의 기준점인 0점에서 가구 높이에 해당하는 눈금을 체크 하신후, VP(소점)에서 0점상의 높이점을 연장하게 되면 교점들이 만들어지며, 이제 T자와 삼각자를 사용하여 마지막으로 BOX형을 전체적으로 만들어 나가는 것입니다. 그런후에 입면도의 디자인을 참조하여 S.P점 옆에 있는 가구부터 전면 벽체쪽으로 가구의 디테일들을 만들어 나가시면 되겠습니다.

Chapter 03 | 실내 투시도 컬러링법

■ Craftsman Interior Architecture

지금까지 완성된 투시도에 대하여 시험에서는 「**반드시 채색하시오!**」라는 전제가 붙습니다. **채색이 안 된, 혹은 채색작업이 미완성된 투시도는 시험에서 제외가 된다는** 것입니다.

수검자 여러분들께서 가장 힘들어하는 것이 채색작업 일명 "컬러링" 작업입니다. 가끔씩 수검자분들께서 제게 "**컬러링에 소요되는 시간은 얼마로 잡아야 하나요?**"하고 자주 질문을 하곤 합니다. 물론, 저마다 소요되는 시간은 다를 테지만, 일반적인 시간 안배에 따른 컬러링 소요시간은 대략 "**15 ~ 20분**" 정도로 생각하면 좋겠습니다. 때에 따라서 투시도를 조금 빨리 작업한다면야 남은 시간에 비례하여 컬러링에 시간을 투자할 수 있을 것입니다. 그렇지만 투시도 역시 "**어느 정도까지 작업해야 하는 것인가?**"라는 의구심에 사로잡힐 것입니다. 저마다 상대적인 개념이다 보니, 중요한 것은 **완성도가 높은 투시도**가 좋은 투시도라는 사실일 것입니다. 투시도에 시간을 조금 많이 배분하기 바랍니다.

그리고 「**투시도 상에 디자인적인 디테일들이 잘 나올수록 컬러링에 소요되는 시간은 다분히 줄어든다.**」는 사실을 기억하기 바랍니다.

- 여기서 잠깐, **투시도 컬러링에 사용되는 채색용품은 시험에서 정해져 있지 않습니다.** 2차 작업형 실기 시험장 경험이 있으신 분들은 보았을 수도 있고, 아직 경험이 없는 분들은 궁금해 할 수 있을 것입니다. 대개 **99.9%**의 시험장 수검자분들께서는 **마카**라는 채색용품을 사용하시고 있습니다. 때에 따라선 색연필로 작업하는 분들 역시 가뭄에 콩나듯 계시죠. **투시도 상의 각 가구·집기별 디자인적인 디테일 및 명암처리만 부분적으로 잘 하면 색연필 및 플러스펜은 사용할 필요가 없답니다.** 이 점을 기억하기 바랍니다. (투시도(PERSPECTIVE)의 작도 시 주의사항 참조바랍니다.)

그럼 이제 우리가 앞으로 사용하게 될 「**마카(Marker)**」라는 채색용품에 대해서 잠시 살펴보도록 할까요?

마킹펜(Marking Pen), Felt Pen과 같은 말이며, 잉크를 펠트(스폰지, 휠터와 같은 패드)에 흡수시켜, 닙이라는 압축된 펠트를 통해 잉크를 흘려보내 필기하는 방식의 필기구를 말합니다.

펠트가 통풍이 좋아서 쉽게 건조되기 쉬운데 이를 보완하기 위해 대부분의 마카에는 펜에 뚜껑을 덥는 방식으로 되어 있습니다. 일반적으로 잉크성분에 따라서 **수성타입, 유성타입, 알코올타입**이 있으며, 디자인용 마카는 **알코올타입**으로 그래픽마카가 있습니다. 보통은 **72색, 144색, 214색** 등이 있으며 물론, **낱개로도 구매가 가능**합니다.

- ■ **마카의 형태에 따른 종류**를 잠시 살펴보자면, 다음과 같습니다.

① 일반적인 마카
② **굵은 촉(Broad)과 가는 촉(Fine)이 같이 달려 있는 트윈마카**
③ 브러시 촉이 달려 있는 브러시마카
④ 촉 위에 아주 가는 축을 끼울 수 있는 마카

- Broad(브로드) : 넓은 면처리에 사용. 또한, 여러 개의 각진 면으로 **다양한 넓이의 면처리에 사용가능**합니다.
- Fine(파인) : 섬세한 선의 사용으로, 디테일한 부위의 표현이 가능하며, **수채화 느낌**을 낼 수 있습니다. 그리고 Broad의 얼룩(찌꺼기)부분의 선정리 시 사용하기도 합니다.
- 마카의 촉을 「**닙**」이란 용어로 부르기도 합니다. 마카 제조회사마다 색이 없는 「**0번**」 마카가 있습니다. 그 용도는 **바림(=가벼운 그라데이션)**에 있습니다. 특히, 마카에서는 "**번짐효과**" 역시 상당히 중요하다는 것을 기억하기 바랍니다. 또한, 마카를 보관할 시에는 **옆으로 눕혀서 보관**해야 **마카잉크의 쏠림현상을 방지**할 수 있습니다.

대개 수검자분들께서는 ②번 트윈마카를 사용하면 되겠습니다. 또한, **알코올마카**를 사용하여, **속건성(빨리 마르는 성질)의 특징**을 최대한 살려서 작업하면 되겠습니다.

■■ 마카의 일반적 특징은 크게 3가지로 구분할 수 있겠습니다.

> ① 색공백(=색여백)
> ② 색혼합
> ③ 색중첩

① **색공백(=색여백)** : 마카로 채색할 시에 가구·집기류의 모든 면에 컬러를 바르기보단 적절한 여백을 사용하여 반사(Reflection)의 느낌을 연출할 수 있습니다.(가구의 **상부 면처리**나 공간 내 **바닥 마감재의 반사를 표현**할 시에 색공백을 많이 사용하면 됩니다. **바닥부위에 색여백을 줄 때**에는 **균일한 너비보다는 여백의 너비를 조금씩 달리**하여 **공간상에 리듬**을 줄 수도 있겠습니다.)

② **색혼합** : 마카와 마카의 촉(=닙)을 혼합하여 기존 마카의 컬러가 아닌 제3의 컬러를 만들 수 있습니다. (일명, 마카의 점묘기법이라 말하며, 시험에서는 **색혼합을 그리 많이 추천하지는 않겠습니다.**)

③ **색중첩** : 마카 채색작업 시 **많이 사용되는 특징**으로, 마카작업 시 처음부터 원색을 바르지는 않습니다. **처음에는 미색(약한 톤)으로 시작하여 전반적으로 유사색상의 강한 톤의 마카로 중첩**하면 되겠습니다.

그 외에, 부분적인 마카의 특징으로는

④ 마카는 **일정한 속도로 작업하시는 것**이 중요합니다.
일단, 마카작업을 시작한 다음, 작업시간의 오차를 두고 다시 작업하면 컬러가 이색(달라짐)져 보입니다. 일단 작업을 시작하게 되면 끝까지 사용하고 있는 마카로 작업을 마무리하기 바랍니다.

⑤ 마카는 **결을 따라서 작업**을 합니다.
마카작업에서는 이어지는 느낌으로 하여금 가구 및 집기의 외형선을 따라가며 작업을 하면 좋겠습니다.

■■ 마카의 종류(상품명)

모든 마카의 표준색은 「A타입」 마카입니다. 마카를 구매하게 되면 「A타입」 마카를 우선적으로 구매하며, **색상표(Color Chart, 칩)를 만들어 케이스에 부착**하기 바랍니다. 색상표(Color Chart)의 구성은 제조 회사마다 다르며 같은 번호나 이름이라도 회사에 따라 조금씩 다르므로 **수검자가 직접 색상표(Color Chart)를 만들어 사용**하는 것이 좋습니다.

① **알파마카**(A타입/ B타입)

　- 컬러가 약간 묽은 느낌이 있습니다.

② **신한마카**(A타입/ B타입, **대개 수검자가 많이 사용**합니다.)

　- 컬러가 약간 탁한 느낌이 있습니다.

③ **프리즈마마카**

　- 발색이 좋은 마카로 약간 묽은 느낌이 있습니다.

④ **지그마카**

　- 형광계열의 발색과 투영성이 좋습니다.

⑤ **AD마카**

　- 보통, 자동차디자인분야에 많이 사용되며, 볼펜선 위에 마카로 컬러작업 시 밑선이 번지지 않습니다. 얼룩이 생기지 않으며 자연스러운 그라데이션이 가능합니다.

⑥ **네오피코마카**

- 외관상 굵기가 얇고 소량의 잉크가 들어 있으며 맑고 가벼운 느낌이 좋습니다(피부톤).

⑦ **팬톤마카**

- 삼중의 팁으로 두껍게 작업하거나 얇고 세밀한 컬러링 작업에 좋습니다.

⑧ **코픽마카**(A타입/ B타입/ C타입, **닙과 잉크의 리필이 가능**합니다.)

- 현재 전문적인 마카작업에서 대다수 사용되는 마카로서, **발색과 투영성이 상당히 좋습니다**.

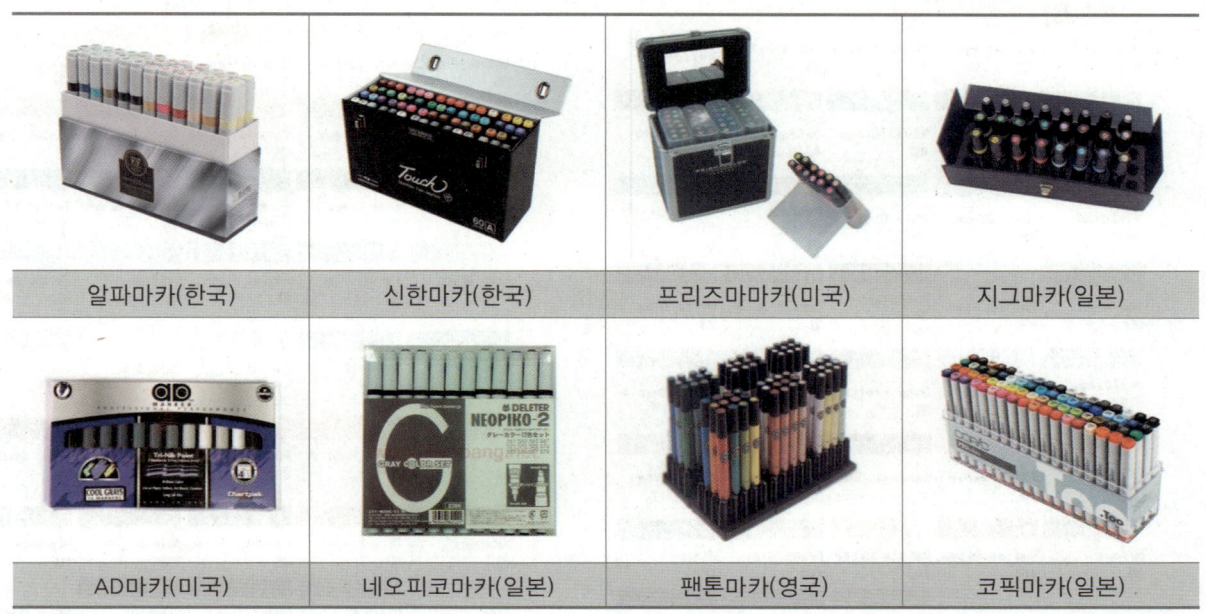

| 알파마카(한국) | 신한마카(한국) | 프리즈마마카(미국) | 지그마카(일본) |
| AD마카(미국) | 네오피코마카(일본) | 팬톤마카(영국) | 코픽마카(일본) |

■■ 색상표(Color Chart) – 신한마카(A타입/B타입)

- ■■ **마카에 사용되는 종이**는 마카의 선택(**투영성과 발색**이 좋은 특징)과 함께 종이의 특성에 따라 컬러링 기법이 다르다고 말할 수 있습니다. 일반적으로 **투명성과 흡수력 및 표면의 질감(거칠고 매끄러운 것)**으로 차이가 있으며, 그에 따른 여러 가지의 종이가 있습니다.

  가장 일반적으로 사용하는 종이는 **켄트지, 파브리아노지, 와트만지, 트레이싱지, 마카전용지** 등이 있으며, 그 외에 **FL지**나 **만화전용 원고용지**도 있습니다.

- 시험에서 사용되는 **트레이싱지(A2 사이즈, 120g)**는 발색과 흡수력이 뛰어나며 앞면에는 제도용 샤프로 투시도를 완성한 후, 그 **뒷면에 마카 컬러링 작업**을 하게 됩니다. 샤프로 완성한 투시도면에다 마카 컬러링 작업을 하게 되면 샤프심이 번져서 **투시도가 오염**되기 때문입니다.

  이제 완성된 투시도 뒷면에 저와 함께 마카 컬러링 작업을 시작해보겠습니다.

■■ 투시도 컬러링 순서(신한마카 A Type 기준)

> ■ 투시도 상에 <u>컬러링할 시에 전체적인 순서는</u>
> **천장 등박스 및 램프** ⇨ **천장 몰딩 및 걸레받이** ⇨ **공간 내 가구 및 집기류** ⇨ **가구 및 집기류 음영처리** ⇨ **벽체** ⇨ **바닥 마감처리** 순서로 작업하면 되겠습니다.
> 참고로 말씀드리자면, 컬러링 작업에 명확한 단계별 과정보다는 실제 수검자들께서 <u>자신만의 방식을 터득하는 것이 가장 좋은 방법</u>일 것입니다. 그러기 위해서 수시로 컬러링 연습을 해야만 자신만의 노하우를 발견하게 될 것입니다.

① 먼저 완성된 <u>투시도(명암 및 부분 톤을 살려놓은 상태)를 뒤집어서 제도판 상부 적정위치</u>에 부착합니다.

② 천장면에 위치한 <u>상부 램프(Down Light, Ceiling Light, FL, Spot Light, Neon 등)</u>에 <u>Y35번</u>(lemon yellow)과 <u>YR23번</u>(orange), 혹은 <u>Y37번</u>(pastel yellow)과 <u>YR33번</u>(melon yellow)을 섞어서 램프에 컬러를 칠합니다.

③ 천장 <u>등박스 및 몰딩 부위</u>를 <u>BR99번</u>(Bronze) 혹은 <u>BR92번</u>(Chocolate) 컬러를 사용하여 작업하며, 바닥 걸레받이 부위를 동일한 컬러를 사용하여 바르면 되겠습니다.

> ■ 일반적으로 하부 걸레받이 부위는 **밝은 톤의 컬러보단 다소 어두운 톤의 컬러**를 사용하면 좋겠습니다. **걸레받이 부위의 오염의 정도를 줄일 수** 있으며, 또한 천장 몰딩과 걸레받이 부위의 컬러를 동일 색상의 컬러로 작업할 수도 있고, 전반적으로 **바닥마감재의 컬러에 맞추어서 동일 혹은 유사색상의 컬러**로 작업할 수도 있겠습니다. 즉, **공간의 전체분위기의 조화에 맞추어서** 컬러작업을 할 수 있겠습니다.

④ 이제 <u>좌측 벽체 부위에 위치한 가구들부터</u> 공간의 컨셉(Concept)에 맞게 **마카로 컬러링을 시작**하시면 됩니다.(미색에서 미색의 중첩, 미색에서 유사색상의 중첩, 미색에서 원색의 중첩)

⑤ 전면벽체의 <u>창(Window)부위</u>는 <u>PB76번(sky blue)</u>과 <u>PB71번(cobalt blue)</u> 컬러를 사용하여 작업하면 되겠습니다. PB76번(sky blue)으로 유리면을 부드럽게 터치를 한 후, PB71번(cobalt blue)으로 중첩하여 다시 한 번 PB76번(sky blue)으로 <u>바림(gradation, 그라데이션)</u>하여 잔잔하게 표현하도록 합니다.

⑥ 마찬가지로 <u>전면벽체 앞 부위에 있는 가구들</u>에 대해서 컨셉에 맞는 마카로 컬러링 작업을 진행합니다.

⑦ 다음 <u>우측 벽체 부위의 가구들</u>을 공간의 컨셉(Concept)에 맞게 컬러링 작업을 진행합니다.

> ■ 가구들을 마카로 컬러링할 때에는 <u>원색(채도가 높은 선명한 색)은 액센트(accent)부위를 터치</u>하며, **전반적으로는 공간 내 통일성이 있도록 컬러를 선정**하는 것 또한 중요합니다.

⑧ 자 이렇게 공간 내에 있는 가구들의 마카 컬러링을 마쳤으면, 공간 내에 있는 가구들의 **그림자 부분을 터치**합니다. 여기에서는 <u>WG(warm grey)계열의 마카</u>를 사용하여 작업하면 좋겠습니다.

WG(Warm Grey) 1,3,5,7,9	WG컬러는 **그림자 처리**에 많이 사용되며, **넘버가 낮은 순서로 그림자를 처리**해주면 됩니다. 모든 넘버를 사용할 필요는 없으며 3번, 5번, 7번 세 개로 작업을 할 수 있습니다.
BG(Blue Grey) 1,3,5,7,9	BG컬러는 **거울느낌**을 처리할 때에 많이 사용하며, WG컬러와 마찬가지로 **낮은 넘버에서 높은 넘버**로 터치를 하며, 바림(gradation, 그라데이션)시킵니다.
CG(Cool Grey) 1,3,5,7,9	CG컬러는 **메탈(금속)느낌**을 처리할 때에 많이 사용하며, 금속의 특성상 **반사(Highlight) 부분의 처리**에 많이 사용합니다.

⑨ 이제 <u>벽체면의 마감재 처리</u>를 합니다. 벽면상의 마감재에 패턴이 있다면 패턴부위에 맞게 적당한 마카닙(Fine 혹은 Broad)을 사용하여 터치합니다.

⑩ 마지막으로, <u>바닥면 마감재의 마카 컬러링을 진행</u>하면 됩니다.
먼저, 바닥의 마감재가 <u>반사재(타일류, 비닐시트류, 대리석류 등)</u>일 경우, 마카의 닙(Broad)을 사용하

여 **I자 위에 삼각자를 올린 후, 마카 컬러링을 위에서 아래로, 좌측에서 우측**으로 이동하면서 터치해 나갑니다. 반사재가 아닌 경우, I자 혹은 삼각자를 사용하여 수평으로 좌에서 우측으로 마카를 컬러링해 나갑니다. 또한, 투시도의 전면벽체 앞부분은 조금 더 어둡게 중첩하여 마카를 컬러링해 나가면 원근감이 더욱 더 느껴지게 됩니다.

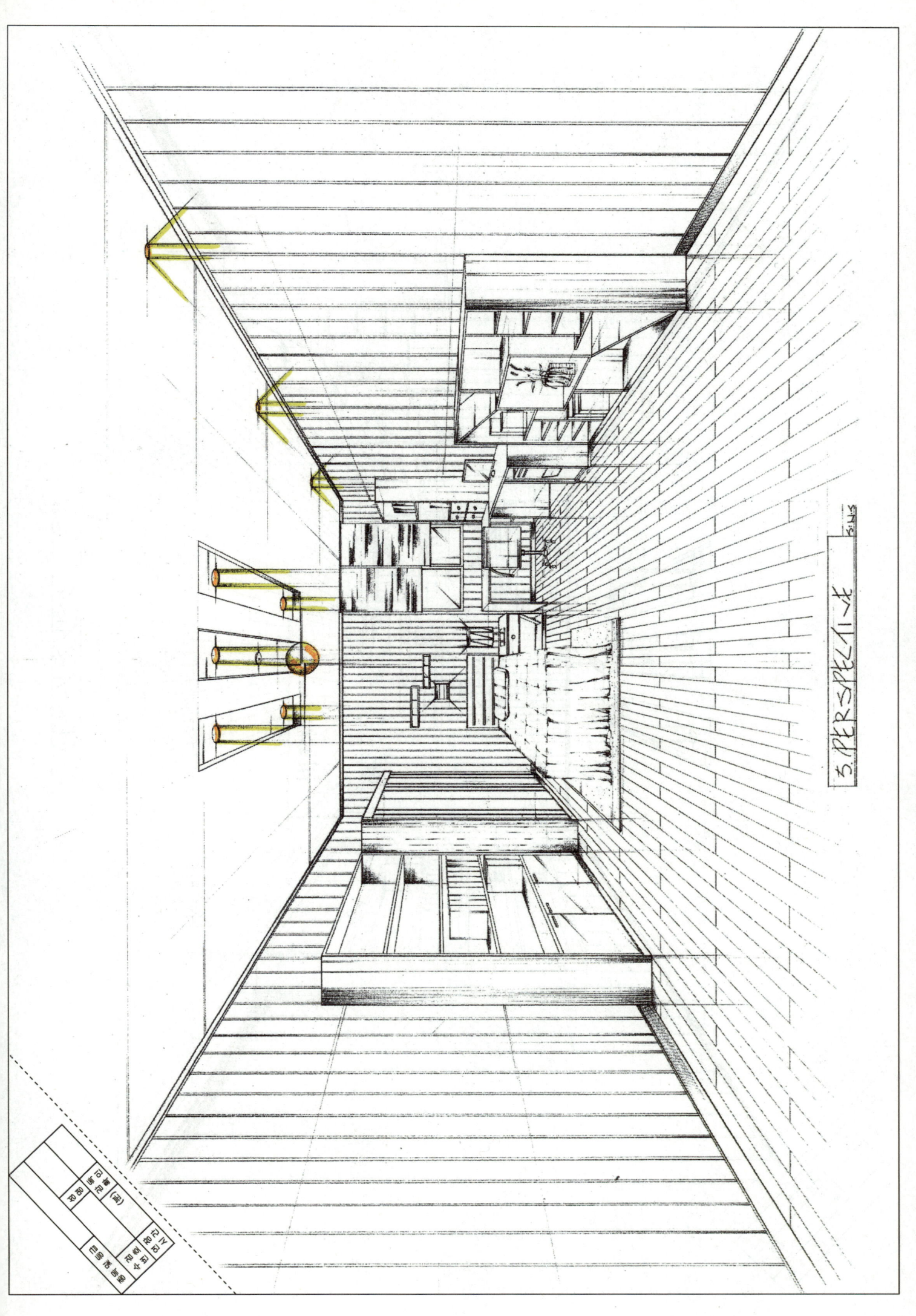

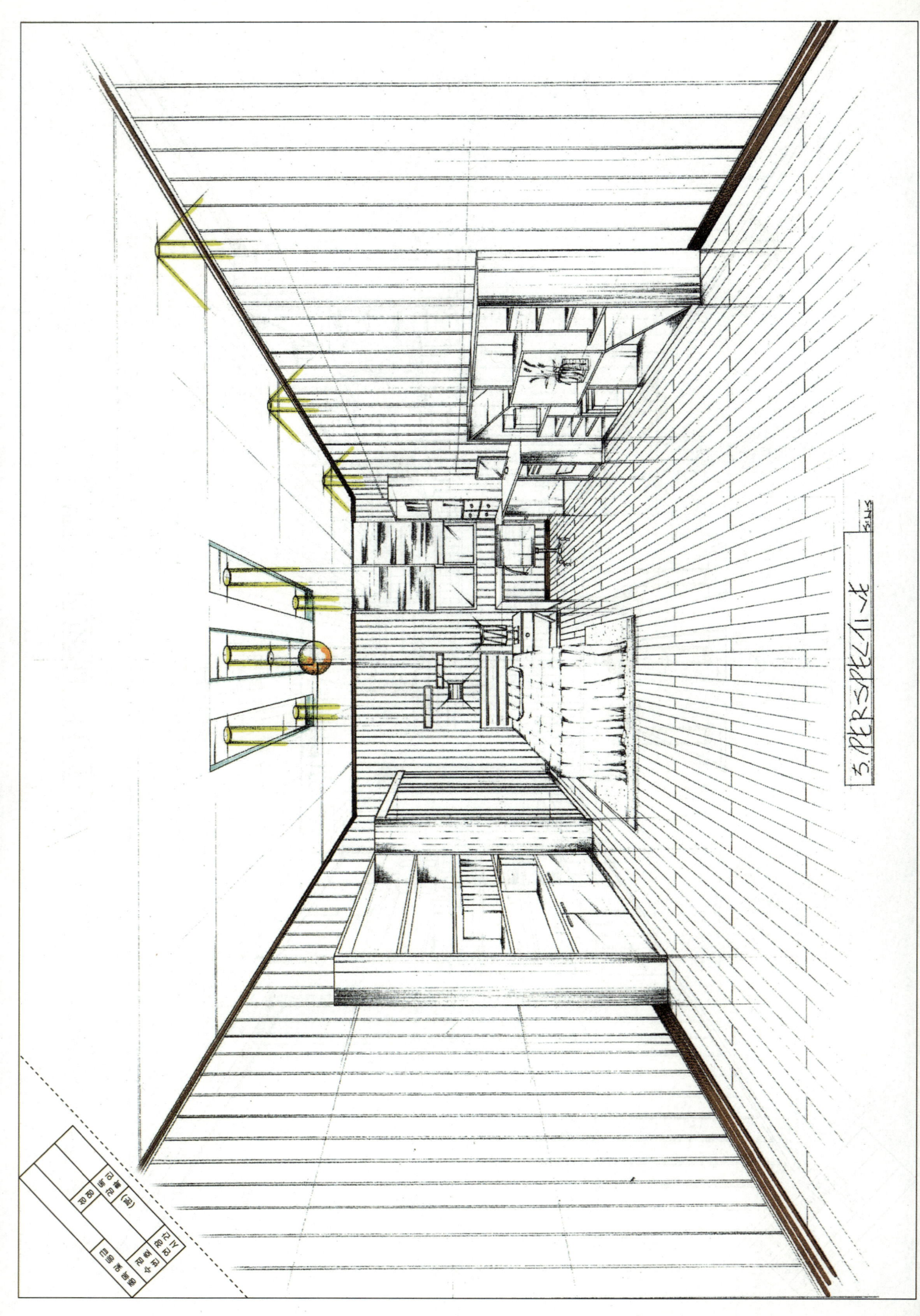

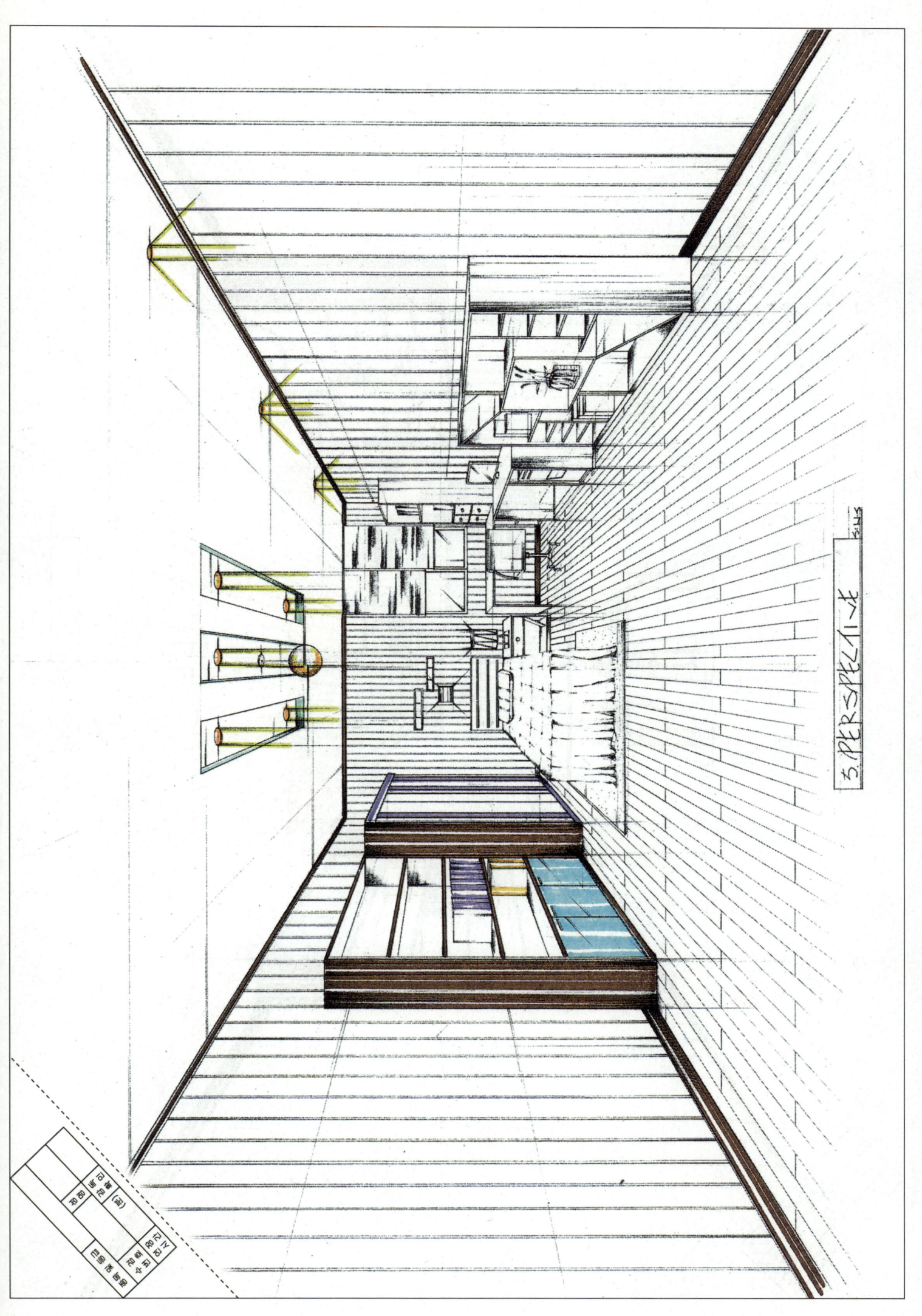

PART 2
실내건축 기능사 과년도 기출문제

Contents

1. 주방 Ⅰ
2. 주방 Ⅱ
3. 여대생을 위한 원룸 Ⅰ
4. 30대 여성을 위한 원룸
5. 여대생을 위한 원룸 Ⅱ
6. 저층규모의 독신자 원룸
7. 남자대학생을 위한 원룸
8. 주택형 원룸 Ⅰ(30대 실내건축전문가)
9. 주택형 원룸 Ⅱ(신혼부부)
10. 주택형 원룸 Ⅲ(전문직종사자 2인)
11. 주택형 원룸 Ⅳ(신혼부부)
12. 주택형 원룸 Ⅴ(전문직종사자 2인)
13. 주택형 원룸 Ⅵ(30대 실내건축전문가)
14. 주택형 원룸 Ⅶ(신혼부부)
15. 주택형 원룸 Ⅷ(회사원 1인)

Craftsman Interior Architecture

실내건축기능사 디자인 실기 과년도 문제

해답도면 p.171

| 작품명 | 주방 I | 표준시간 | 5시간 30분 |

요구 사항

주어진 도면은 주택의 주방 평면도이다.
다음 요구 조건에 맞게 요구 도면을 작도하시오.

요구 조건

1. 설계면적 : 4,200mm×4,800mm×2,400mm(H)
2. 인적사항 : 4인 가족(부부, 자녀 2)
3. 요구가구 및 집기
    냉장고 및 싱크 세트
    (냉장고–준비대–개수대–조리대–가열대–배선대 순으로 계획할 것)
    식탁세트
    벽면수납장

그 외의 가구 및 집기는 수검자가 임의로 더 넣어도 좋다.

요구 도면

1. 평면도(가구 및 바닥 마감재 표기) : 1/30 SCALE
2. 내부 입면도 B면(벽면 재료 표기) : 1/30 SCALE
3. 천장도(설비 및 조명기구 배치, 마감재 표기) : 1/30 SCALE
4. 실내투시도(반드시 채색작업 포함) : NONE SCALE
    (투시도는 계획의 포인트가 좋은 지점에서 1소점으로 작도하되, 작도과정의 투시 보조선을 반드시 남길 것)

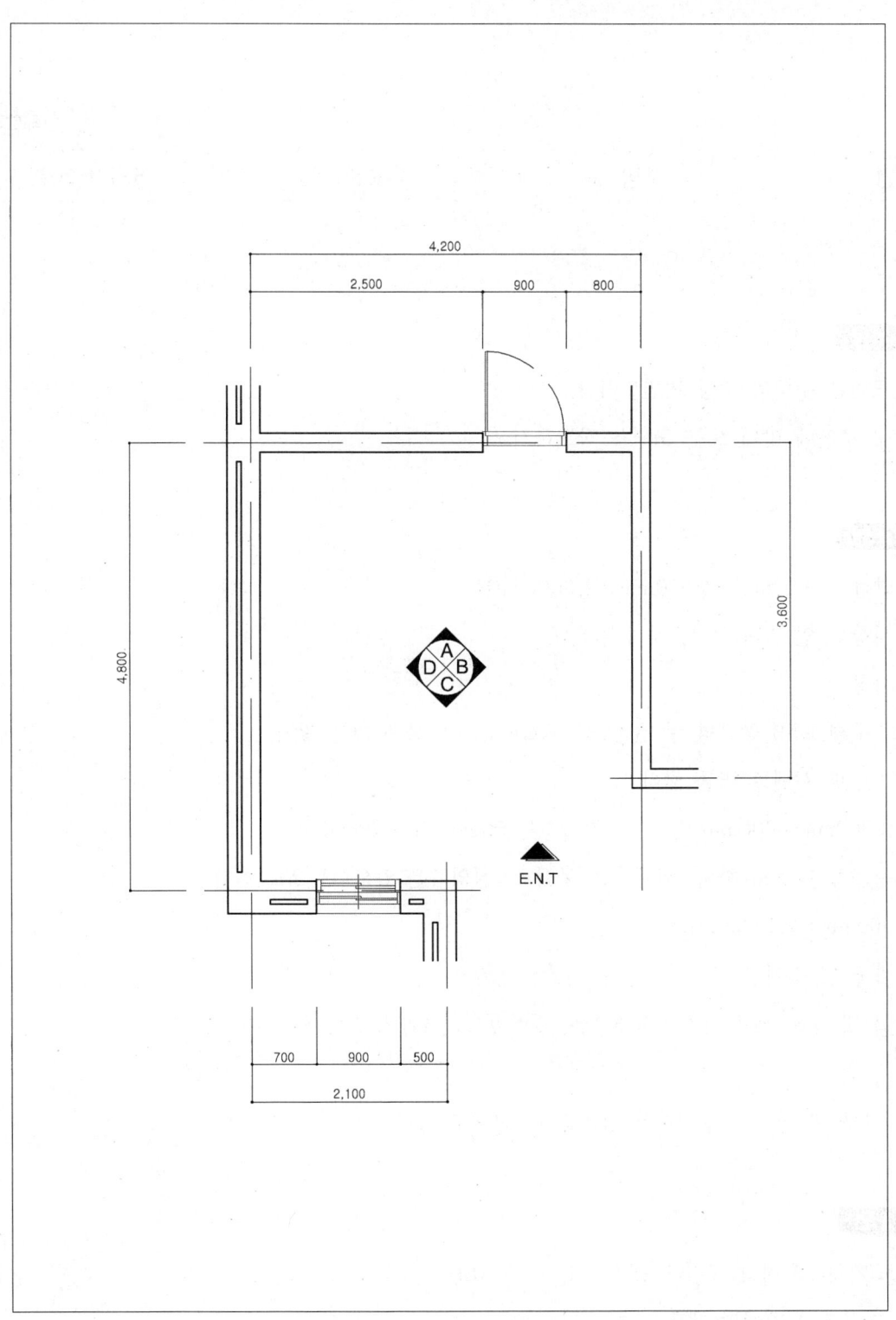

평 면 도

실내건축기능사 디자인 실기 과년도 문제

해답도면 p.183

작품명	주방 Ⅱ	표준시간	5시간 30분

요구 사항

주어진 도면은 주택의 주방 평면도이다.
다음 요구 조건에 맞게 요구 도면을 작도하시오.

요구 조건

1. 설계면적 : 3,900mm×4,500mm×2,600mm(H)
2. 인적사항 : 4인 가족(부부, 자녀 2)
3. 요구사항

    외벽 : 두께 1.5B 공간벽 쌓기(0.5B+50mm+1.0B)붉은 벽돌 쌓기

    내벽 : 1.0B 시멘트 벽돌 쌓기

    창 1 : 900mm×600mm(H)   창 2 : 1,800mm×1,200mm(H)

    창호는 2중 창호로 하되, 실내측은 목재로, 실외측은 알루미늄으로 한다.

    문 : 900mm×2,100mm(H)

4. 요구가구 및 집기

    냉장고 및 싱크 세트(가스렌지 3구용, 상부후드), 4인용 식탁세트, 수납장

그 외의 가구 및 집기는 수검자가 임의로 더 넣어도 좋다.

요구 도면

1. 평면도(가구 및 바닥 마감재 표기) : 1/30 SCALE
2. 내부 입면도 A면(벽면 재료 표기) : 1/30 SCALE
3. 천장도(설비 및 조명기구 배치, 마감재 표기) : 1/30 SCALE
4. 실내투시도(반드시 채색작업 포함) : NONE SCALE

    (투시도는 계획의 포인트가 좋은 지점에서 1소점으로 작도하되, 작도과정의 투시 보조선을 반드시 남길 것)

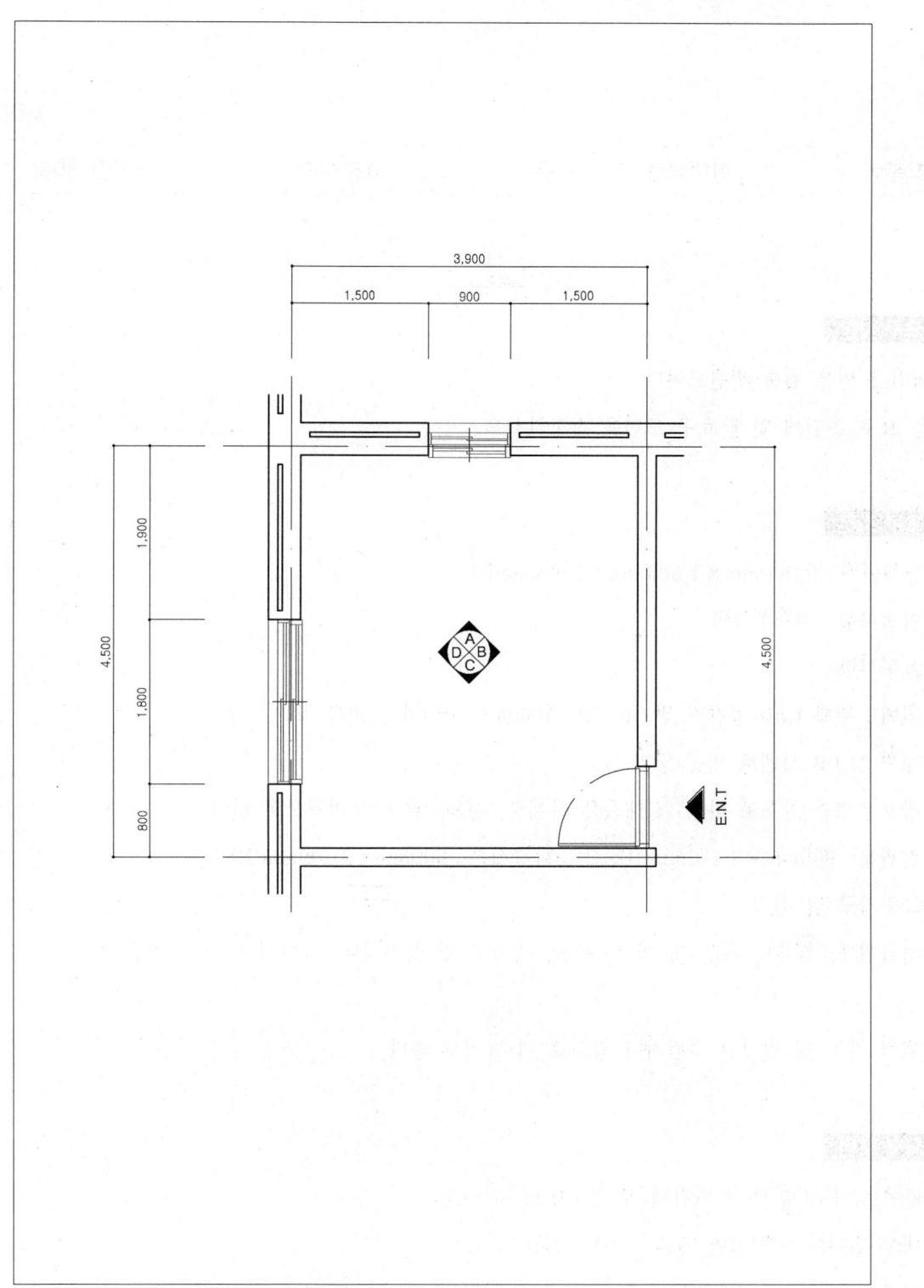

평 면 도

실내건축기능사 디자인 실기 과년도 문제

해답도면 p.195

| 작품명 | 여대생을 위한 원룸 Ⅰ | 표준시간 | 5시간 30분 |

요구 사항

주어진 도면은 원룸 평면도이다.

다음 요구 조건에 맞게 요구 도면을 작도하시오.

요구 조건

1. 설계면적 : 6,000mm×4,500mm×2,600mm(H)

2. 인적사항 : 여대생 1인

3. 요구사항

    외벽 : 두께 1.5B 공간벽 쌓기(0.5B+50mm+1.0B)붉은 벽돌 쌓기

    내벽 : 1.0B 시멘트 벽돌 쌓기

    창호는 2중 창호로 하되, 실내측은 목재로, 실외측은 알루미늄으로 한다.

    현관문 : 900mm×2,100mm(H)　　　화장실문 : 800mm×2,100mm(H)

4. 요구가구 및 집기

    싱글침대, 컴퓨터 책상 및 의자, 옷장, 냉장고 및 싱크세트, 간이식탁 세트, 책꽂이

그 외의 가구 및 집기는 수검자가 임의로 더 넣어도 좋다.

요구 도면

1. 평면도(가구 및 바닥 마감재 표기) : 1/30 SCALE

2. 내부 입면도 C면(벽면 재료 표기) : 1/30 SCALE

3. 천장도(설비 및 조명기구 배치, 마감재 표기) : 1/30 SCALE

4. 실내투시도(반드시 채색작업 포함) : NONE SCALE

    (투시도는 계획의 포인트가 좋은 지점에서 1소점으로 작도하되, 작도과정의 투시 보조선을 반드시 남길 것)

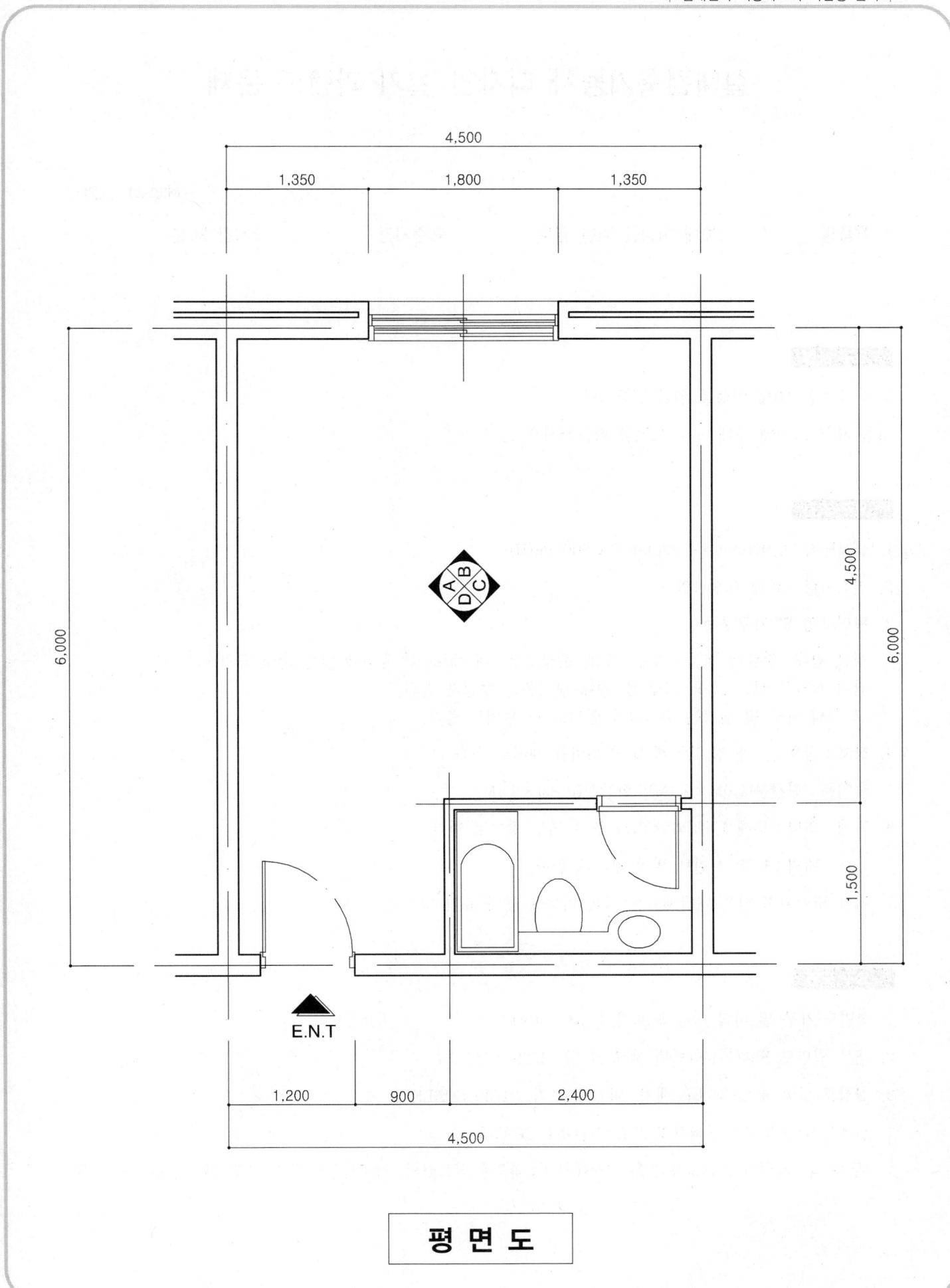

평 면 도

실내건축기능사 디자인 실기 과년도 문제

해답도면 p.207

| 작품명 | 30대 여성을 위한 원룸 | 표준시간 | 5시간 30분 |

요구 사항

문제 도면은 30대 여성을 위한 원룸이다.
다음 요구 조건에 맞게 요구 도면을 작도하시오.

요구 조건

1. 설계면적 : 6,000mm×4,500mm×2,600mm(H)

2. 인적사항 : 30대 여성 1인

3. 평면구성 및 가구구성

    싱글 침대, 컴퓨터 책상+의자, 책장, 옷장, 싱크대 세트(1인 공간에 맞는 최소 규격)
    간이 식탁 1세트, 그 외 가구 및 실내 장식품은 수검자 임의
    그 외의 가구 및 집기는 수검자가 임의로 더 넣어도 좋다.

4. 창호 : 창호는 2중 창호(목재 및 알루미늄 새시로 한다.)

5. 출입문 : 현관문(1.0M×2.1M), 화장실(0.8M×2.1M)

6. 벽체 : 외벽 : 두께 1.5B(외단열)의 붉은 벽돌 쌓기로 한다.

    내벽 : 1.0B 시멘트 벽돌 쌓기로 한다.

7. 기타 명기되지 않은 내장재료는 실의 기능에 맞게 표기 및 작도한다.

요구 도면

1. 평면도(가구 및 바닥 마감재 표기) : 1/30 SCALE

2. 내부 입면도 B방향 1면(벽면 재료 표기) : 1/30 SCALE

3. 천장도(설비 및 조명기구 배치, 마감재 표기) : 1/30 SCALE

4. 실내투시도(반드시 채색작업 포함) : NONE SCALE

    (투시도는 계획의 포인트가 좋은 지점에서 1소점으로 작도하되, 작도과정의 투시 보조선을 반드시 남길 것)

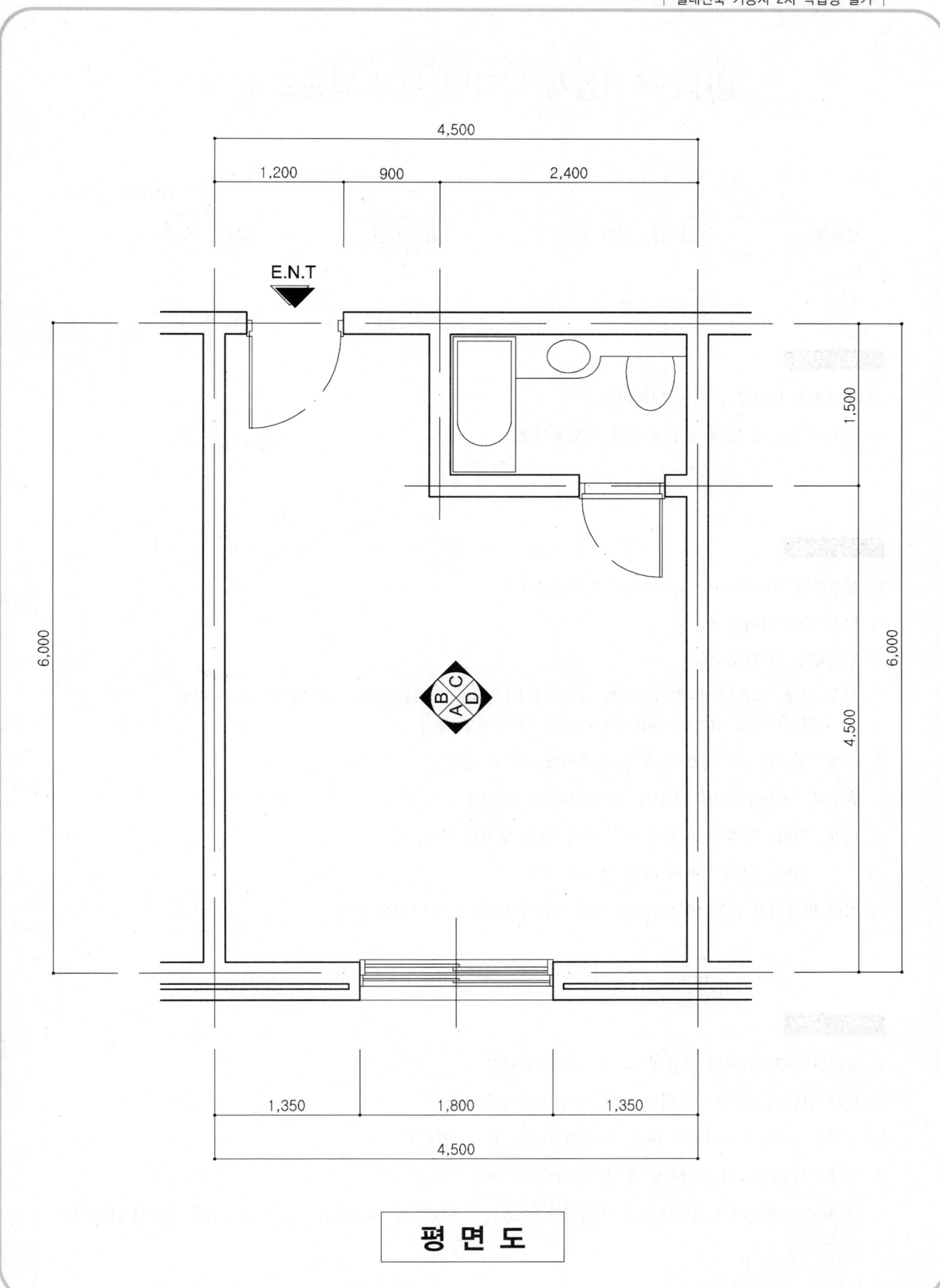

평면도

실내건축기능사 디자인 실기 과년도 문제

해답도면 p.219

| 작품명 | 여대생을 위한 원룸 Ⅱ | 표준시간 | 5시간 30분 |

Ⅰ 요구 사항

문제 도면은 여대생을 위한 원룸이다.

다음 요구 조건에 맞게 요구 도면을 작도하시오.

Ⅱ 요구 조건

1. 설계면적 : 6,600mm×4,300mm×2,600mm(H)
2. 인적사항 : 여대생 1인
3. 평면구성 및 가구구성

    싱글 침대, 컴퓨터 및 책상, 의자, 옷장, 1인용 소파, 싱크대 세트, TV 및 오디오 테이블
    그 외의 가구 및 집기는 수검자가 임의로 더 넣어도 좋다.

4. 창호 : 창호는 2중 창호(목재 및 알루미늄 새시로 한다.)
5. 출입문 : 현관문(1.0M×2.1M), 화장실(0.8M×2.1M)
6. 벽체 : 외벽 : 두께 1.5B(외단열)의 붉은 벽돌 쌓기로 한다.

    내벽 : 1.0B 시멘트 벽돌 쌓기로 한다.

7. 기타 명기되지 않은 내장재료는 실의 기능에 맞게 표기 및 작도한다.

Ⅲ 요구 도면

1. 평면도(가구 및 바닥 마감재 표기) : 1/30 SCALE
2. 내부 입면도 A방향 1면(벽면 재료 표기) : 1/30 SCALE
3. 천장도(설비 및 조명기구 배치, 마감재 표기) : 1/30 SCALE
4. 실내투시도(반드시 채색작업 포함) : NONE SCALE

    (투시도는 계획의 포인트가 좋은 지점에서 1소점으로 작도하되, 작도과정의 투시 보조선을 반드시 남길 것)

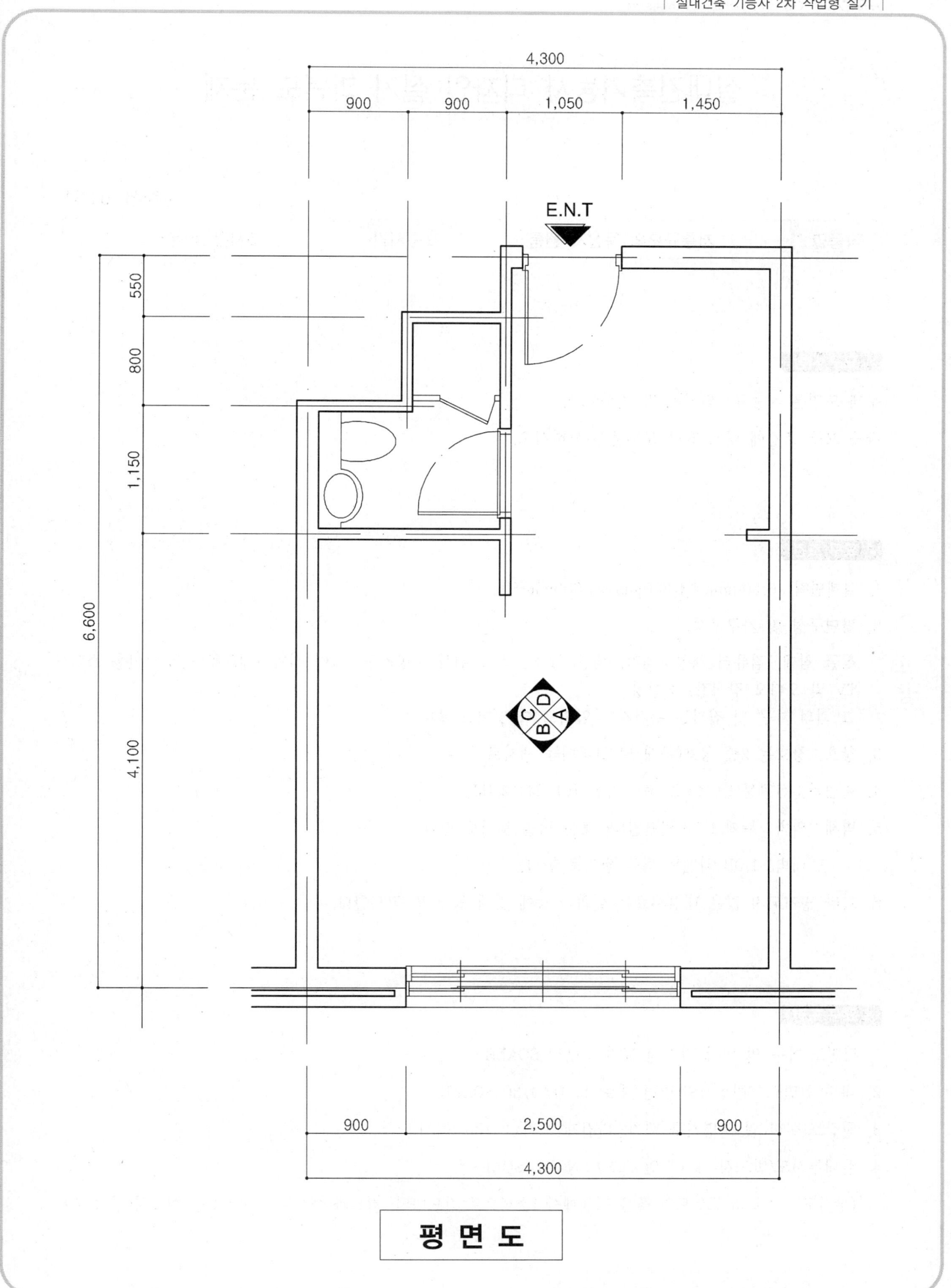

평 면 도

실내건축기능사 디자인 실기 과년도 문제

해답도면 p.231

| 작품명 | 저층규모의 독신자 원룸 | 표준시간 | 5시간 30분 |

요구 사항

문제 도면은 저층규모의 독신자 원룸이다.
다음 요구 조건에 맞게 요구 도면을 작도하시오.

요구 조건

1. 설계면적 : 6,500mm×4,300mm×2,600mm(H)
2. 평면구성 및 가구구성

    싱글 침대, 컴퓨터 책상+의자, 책장, 옷장, 최소 취사 주방가구, 간이 식탁 1세트(2인용), 1인용 소파, TV 및 오디오 장식장, 신발장
    그 외의 가구 및 집기는 수검자가 임의로 더 넣어도 좋다.

3. 창호 : 창호는 2중 창호(목재 및 알루미늄 새시로 한다.)
4. 출입문 : 현관문(1.0M×2.1M), 화장실(0.8M×2.1M)
5. 벽체 : 외벽 : 두께 1.5B(외단열)의 붉은 벽돌 쌓기로 한다.

    내벽 : 1.0B 시멘트 벽돌 쌓기로 한다.

6. 기타 명기되지 않은 내장재료는 실의 기능에 맞게 표기 및 작도한다.

요구 도면

1. 평면도(가구 및 바닥 마감재 표기) : 1/30 SCALE
2. 내부 입면도 B방향 1면(벽면 재료 표기) : 1/30 SCALE
3. 천장도(설비 및 조명기구 배치, 마감재 표기) : 1/30 SCALE
4. 실내투시도(반드시 채색작업 포함) : NONE SCALE

    (투시도는 계획의 포인트가 좋은 지점에서 1소점으로 작도하되, 작도과정의 투시 보조선을 반드시 남길 것)

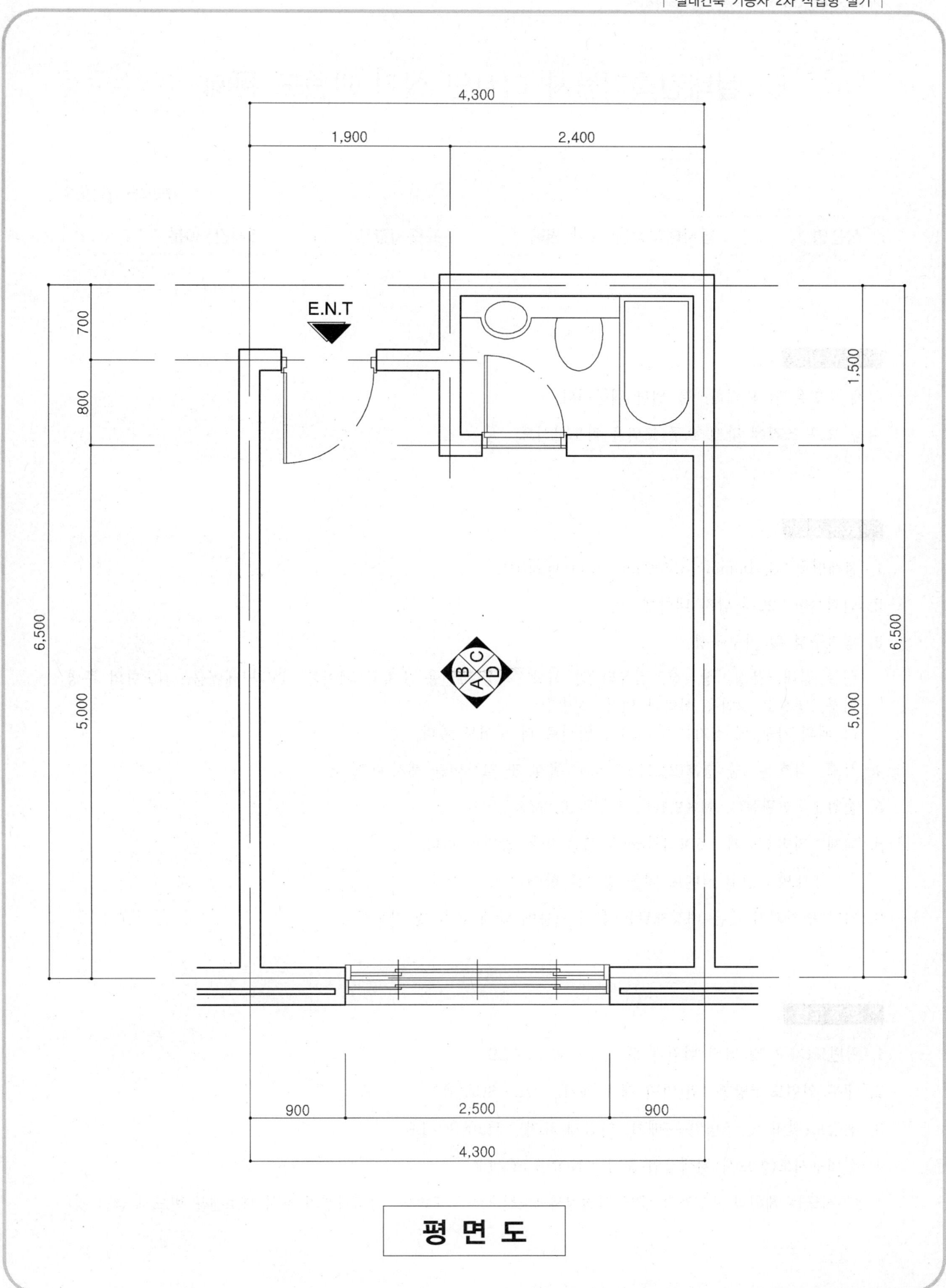

평 면 도

실내건축기능사 디자인 실기 과년도 문제

해답도면 p.243

| 작품명 | 남자대학생을 위한 원룸 | 표준시간 | 5시간 30분 |

요구 사항

문제 도면은 남자 대학생을 위한 원룸이다.
다음 요구 조건에 맞게 요구 도면을 작도하시오.

요구 조건

1. 설계면적 : 6,700mm×4,300mm×2,600mm(H)

2. 인적사항 : 20대 남자 대학생 1인

3. 평면구성 및 가구구성

    싱글 침대, 옷장, 장식장, 컴퓨터 및 책상, 책장, 1인용 소파와 테이블, TV와 테이블, 최소한의 주방기구, 냉장고, 2인용 식탁과 의자, 신발장
    그 외의 가구 및 집기는 수검자가 임의로 더 넣어도 좋다.

4. 창호 : 창호는 2중 창호(2.5M×1.2M), 목재 및 알루미늄 새시로 한다.

5. 출입문 : 현관문(1.0M×2.1M), 화장실(0.8M×2.0M)

6. 벽체 : 외벽 : 두께 1.5B(외단열)의 붉은 벽돌 쌓기로 한다.

    내벽 : 1.0B 시멘트 벽돌 쌓기로 한다.

6. 기타 명기되지 않은 내장재료는 실의 기능에 맞게 표기 및 작도한다.

요구 도면

1. 평면도(가구 및 바닥 마감재 표기) : 1/30 SCALE

2. 내부 입면도 B방향 1면(벽면 재료 표기) : 1/30 SCALE

3. 천장도(설비 및 조명기구 배치, 마감재 표기) : 1/30 SCALE

4. 실내투시도(반드시 채색작업 포함) : NONE SCALE

    (투시도는 계획의 포인트가 좋은 지점에서 1소점으로 작도하되, 작도과정의 투시 보조선을 반드시 남길 것)

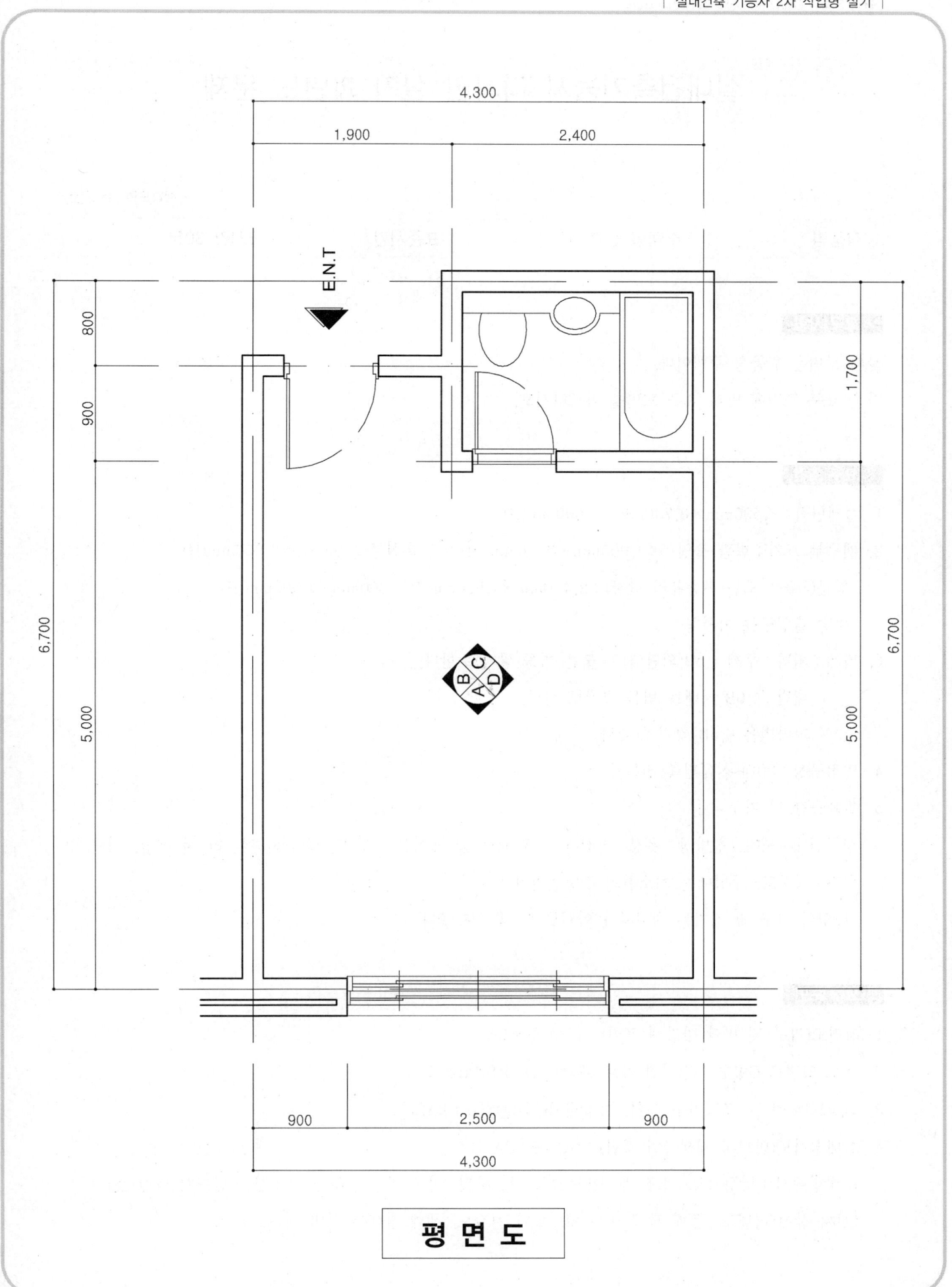

평 면 도

실내건축기능사 디자인 실기 과년도 문제

해답도면 p.255

| 작품명 | 주택형 원룸 I | 표준시간 | 5시간 30분 |

▌요구 사항

문제 도면은 원룸형 주택이다.
다음 요구 조건에 맞게 요구 도면을 작도하시오.

▌요구 조건

1. 설계면적 : 6,500mm×8,700mm×2,600mm(H)
2. 개구부 크기 : 현관 출입문 : 1,000mm×2,100mm(H)   욕실문 : 700mm×2,000mm(H)
   창문(2중창 또는 복층유리 단창) : 2,400mm×1,500mm(H), 600mm×1,500mm(H)
   주방 출입구는 아치형
3. 벽체 : 외벽 : 두께 1.5B(외단열)의 붉은 벽돌 쌓기로 한다.
          내벽 : 1.0B 시멘트 벽돌 쌓기로 한다.
          기타벽은 0.5B 쌓기로 한다.
4. 인적구성 : 30대 실내건축 전문가
5. 필요공간 및 가구
   싱글침대, 책장, 신발장, 옷장, 장식장, 소파세트 및 테이블, TV 및 테이블, 컴퓨터 및 책상, 식탁 및 의자, 냉장고, 주방에는 최소한의 주방설비기구
   그 외의 가구 및 집기는 수검자가 임의로 더 넣어도 좋다.

▌요구 도면

1. 평면도(가구 및 바닥 마감재 표기) : 1/30 SCALE
2. 내부 입면도 C방향 1면(벽면 재료 표기) : 1/30 SCALE
3. 천장도(설비 및 조명기구 배치, 마감재 표기) : 1/50 SCALE
4. 실내투시도(반드시 채색작업 포함) : NONE SCALE
   (A방향에서 C방향으로 1소점 투시도법으로 작도하되, 작도 과정의 투시 보조선을 반드시 남길 것)
   (첫째 장에 평면도, 둘째 장에 내부 입면도와 천장도, 셋째 장에는 실내투시도 작성)

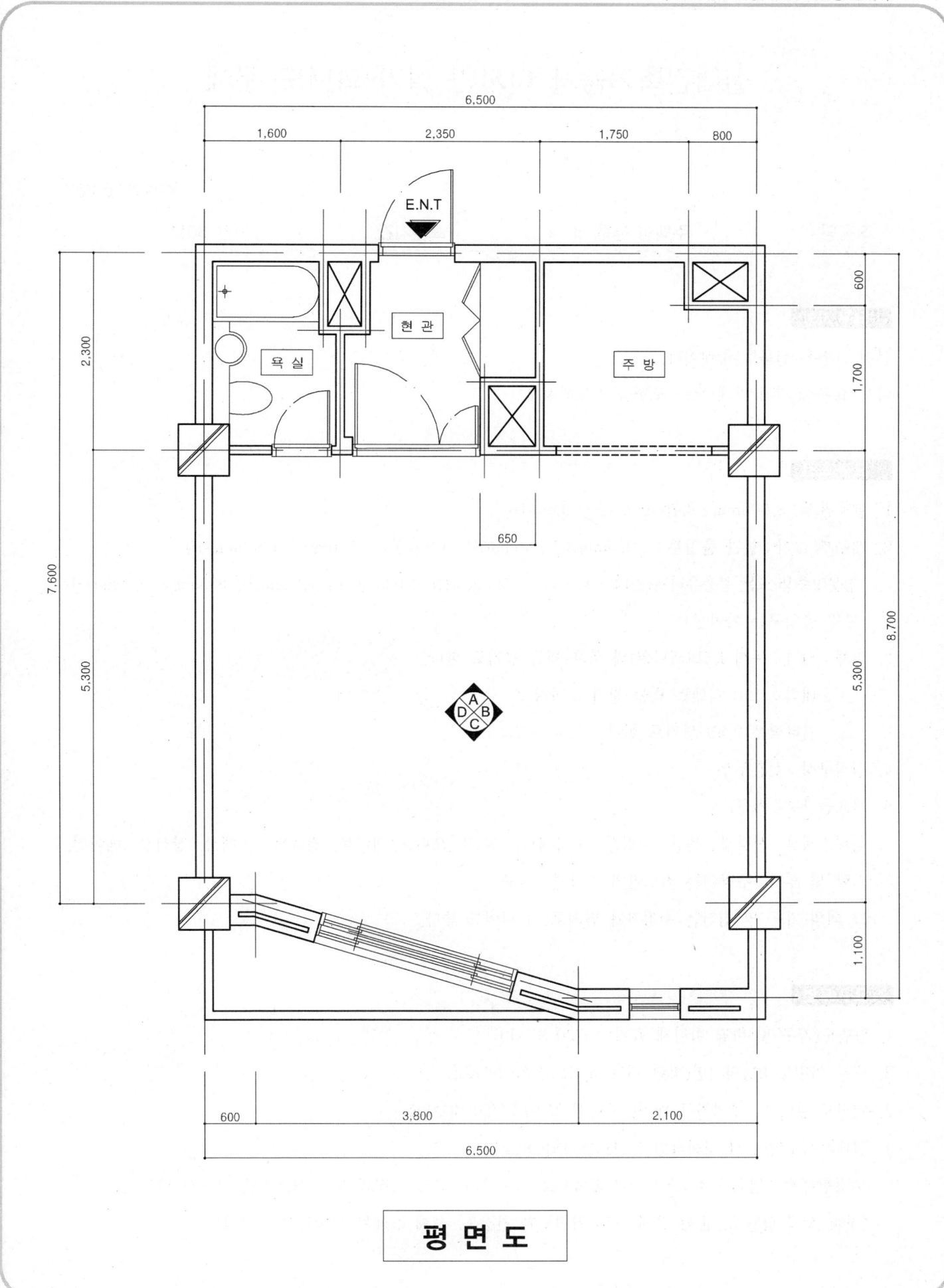

평면도

실내건축기능사 디자인 실기 과년도 문제

해답도면 p.267

| 작품명 | 주택형 원룸 Ⅱ | 표준시간 | 5시간 30분 |

요구 사항

문제 도면은 원룸형 주택이다.
다음 요구 조건에 맞게 요구 도면을 작도하시오.

요구 조건

1. 설계면적 : 8,000mm×8,700mm×2,600mm(H)
2. 개구부 크기 : 현관 출입문 : 1,000mm×2,100mm(H)   욕실문 : 700mm×2,000mm(H)
   창문(2중창 또는 복층유리 단창) : 2,400mm×1,500mm(H), 1,000mm×1,500mm(H), 600mm×1,500mm(H)
   주방 출입구는 아치형
3. 벽체 : 외벽 : 두께 1.5B(외단열)의 붉은 벽돌 쌓기로 한다.
   내벽 : 1.0B 시멘트 벽돌 쌓기로 한다.
   기타벽은 0.5B 쌓기로 한다.
4. 인적구성 : 신혼부부
5. 필요공간 및 가구
   침대, 책장, 신발장, 옷장, 서랍장, 소파세트, TV 및 오디오 테이블, 컴퓨터 및 책상, 장식장, 에어컨, 식탁 및 의자, 주방에는 최소한의 주방설비기구
   그 외의 가구 및 집기는 수검자가 임의로 더 넣어도 좋다.

요구 도면

1. 평면도(가구 및 바닥 마감재 표기) : 1/30 SCALE
2. 내부 입면도 B방향 1면(벽면 재료 표기) : 1/30 SCALE
3. 천장도(설비 및 조명기구 배치, 마감재 표기) : 1/50 SCALE
4. 실내투시도(반드시 채색작업 포함) : NONE SCALE
   (A방향에서 C방향으로 1소점 투시도법으로 작도하되, 작도 과정의 투시 보조선을 반드시 남길 것)
   (첫째 장에 평면도, 둘째 장에 내부 입면도와 천장도, 셋째 장에는 실내투시도 작성)

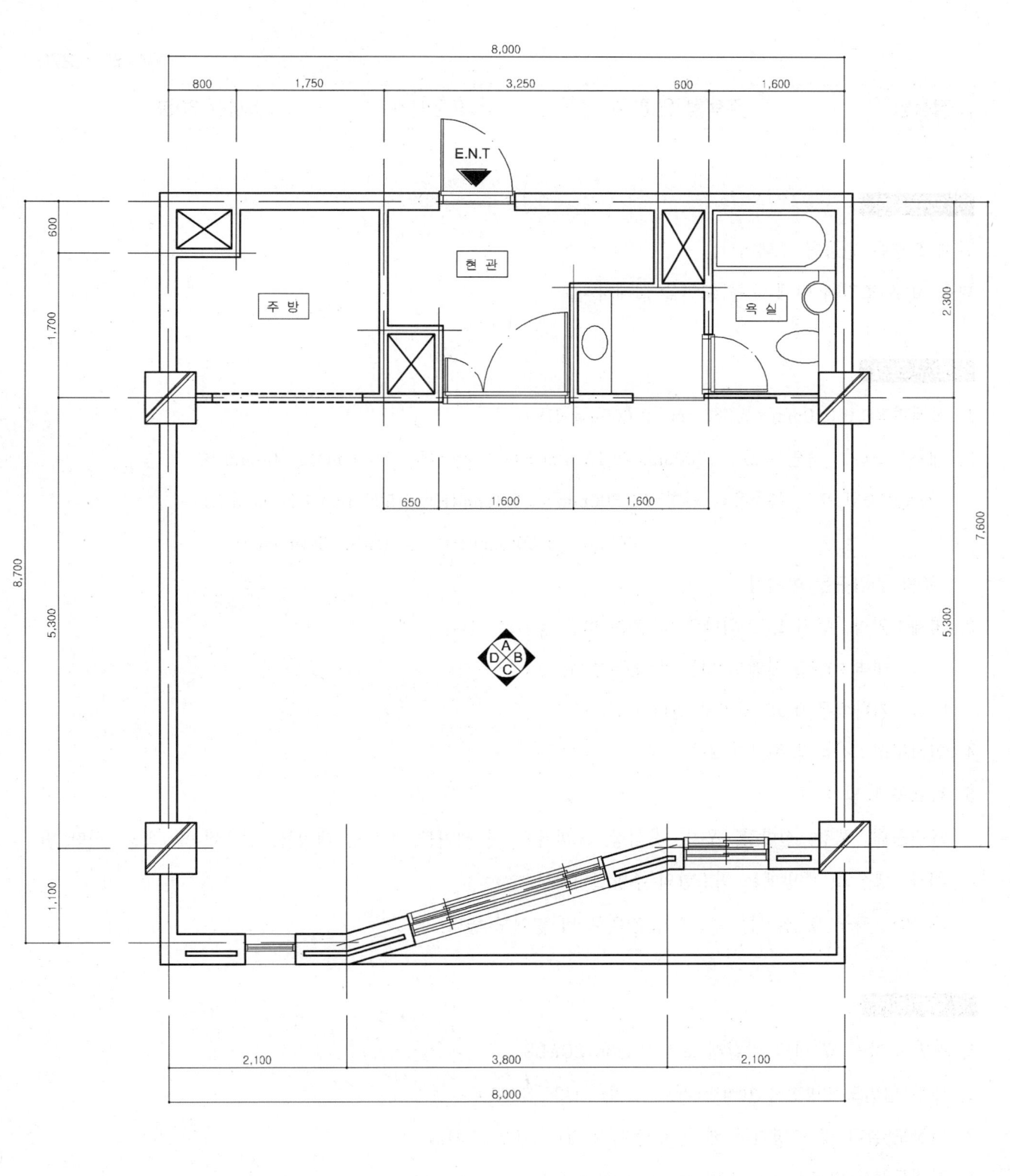

평 면 도

실내건축기능사 디자인 실기 과년도 문제

해답도면 p.279

| 작품명 | 주택형 원룸 Ⅲ | 표준시간 | 5시간 30분 |

요구 사항

문제 도면은 원룸형 주택이다.
다음 요구 조건에 맞게 요구 도면을 설계하시오.

요구 조건

1. 설계면적 : 6,040mm×7,660mm×2,600mm(H)
2. 개구부 크기 : 출입문(2) : 1,000mm×2,100mm(H)   욕실문 : 700mm×2,000mm(H)
   창문(2중창 또는 복층유리 단창) : 1,800mm×1,500mm(H), 1,500mm×1,500mm(H),
                                    600mm×1,500mm(H), 500mm×1,500mm(H)

   주방 출입구는 아치형
3. 벽체 : 외벽 : 두께 1.5B(외단열)의 붉은 벽돌 쌓기로 한다.
          내벽 : 1.0B 시멘트 벽돌 쌓기로 한다.
          기타벽은 0.5B 쌓기로 한다.
4. 인적구성 : 전문직 종사자 2인
5. 필요공간 및 가구

   트윈침대, 책장, 신발장, 옷장, 장식장, 소파세트 및 테이블, TV 및 테이블, 컴퓨터 및 책상, 식탁 및 의자, 냉장고, 주방에는 최소한의 주방설비기구

   그 외의 가구 및 집기는 수검자가 임의로 더 넣어도 좋다.

요구 도면

1. 평면도(가구 및 바닥 마감재 표기) : 1/30 SCALE
2. 내부 입면도 C방향 1면(벽면 재료 표기) : 1/30 SCALE
3. 천장도(설비 및 조명기구 배치, 마감재 표기) : 1/50 SCALE
4. 실내투시도(반드시 채색작업 포함) : NONE SCALE

   (A방향에서 C방향으로 1소점 투시도법으로 작도하되, 작도 과정의 투시 보조선을 반드시 남길 것)
   (첫째 장에 평면도, 둘째 장에 내부 입면도와 천장도, 셋째 장에는 실내투시도 작성)

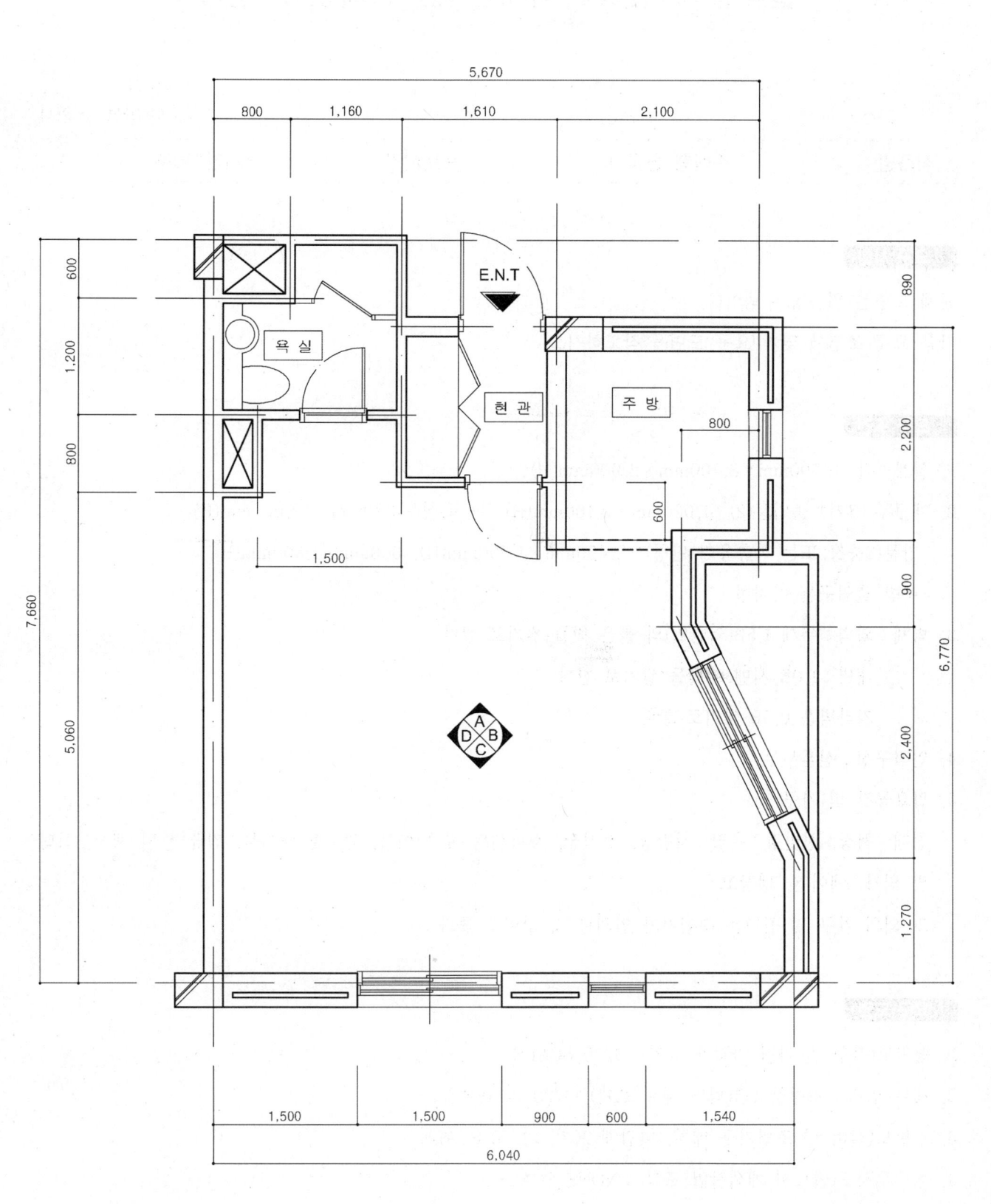

평 면 도

실내건축기능사 디자인 실기 과년도 문제

해답도면 p.291

| 작품명 | 주택형 원룸 Ⅳ | 표준시간 | 5시간 30분 |

요구 사항

문제 도면은 원룸형 주택이다.

다음 요구 조건에 맞게 요구 도면을 작도하시오.

요구 조건

1. 설계면적 : 6,500mm×8,700mm×2,600mm(H)
2. 개구부 크기 : 출입문(2) : 1,000mm×2,100mm(H)   욕실문 : 700mm×2,000mm(H)
   창문(2중창 또는 복층유리 단창) : 2,400mm×1,500mm(H), 600mm×1,500mm(H)
   주방 출입구는 아치형
3. 벽체 : 외벽 : 두께 1.5B(외단열)의 붉은 벽돌 쌓기로 한다.
   내벽 : 1.0B 시멘트 벽돌 쌓기로 한다.
   기타벽은 0.5B 쌓기로 한다.
4. 인적구성 : 신혼부부
5. 필요공간 및 가구

   침대, 책장, 신발장, 옷장, 서랍장, 장식장, 소파세트 및 테이블, TV 및 테이블, 컴퓨터 및 책상, 식탁 및 의자, 에어컨, 냉장고

   그 외의 가구 및 집기는 수검자가 임의로 더 넣어도 좋다.

요구 도면

1. 평면도(가구 및 바닥 마감재 표기) : 1/30 SCALE
2. 내부 입면도 B방향 1면(벽면 재료 표기) : 1/30 SCALE
3. 천장도(설비 및 조명기구 배치, 마감재 표기) : 1/50 SCALE
4. 실내투시도(반드시 채색작업 포함) : NONE SCALE

   (A방향에서 C방향으로 1소점 투시도법으로 작도하되, 작도 과정의 투시 보조선을 반드시 남길 것)

   (첫째 장에 평면도, 둘째 장에 내부 입면도와 천장도, 셋째 장에는 실내투시도 작성)

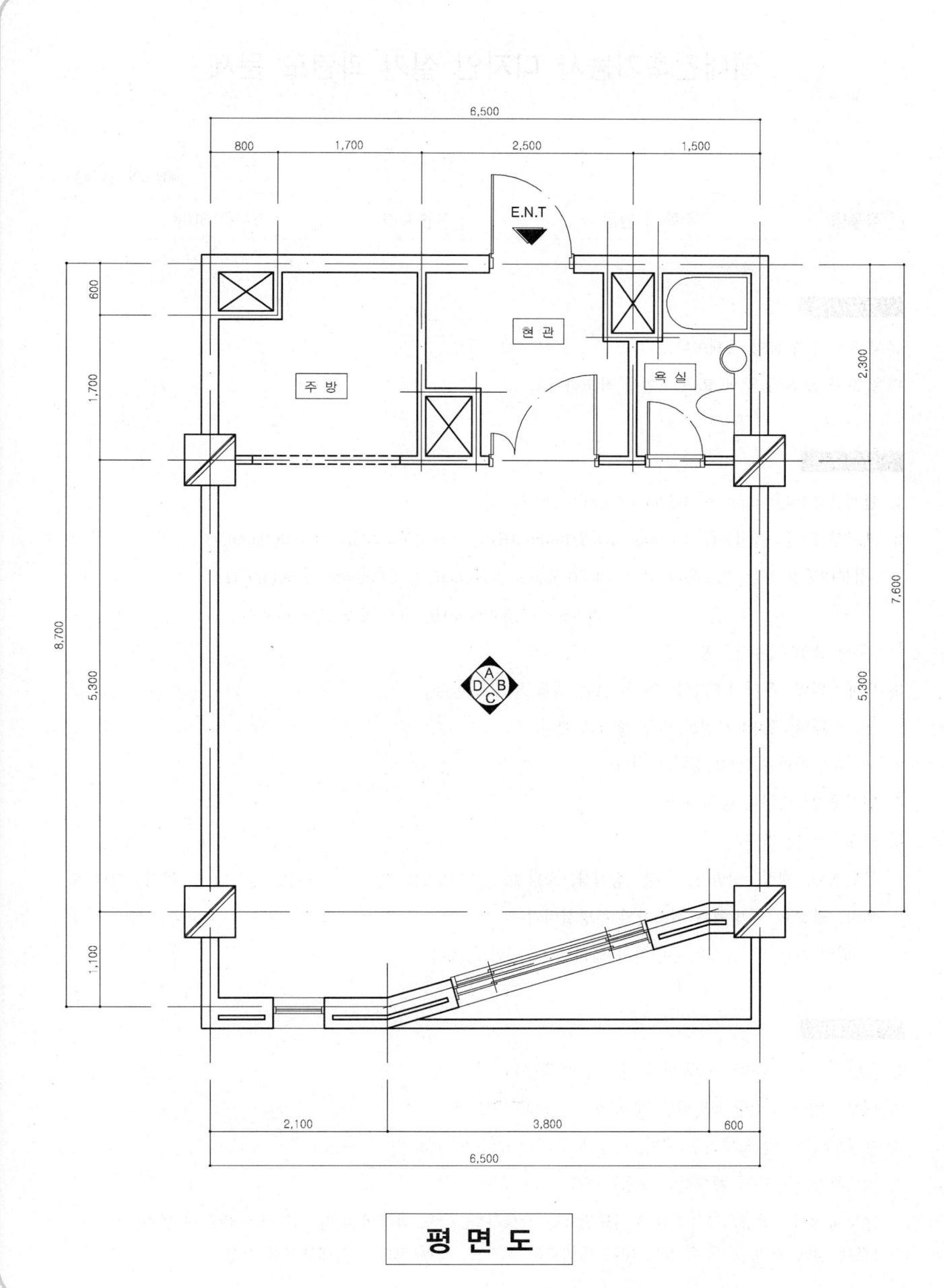

평 면 도

실내건축기능사 디자인 실기 과년도 문제

해답도면 p.303

| 작품명 | 주택형 원룸 V | 표준시간 | 5시간 30분 |

Ⅰ 요구 사항

문제 도면은 원룸형 주택이다.

다음 요구 조건에 맞게 요구 도면을 작도하시오.

Ⅱ 요구 조건

1. 설계면적 : 6,040mm×7,660mm×2,600mm(H)
2. 개구부 크기 : 출입문(2) : 1,000mm×2,100mm(H)   욕실문 : 700mm×2,000mm(H)

    창문(2중창 또는 복층유리 단창) : 1,800mm×1,500mm(H), 1,500mm×1,500mm(H)

    600mm×1,500mm(H), 500mm×1,500mm(H)

    주방 출입구는 아치형
3. 벽체 : 외벽 : 두께 1.5B(외단열)의 붉은 벽돌 쌓기로 한다.

    내벽 : 1.0B 시멘트 벽돌 쌓기로 한다.

    기타벽은 0.5B 쌓기로 한다.
4. 인적구성 : 전문직 종사자 2인
5. 필요공간 및 가구

    트윈침대, 책장, 신발장, 옷장, 장식장, 소파세트 및 테이블, TV 및 테이블, 컴퓨터 및 책상, 식탁 및 의자, 냉장고, 주방에는 최소한의 주방설비기구

    그 외의 가구 및 집기는 수검자가 임의로 더 넣어도 좋다.

Ⅲ 요구 도면

1. 평면도(가구 및 바닥 마감재 표기) : 1/30 SCALE
2. 내부 입면도 C방향 1면(벽면 재료 표기) : 1/30 SCALE
3. 천장도(설비 및 조명기구 배치, 마감재 표기) : 1/50 SCALE
4. 실내투시도(반드시 채색작업 포함) : NONE SCALE

    (A방향에서 C방향으로 1소점 투시도법으로 작도하되, 작도 과정의 투시 보조선을 반드시 남길 것)

    (첫째 장에 평면도, 둘째 장에 내부 입면도와 천장도, 셋째 장에는 실내투시도 작성)

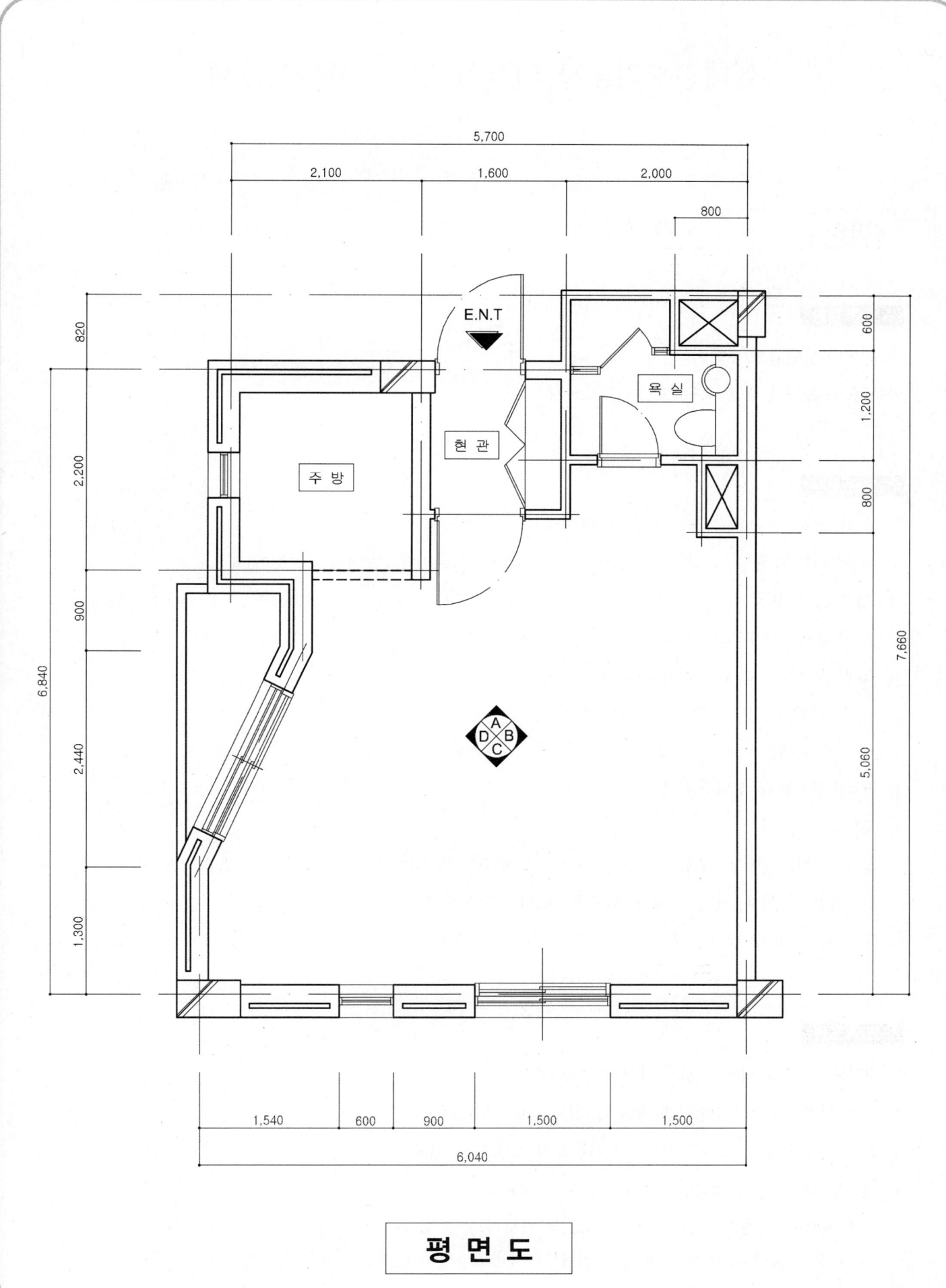

평 면 도

실내건축기능사 디자인 실기 과년도 문제

해답도면 p.315

| 작품명 | 주택형 원룸 Ⅵ | 표준시간 | 5시간 30분 |

I 요구 사항

문제 도면은 원룸형 주택이다.
다음 요구 조건에 맞게 요구 도면을 작도하시오.

II 요구 조건

1. 설계면적 : 8,000mm×8,700mm×2,600mm(H)
2. 개구부 크기 : 출입문(2) : 1,000mm×2,100mm(H)   욕실문 : 700mm×2,000mm(H)
   창문(2중창 또는 복층유리 단창) : 2,400mm×1,500mm(H), 1,000mm×1,500mm(H), 600mm×1,500mm(H)
   주방 출입구는 아치형
3. 벽체 : 외벽 : 두께 1.5B(외단열)의 붉은 벽돌 쌓기로 한다.
   내벽 : 1.0B 시멘트 벽돌 쌓기로 한다.
   기타벽은 0.5B 쌓기로 한다.
4. 인적구성 : 30대 실내건축 전문가
5. 필요공간 및 가구
   침대, 책장, 신발장, 옷장, 서랍장, 장식장, 소파세트 및 테이블, TV 및 테이블, 컴퓨터 및 책상, 에어컨, 식탁 및 의자, 냉장고, 주방에는 최소한의 주방설비기구
   그 외의 가구 및 집기는 수검자가 임의로 더 넣어도 좋다.

III 요구 도면

1. 평면도(가구 및 바닥 마감재 표기) : 1/30 SCALE
2. 내부 입면도 B방향 1면(벽면 재료 표기) : 1/30 SCALE
3. 천장도(설비 및 조명기구 배치, 마감재 표기) : 1/50 SCALE
4. 실내투시도(반드시 채색작업 포함) : NONE SCALE
   (A방향에서 C방향으로 1소점 투시도법으로 작도하되, 작도 과정의 투시 보조선을 반드시 남길 것)
   (첫째 장에 평면도, 둘째 장에 내부 입면도와 천장도, 셋째 장에는 실내투시도 작성)

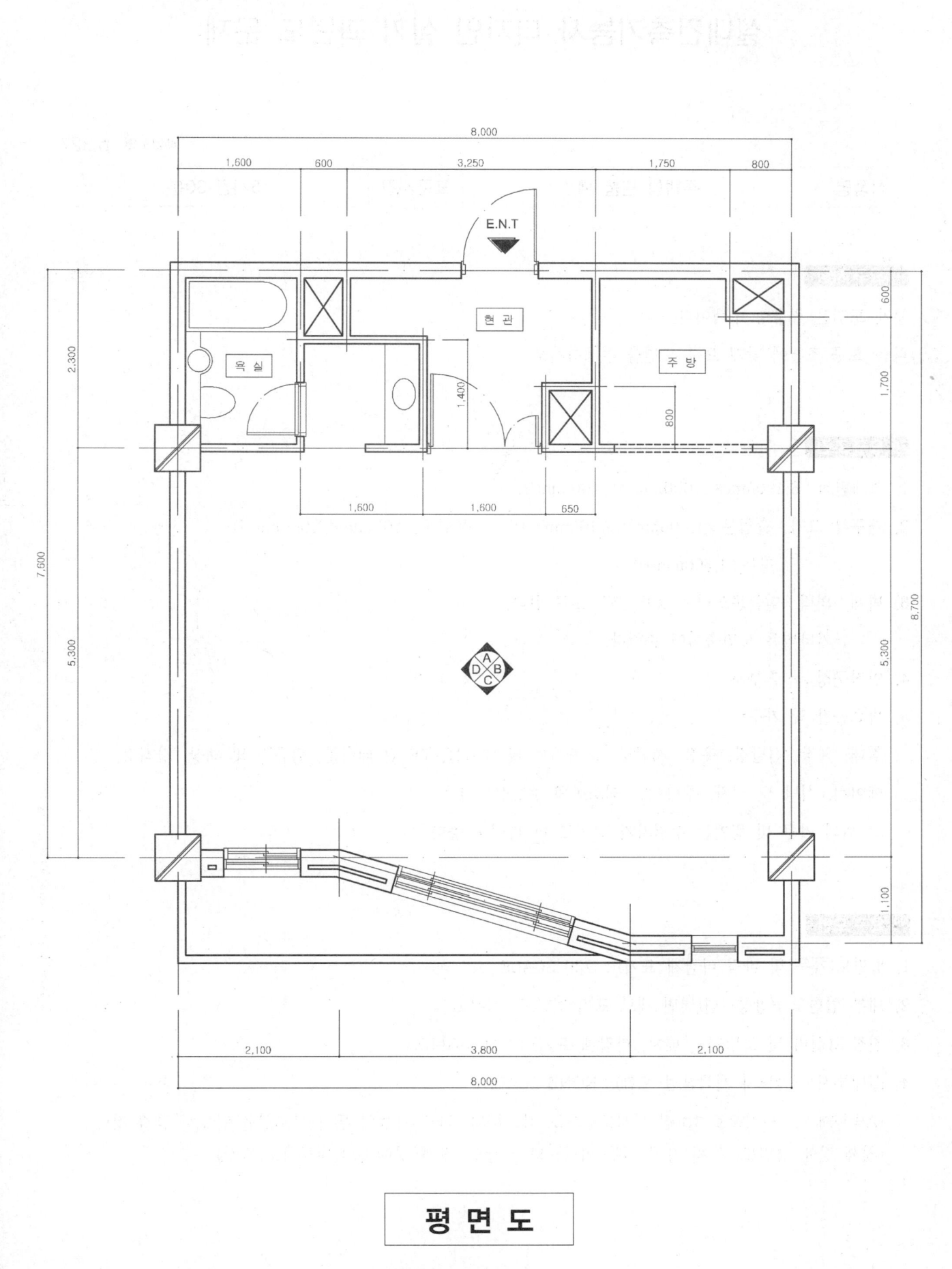

평 면 도

실내건축기능사 디자인 실기 과년도 문제

해답도면 p.327

| 작품명 | 주택형 원룸 Ⅷ | 표준시간 | 5시간 30분 |

▌요구 사항

문제 도면은 원룸형 주택이다.

다음 요구 조건에 맞게 요구 도면을 설계하시오.

▌요구 조건

1. 설계면적 : 6,100mm×6,000mm×2,400mm(H)
2. 개구부 크기 : 출입문 : 1,000mm×2,100mm(H)   욕실문 : 800mm×2,000mm(H)
   창문 : 1,500mm(H)
3. 벽체 : 외벽 : 철근콘크리트 옹벽 150mm로 한다.
   기타벽은 도면축척에 준한다.
4. 인적구성 : 신혼부부
5. 필요공간 및 가구

   침대, 책장, 신발장, 옷장, 서랍장, 소파세트 및 테이블, TV 및 테이블, 컴퓨터 및 책상, 장식장, 에어컨, 식탁 및 의자, 주방에는 최소한의 주방설비기구

   그 외의 가구 및 집기는 수검자가 임의로 더 넣어도 좋다.

▌요구 도면

1. 평면도(가구 및 바닥 마감재 표기) : 1/30 SCALE
2. 내부 입면도 B방향 1면(벽면 재료 표기) : 1/30 SCALE
3. 천장도(설비 및 조명기구 배치, 마감재 표기) : 1/50 SCALE
4. 실내투시도(반드시 채색작업 포함) : NONE SCALE

   (A방향에서 C방향으로 1소점 투시도법으로 작도하되, 작도 과정의 투시 보조선을 반드시 남길 것)
   (첫째 장에 평면도, 둘째 장에 내부 입면도와 천장도, 셋째 장에는 실내투시도 작성)

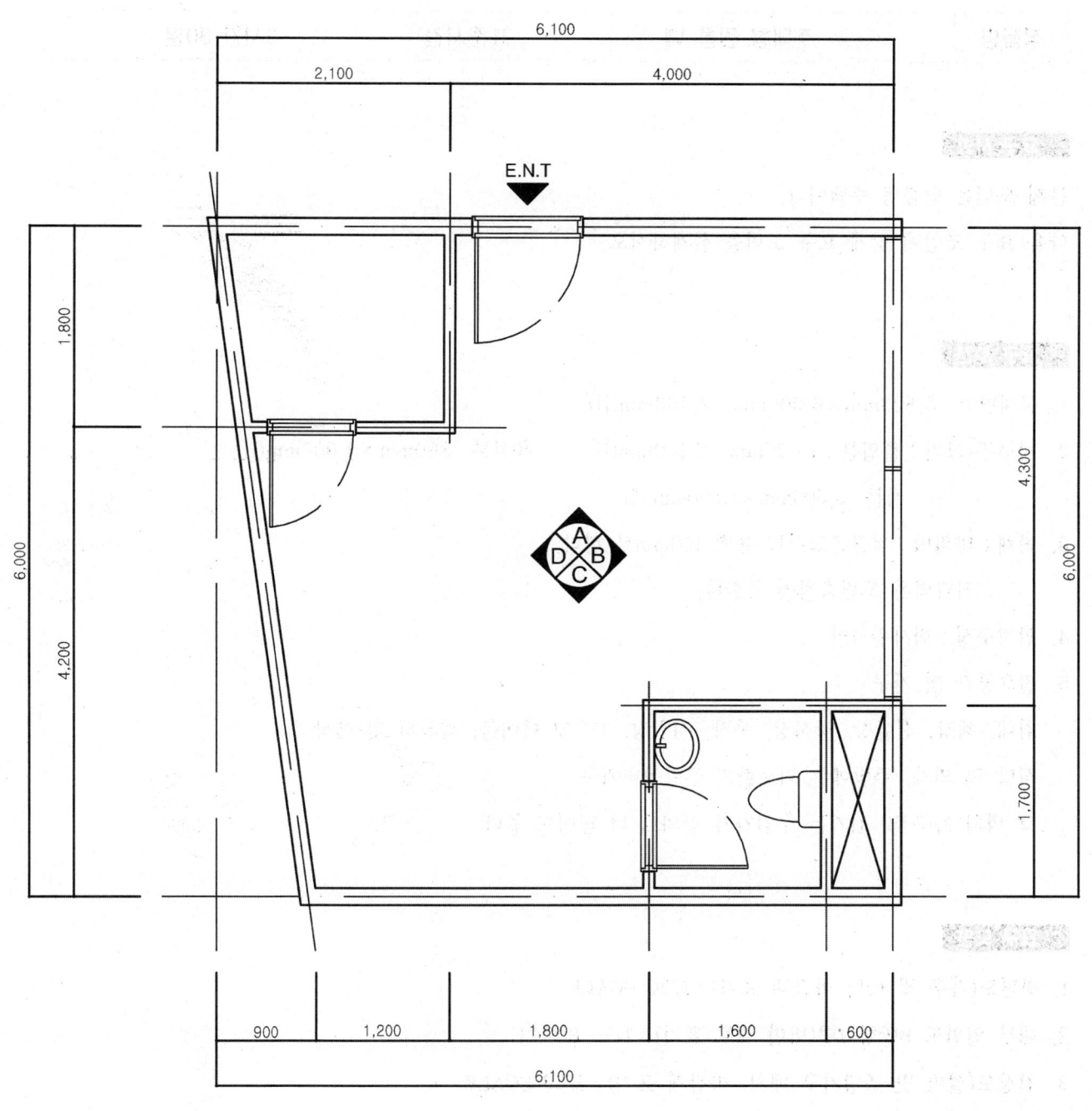

평 면 도

실내건축기능사 디자인 실기 과년도 문제

해답도면 p.339

| 작품명 | 주택형 원룸 Ⅷ | 표준시간 | 5시간 30분 |

Ⅰ 요구 사항

문제 도면은 원룸형 주택이다.
다음 요구 조건에 맞게 요구 도면을 설계하시오.

Ⅱ 요구 조건

1. 설계면적 : 5,800mm×6,900mm×2,400mm(H)
2. 개구부 크기 : 출입문 : 1,000mm×2,100mm(H)   욕실문 : 800mm×2,000mm(H)
   창문 : 3,500mm×1,500mm(H)
3. 벽체 : 내외벽 : 철근콘크리트 옹벽 150mm로 한다.
   기타벽은 도면축척에 준한다.
4. 인적구성 : 회사원 1인
5. 필요공간 및 가구
   침대, 책장, 신발장, 장식장, 옷장, 서랍장, TV 및 테이블, 컴퓨터 및 책상
   식탁 및 의자, 주방에는 최소한의 주방설비기구
   그 외의 가구 및 집기는 수검자가 임의로 더 넣어도 좋다.

Ⅲ 요구 도면

1. 평면도(가구 및 바닥 마감재 표기) : 1/30 SCALE
2. 내부 입면도 B방향 1면(벽면 재료 표기) : 1/30 SCALE
3. 천장도(설비 및 조명기구 배치, 마감재 표기) : 1/50 SCALE
4. 실내투시도(반드시 채색작업 포함) : NONE SCALE
   (A방향에서 C방향으로 1소점 투시도법으로 작도하되, 작도 과정의 투시 보조선을 반드시 남길 것)
   (첫째 장에 평면도, 둘째 장에 내부 입면도와 천장도, 셋째 장에는 실내투시도 작성)

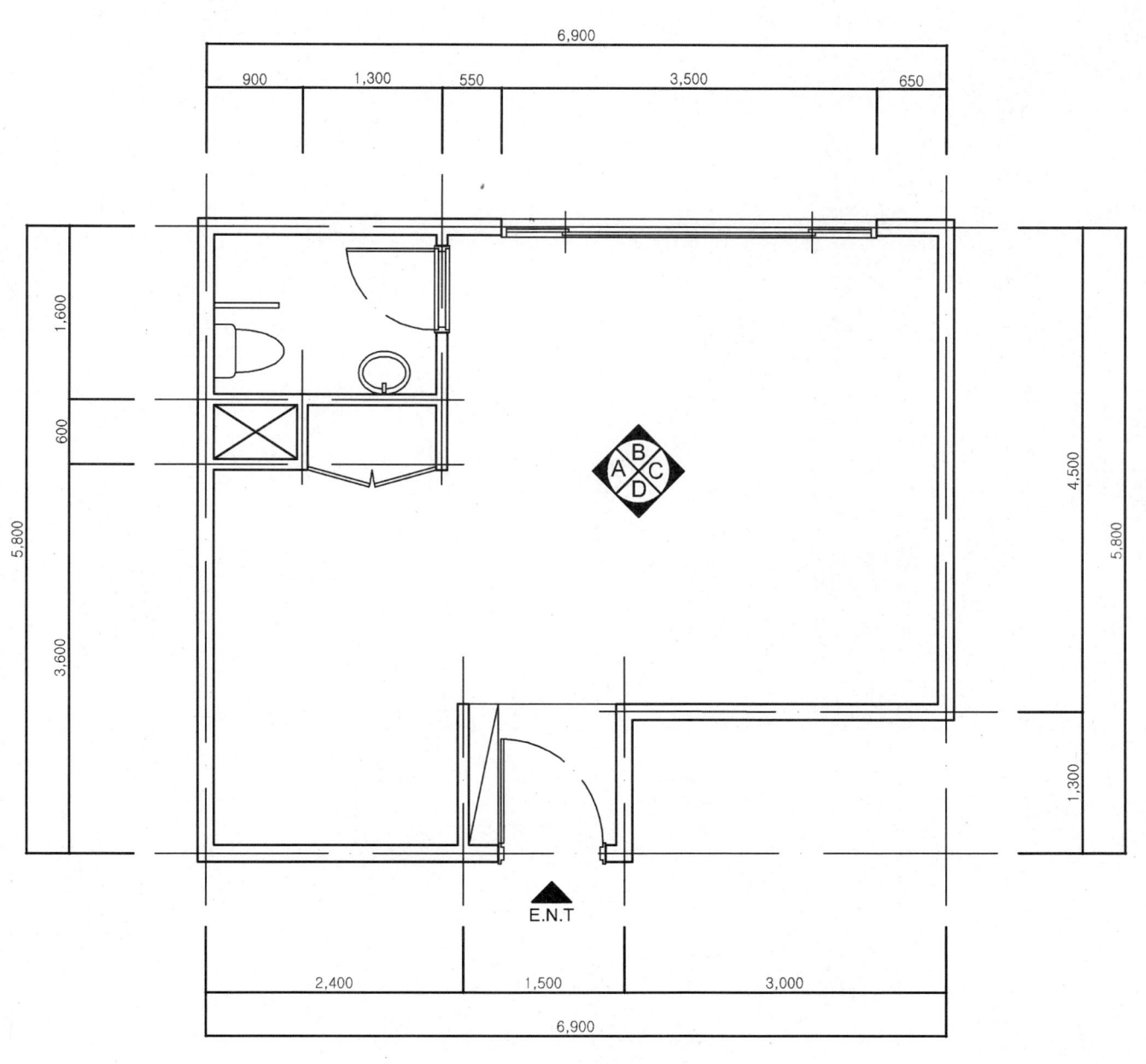

평 면 도

PART 3

실내건축 기능사 과년도 기출문제 정답

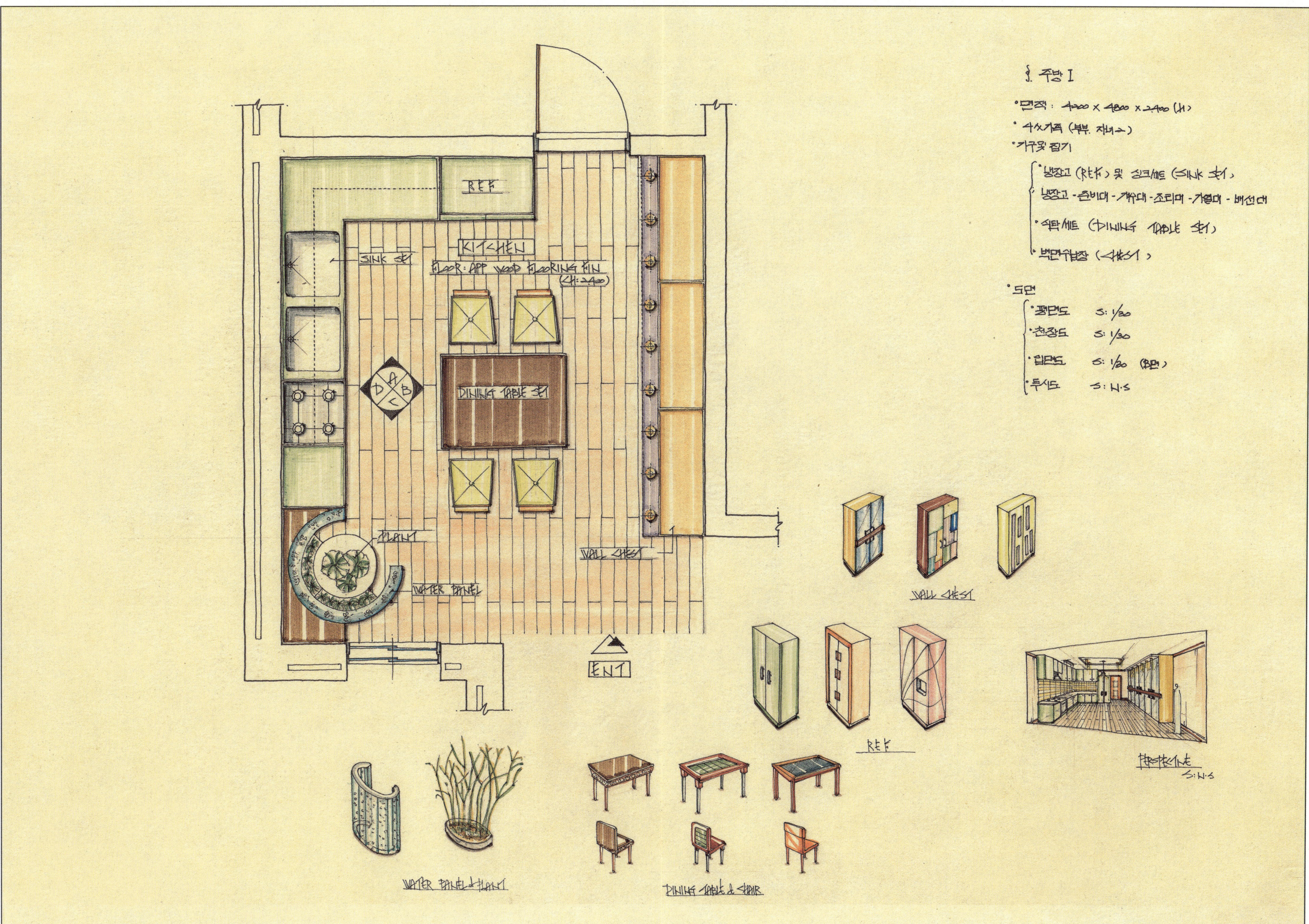

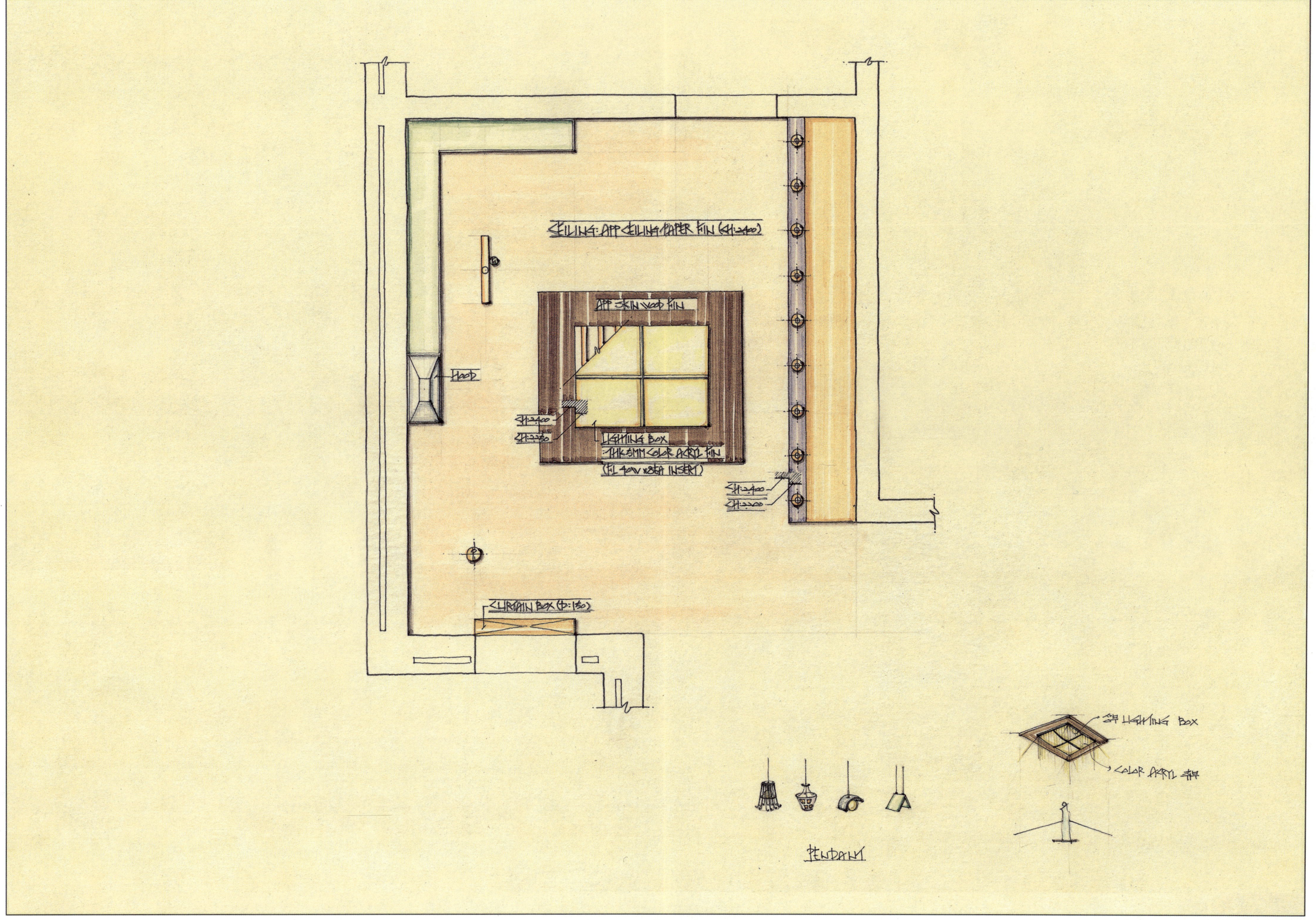

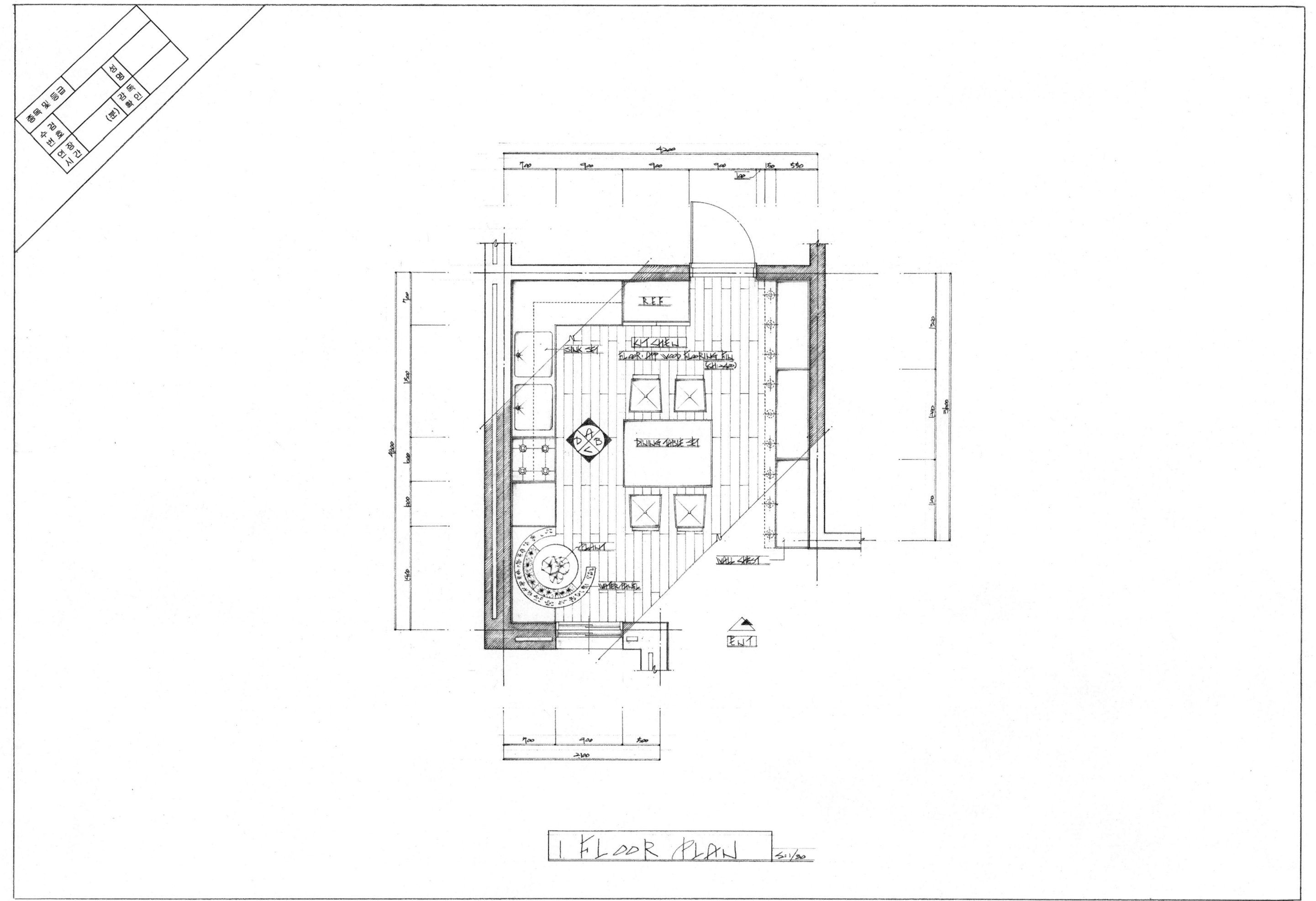

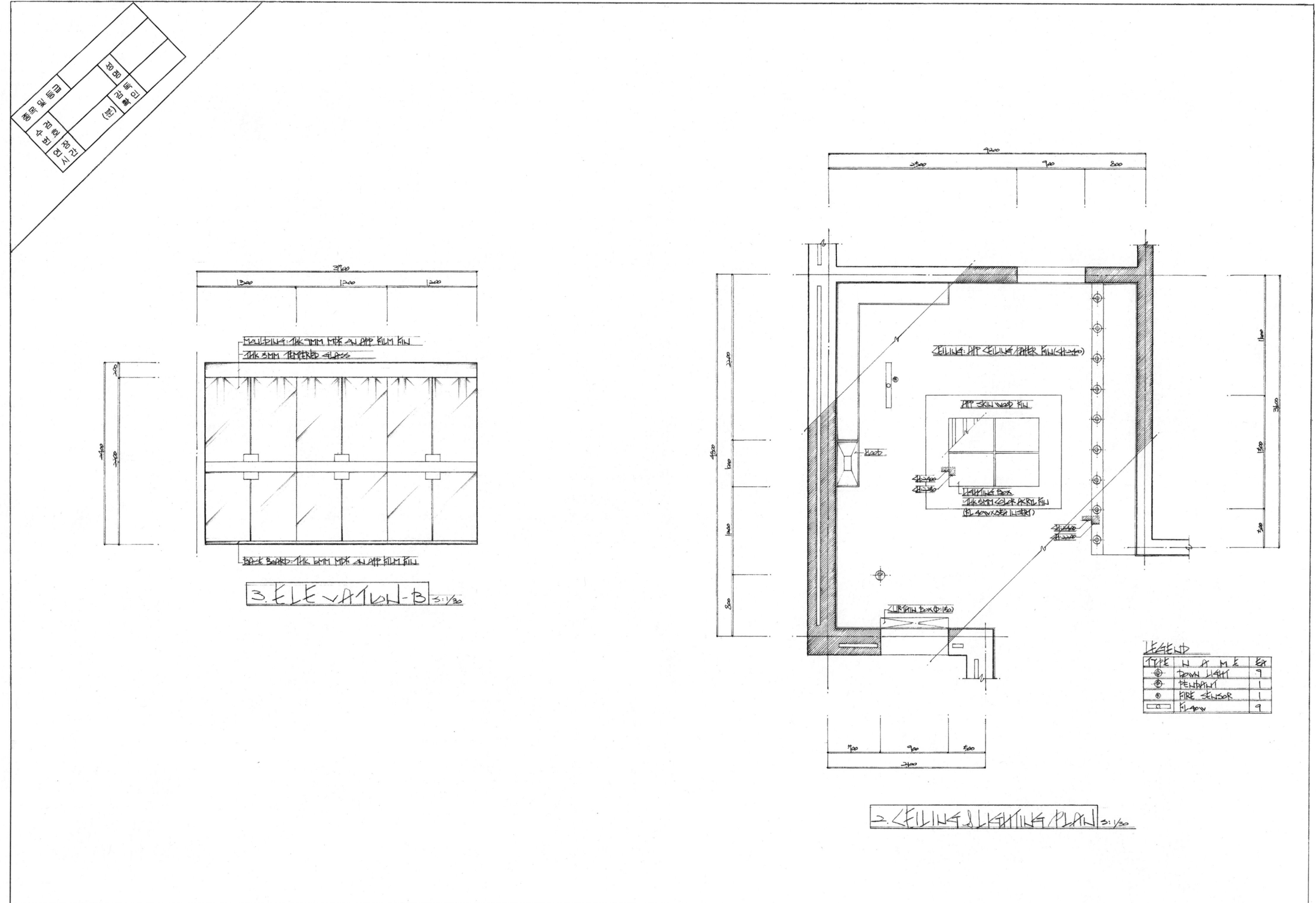

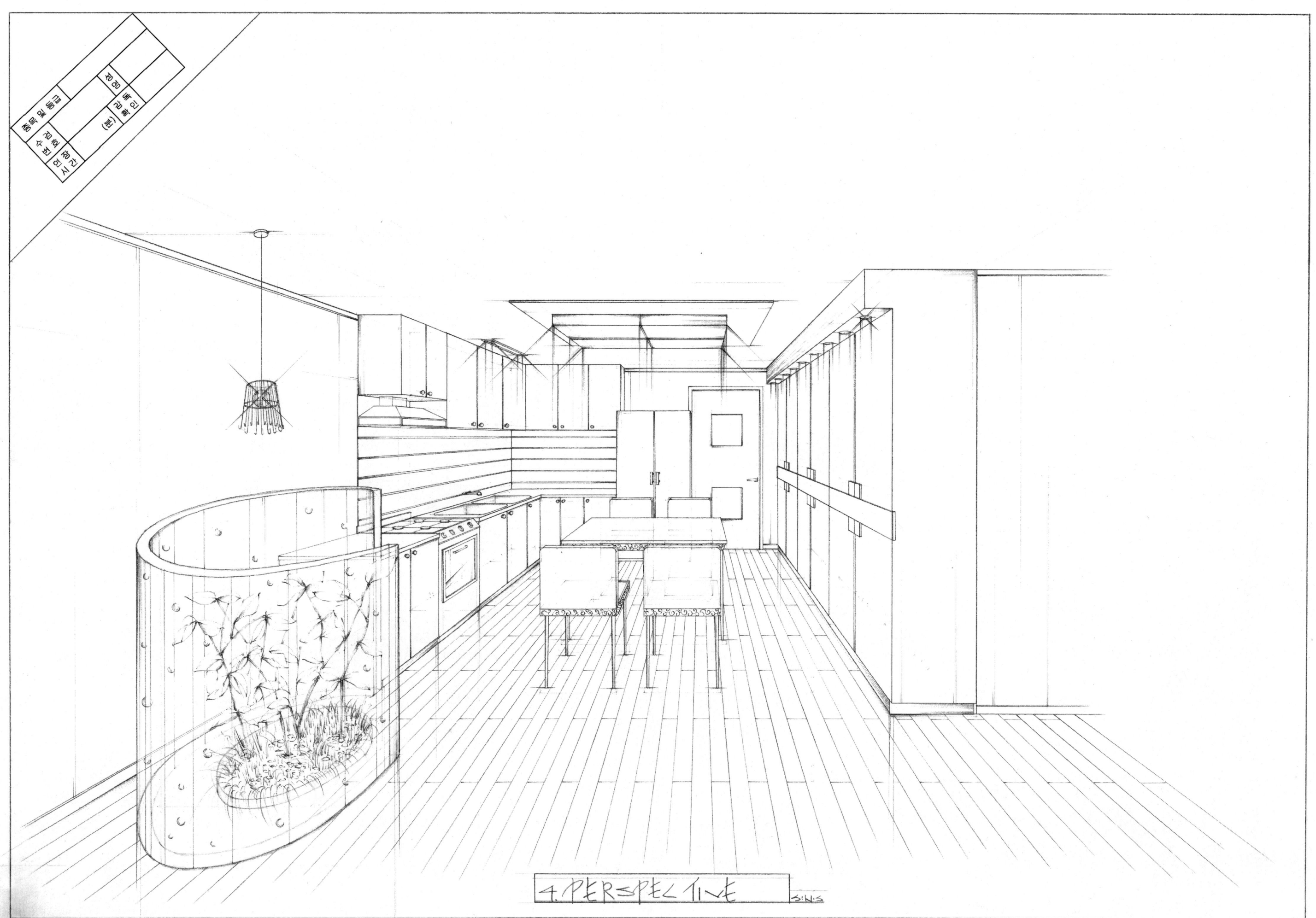

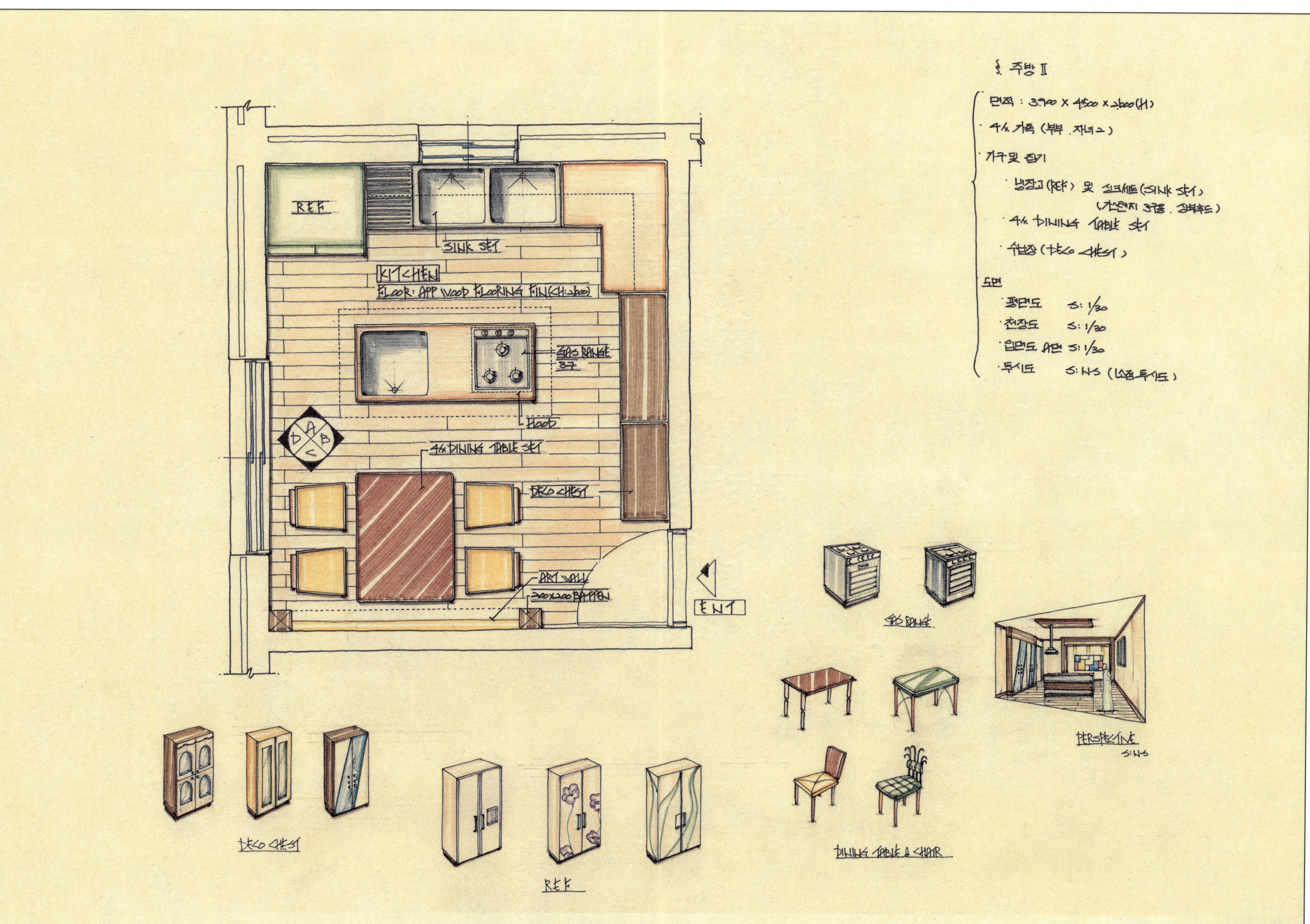

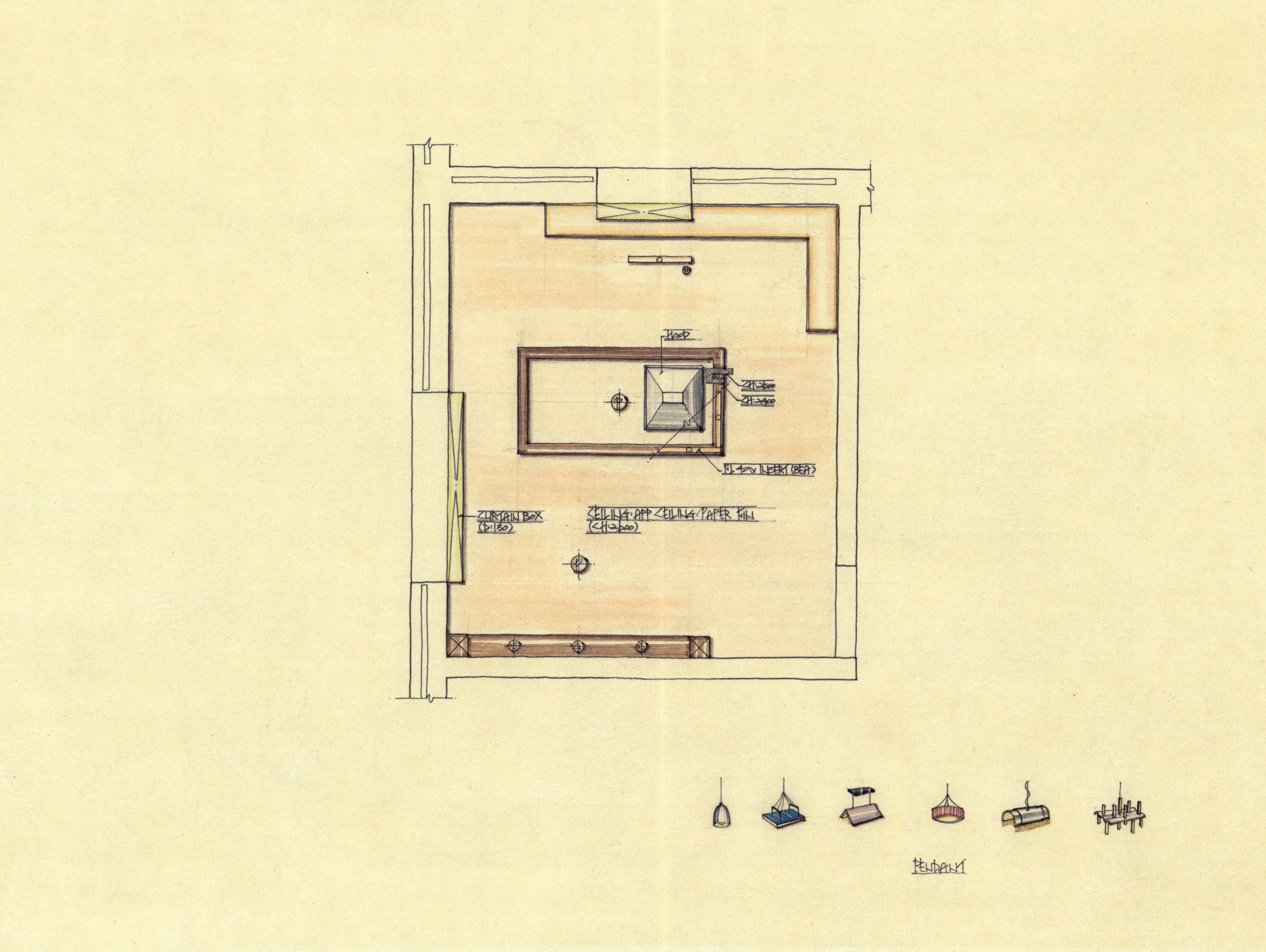

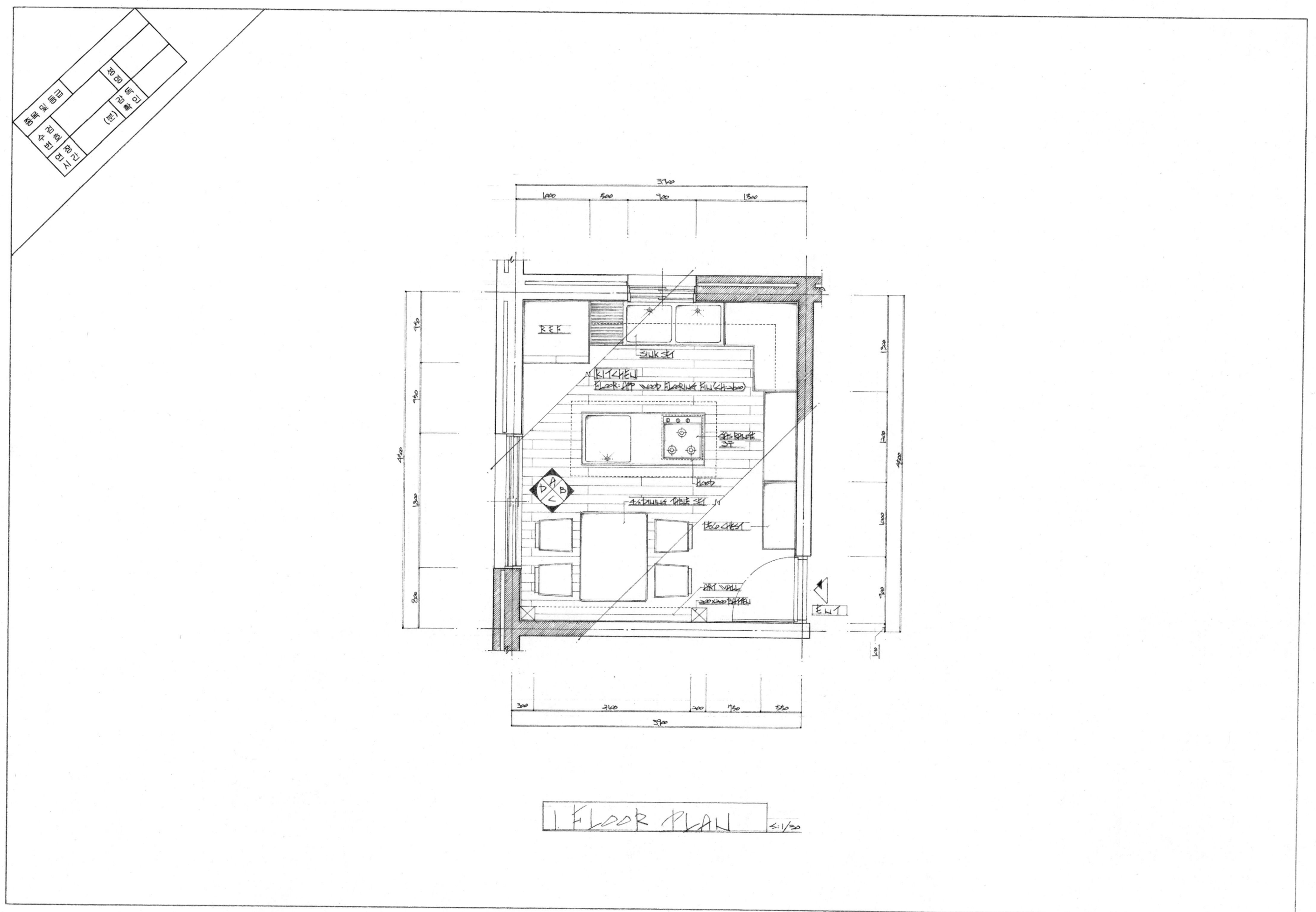

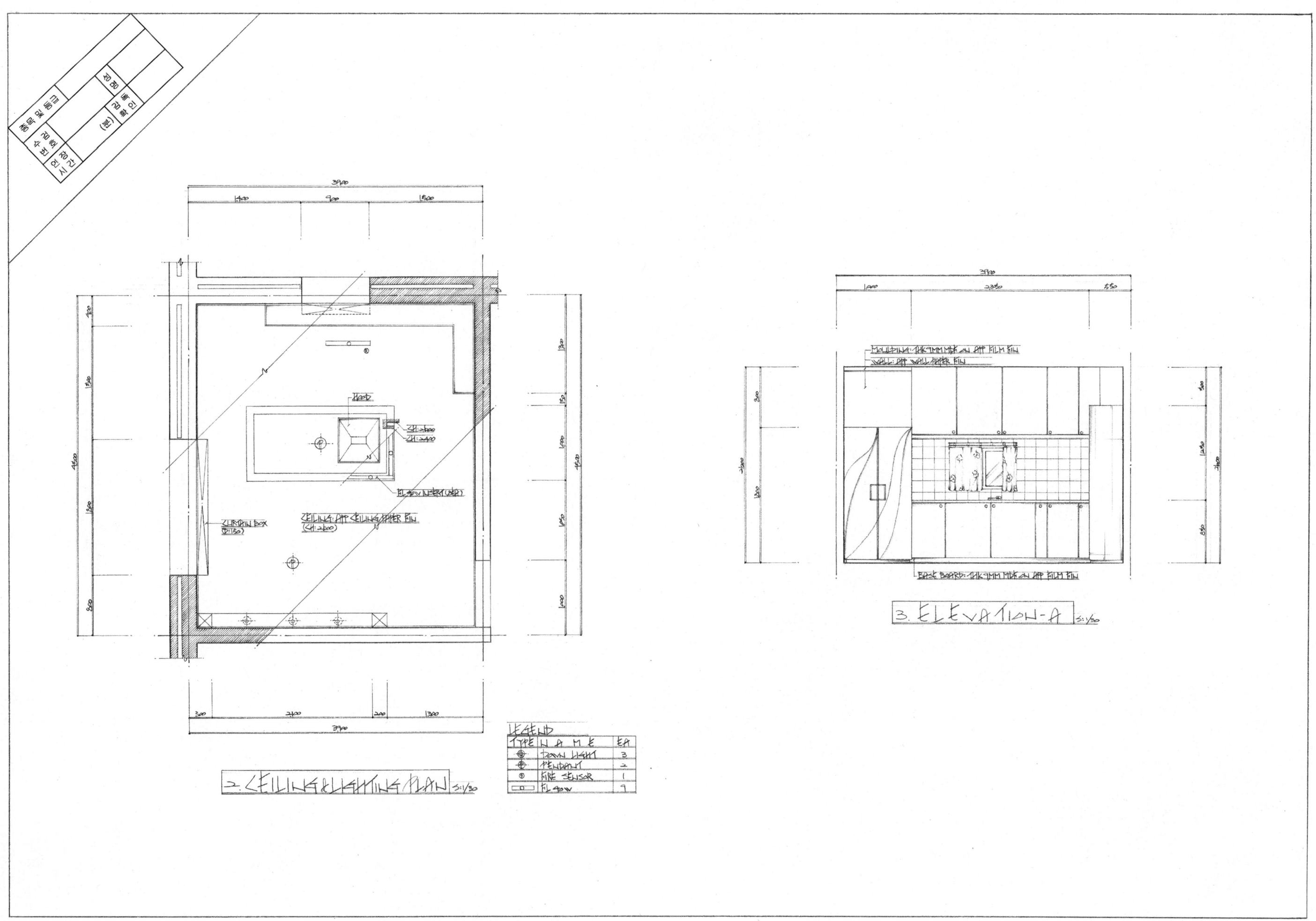

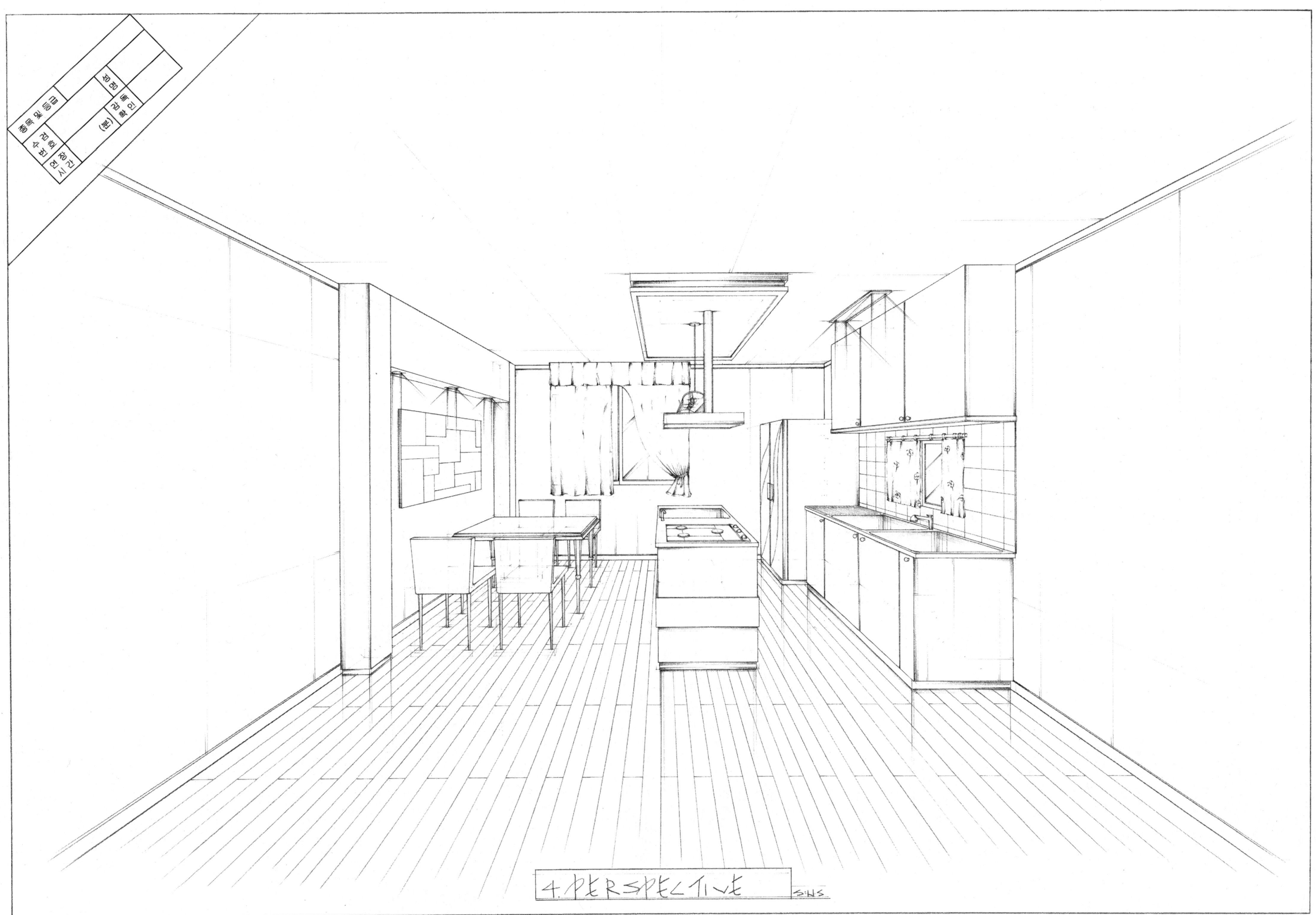

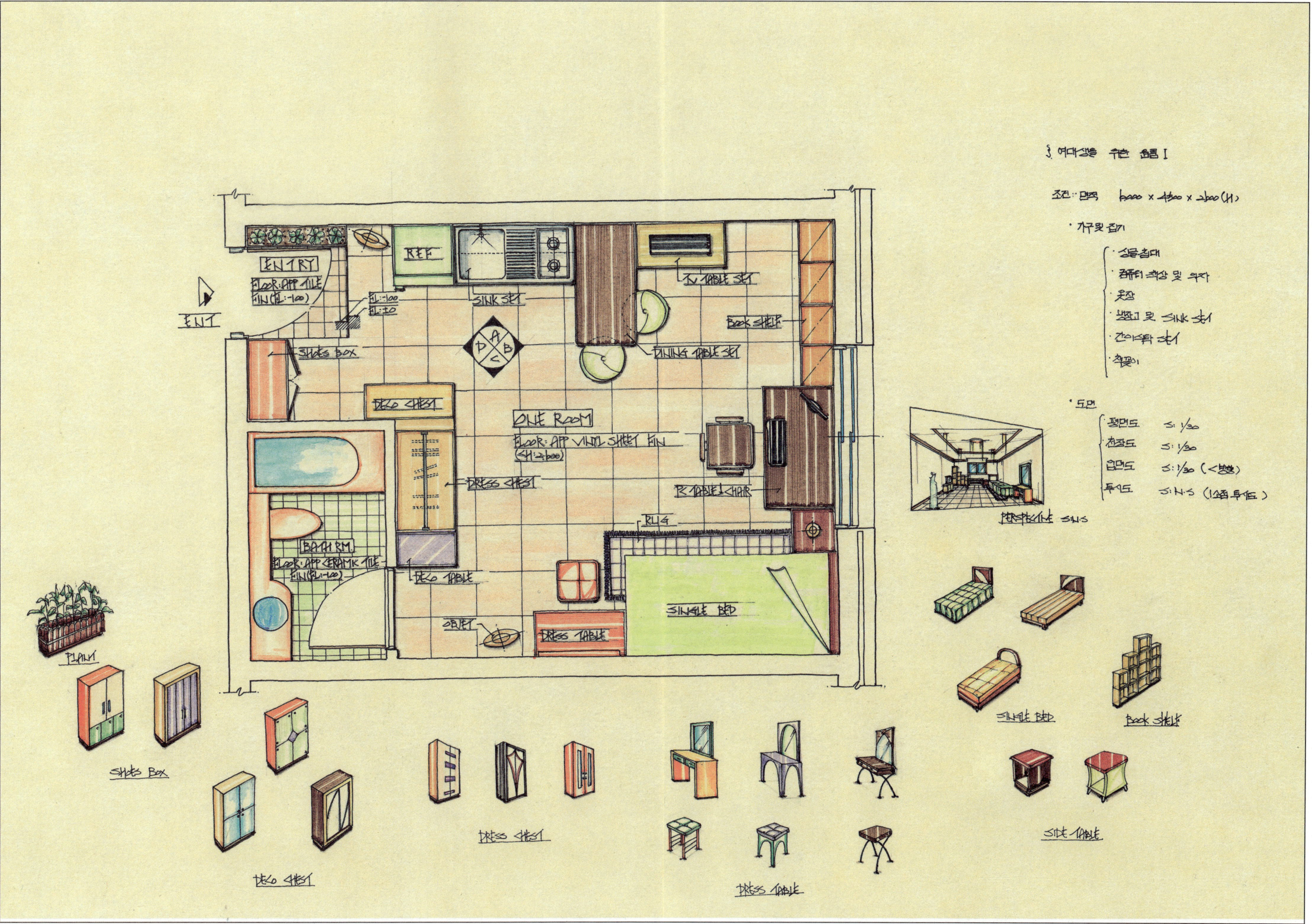

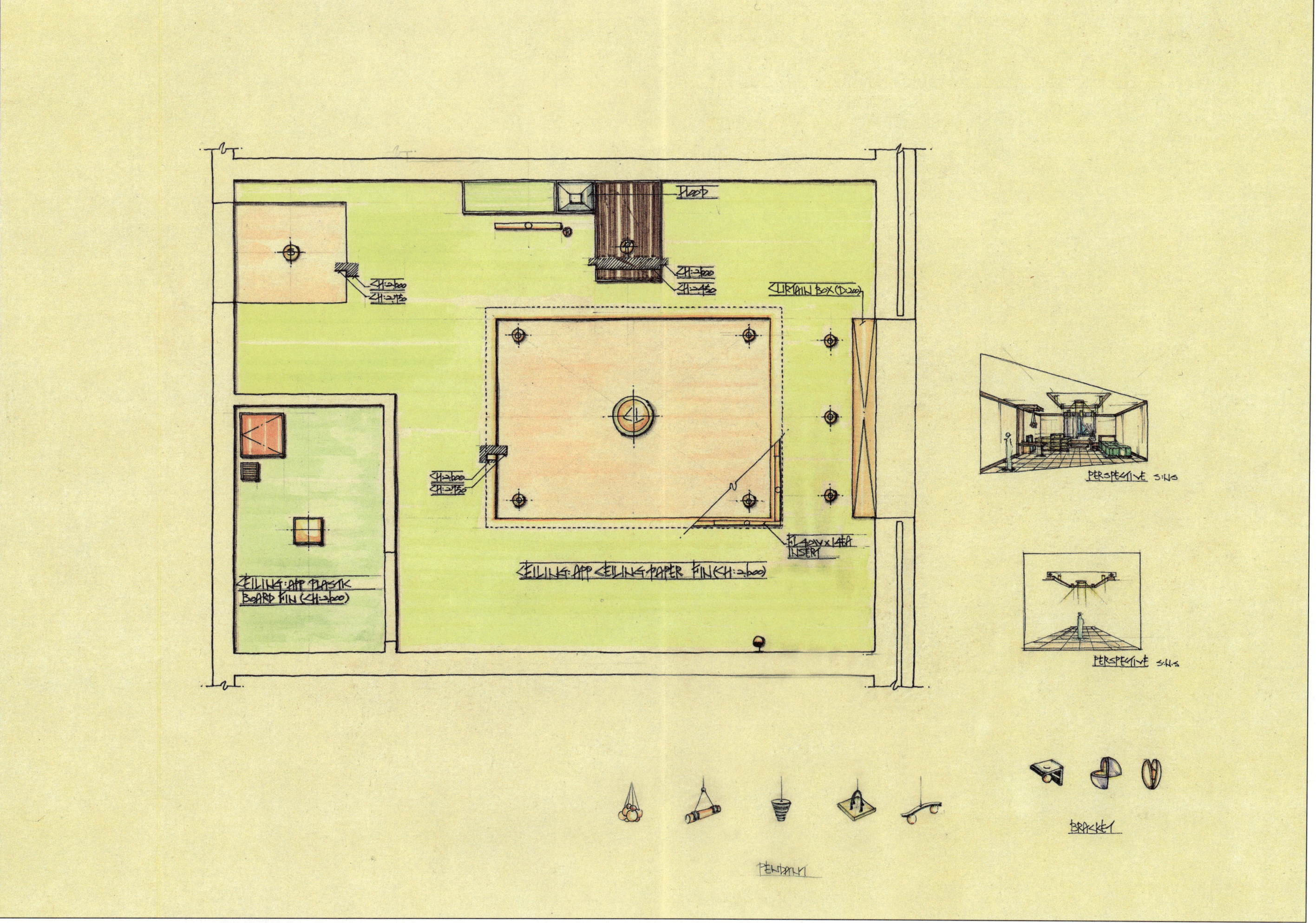

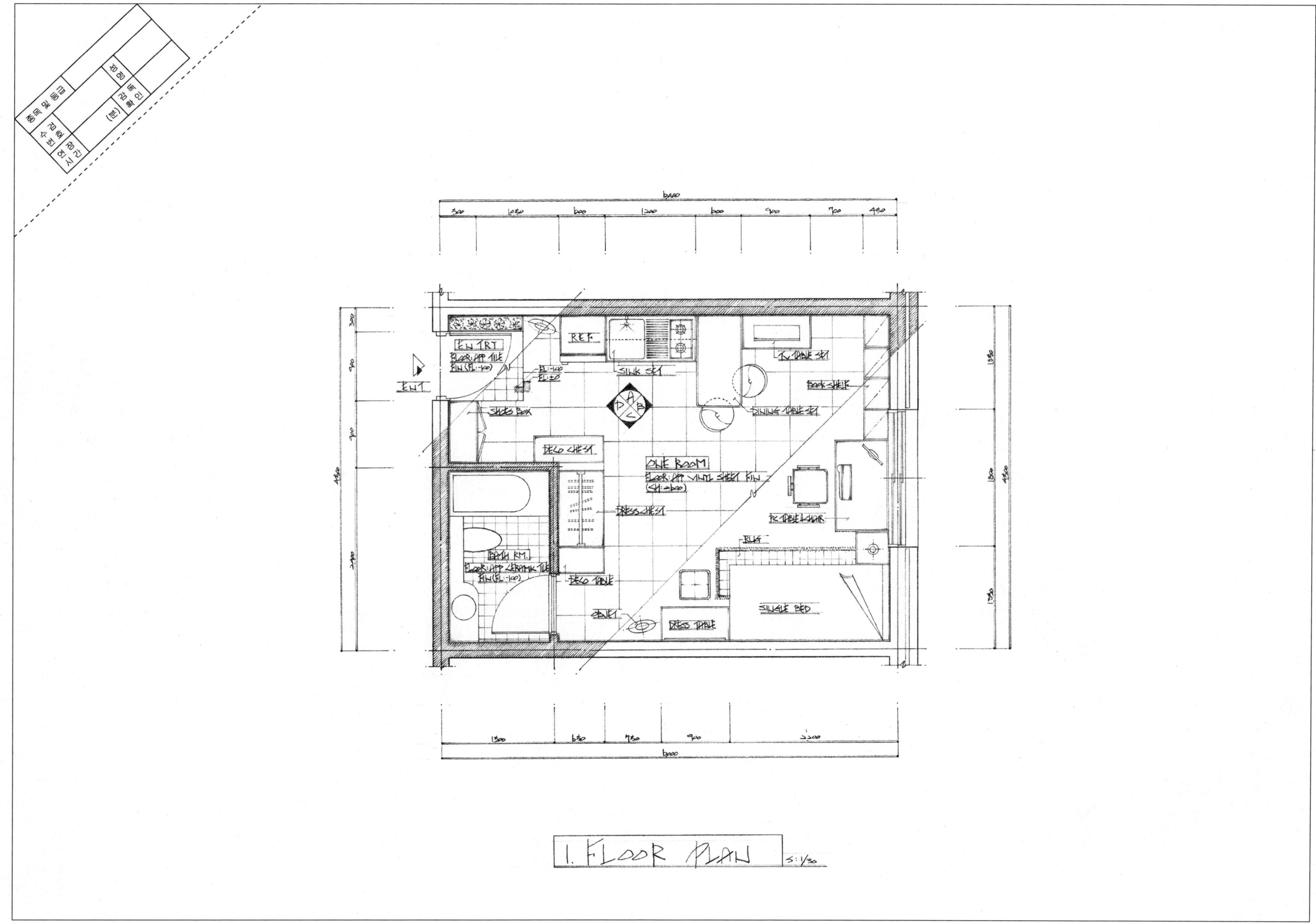

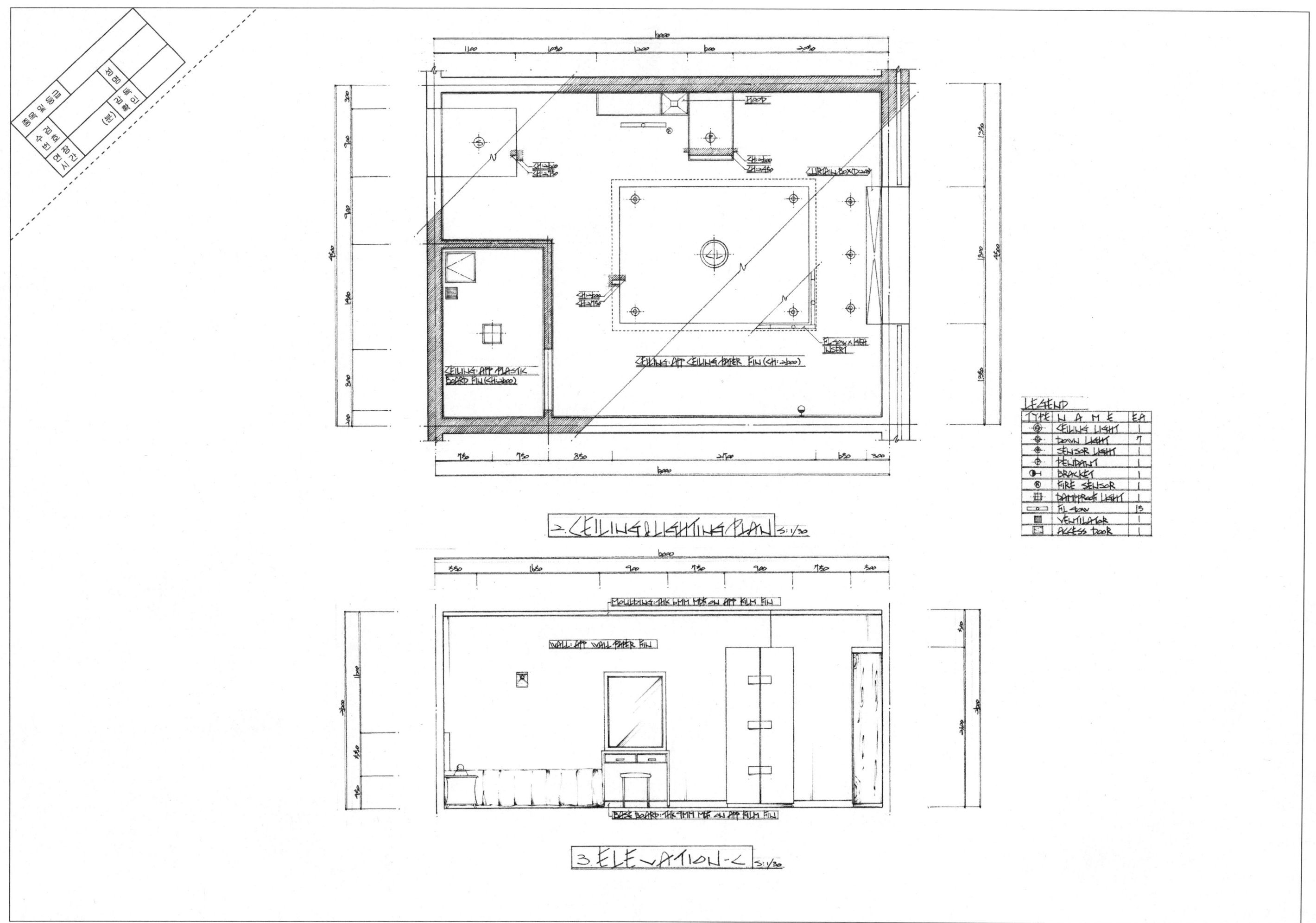

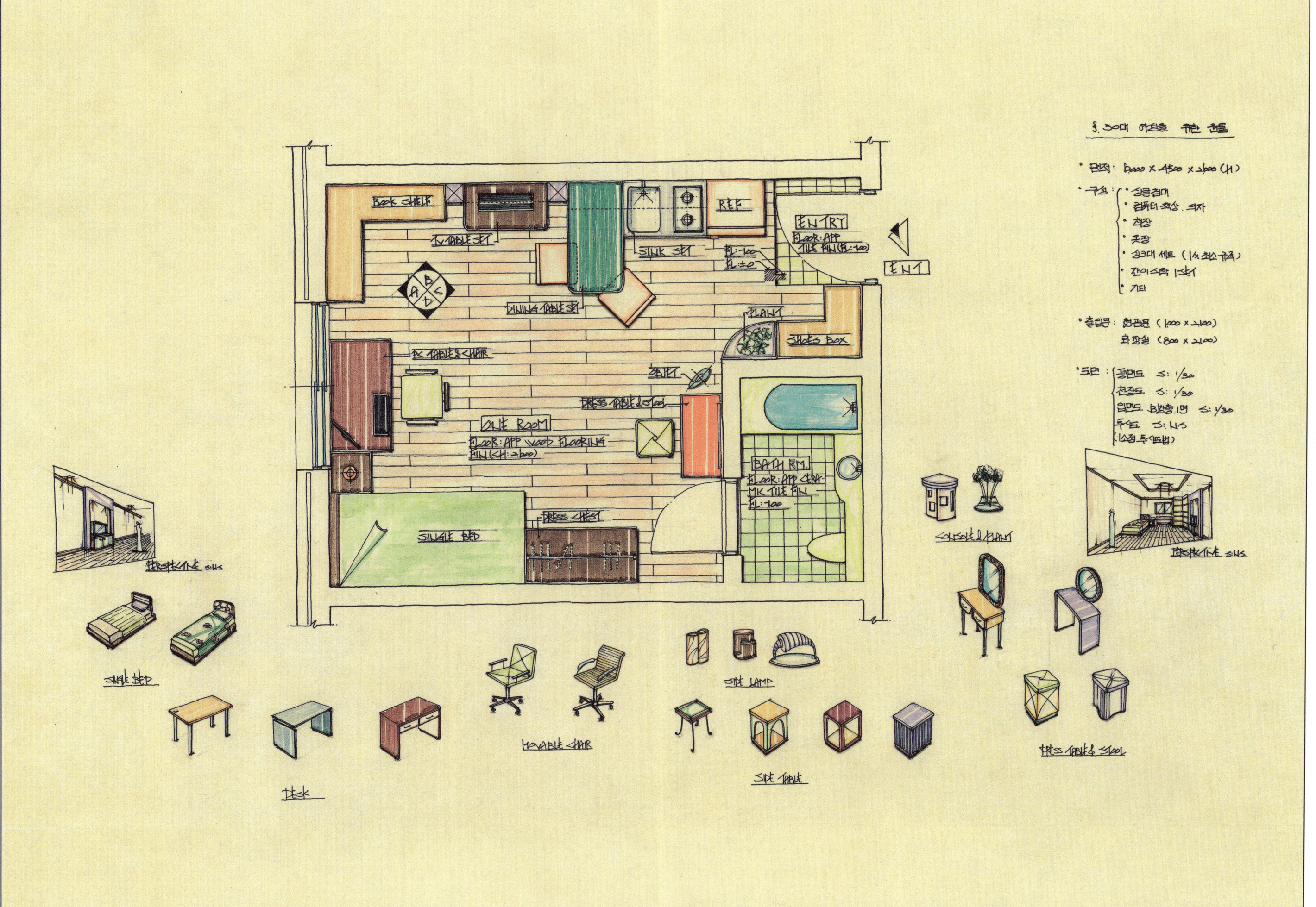

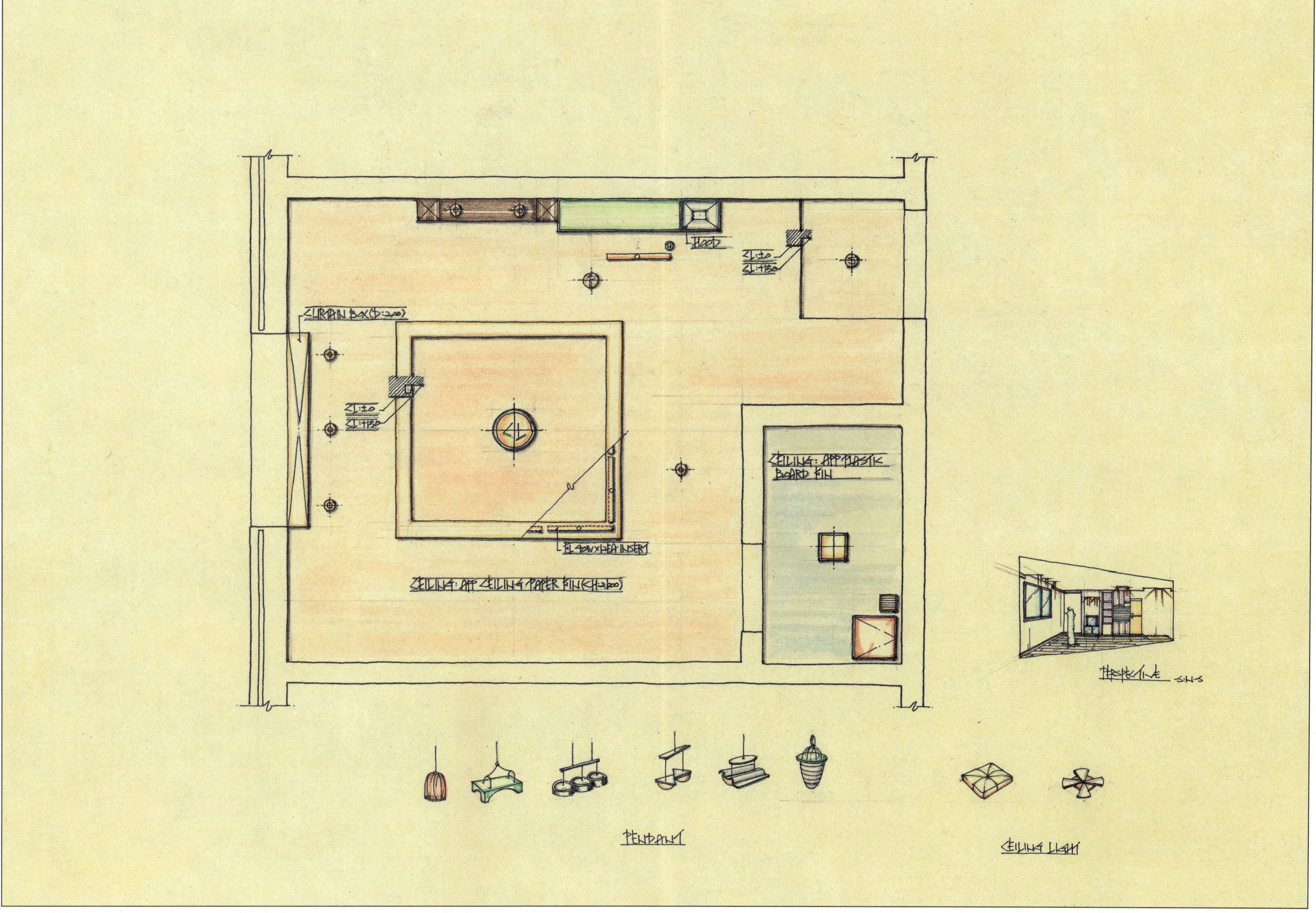

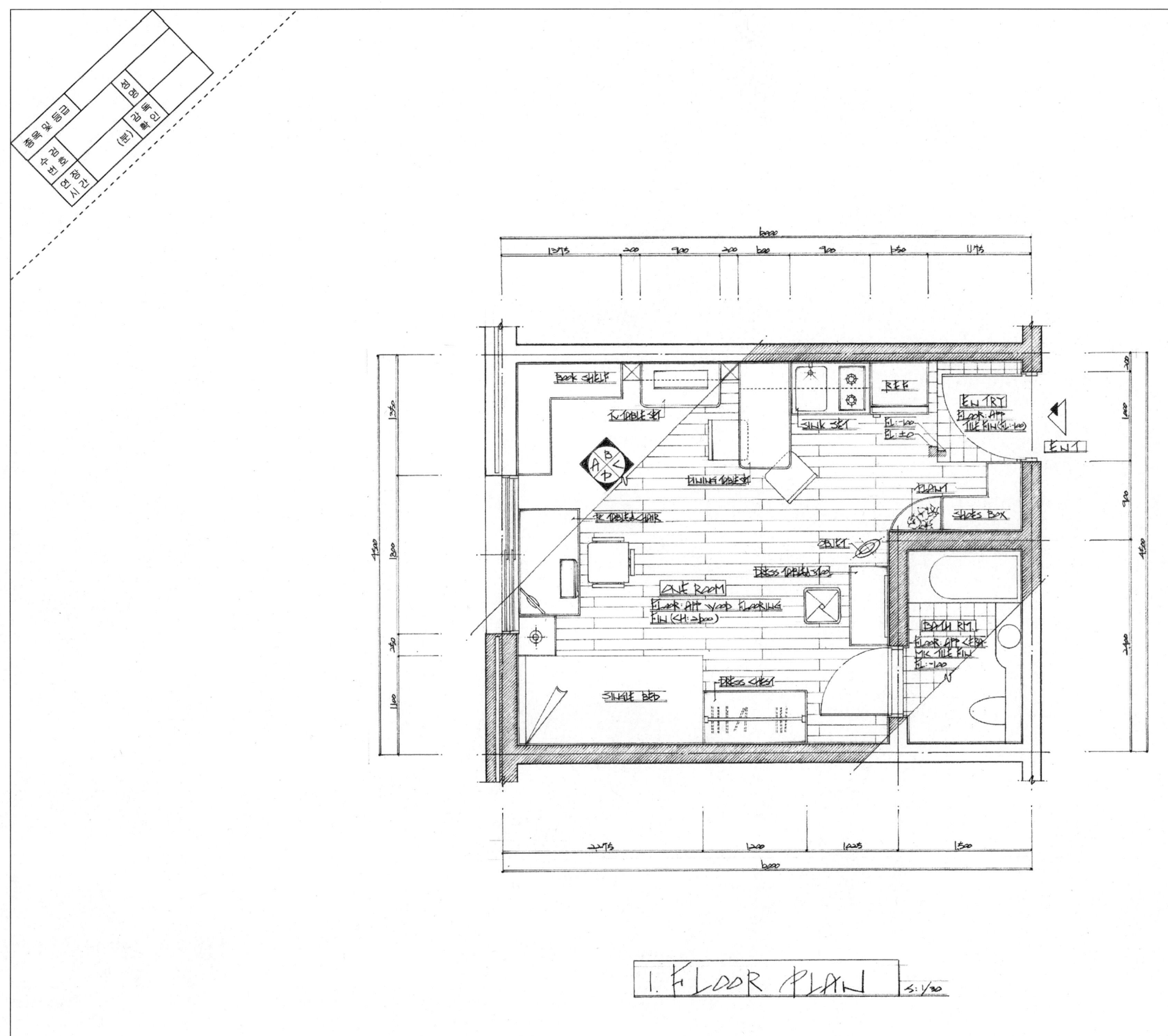

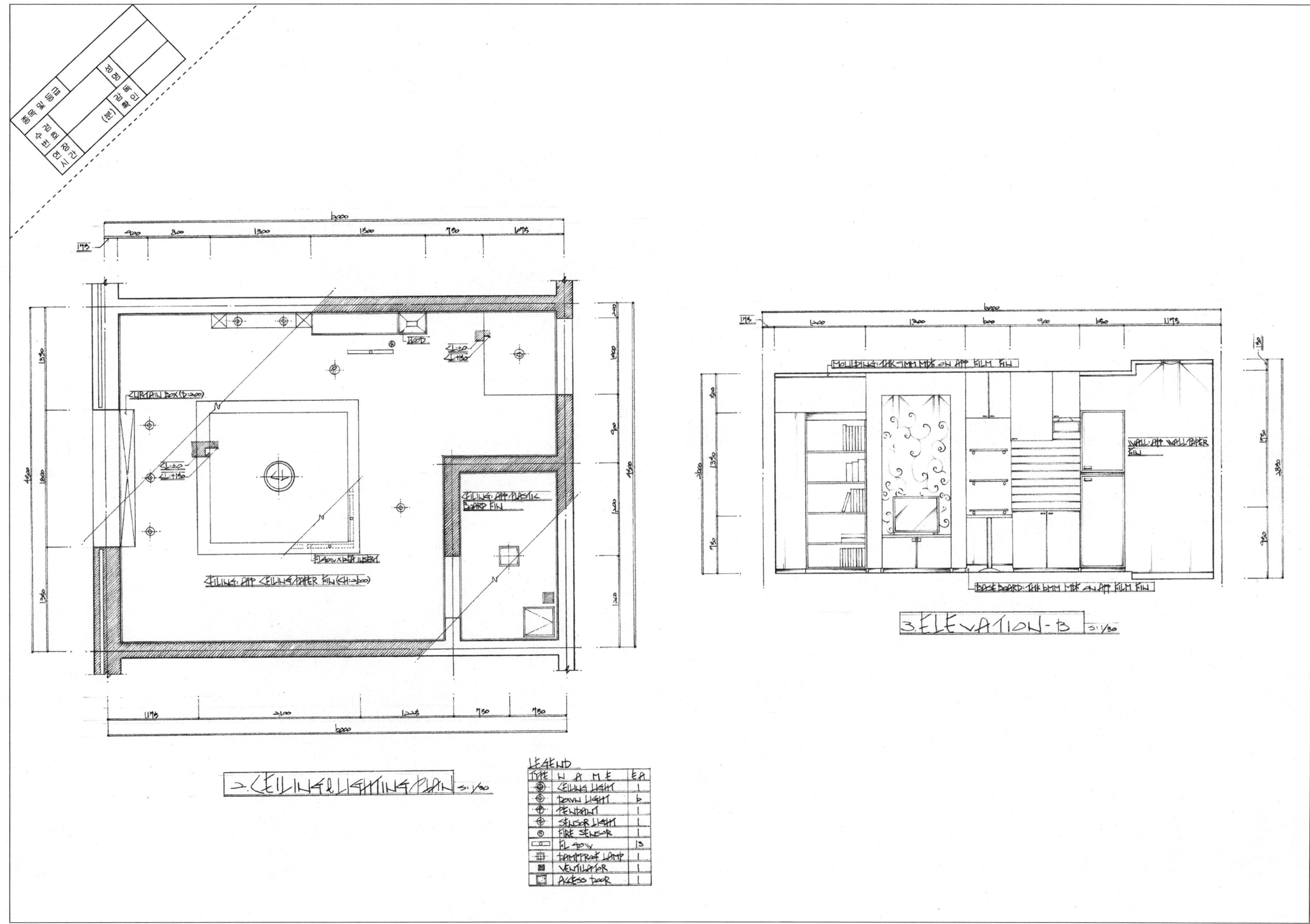

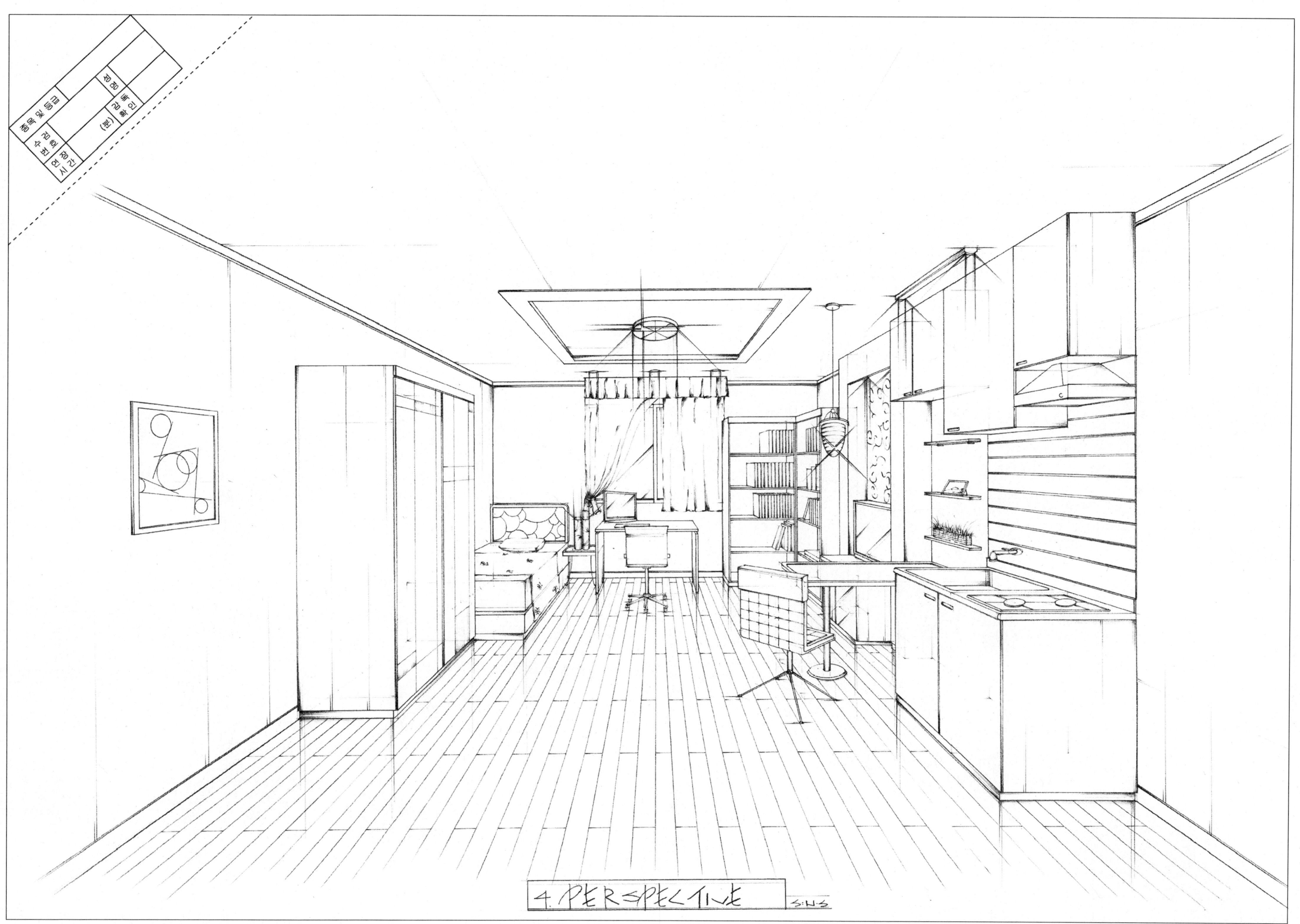

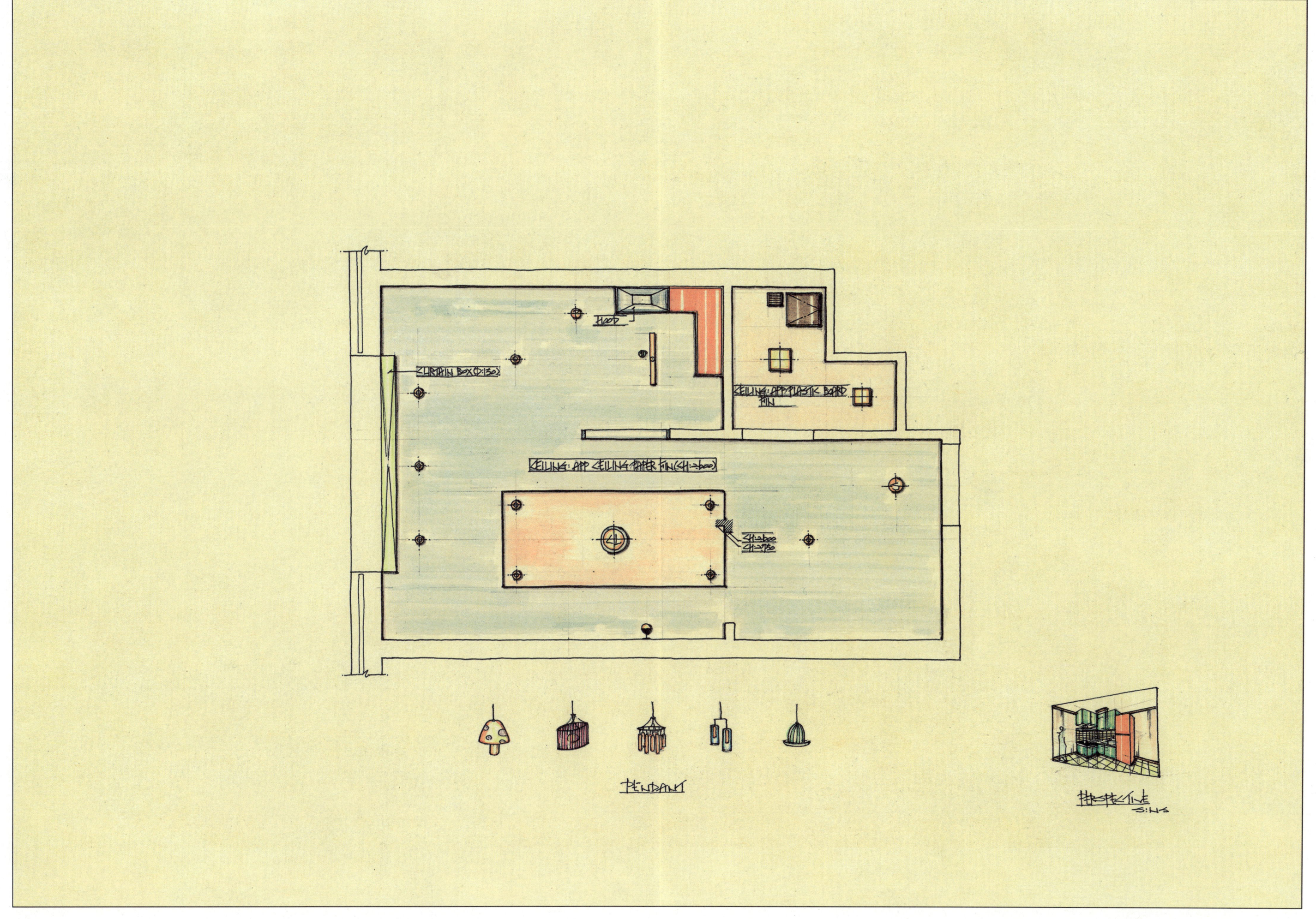

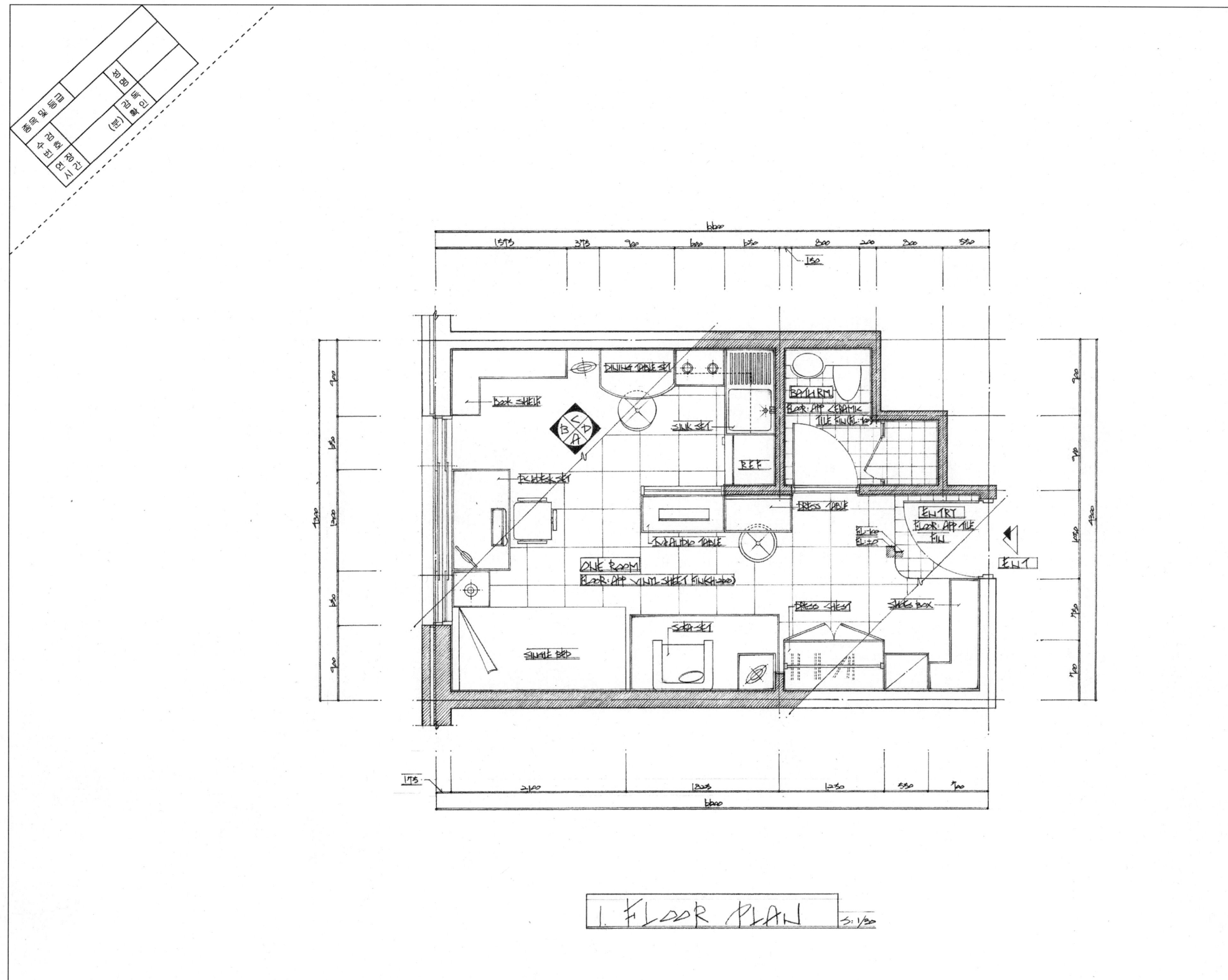

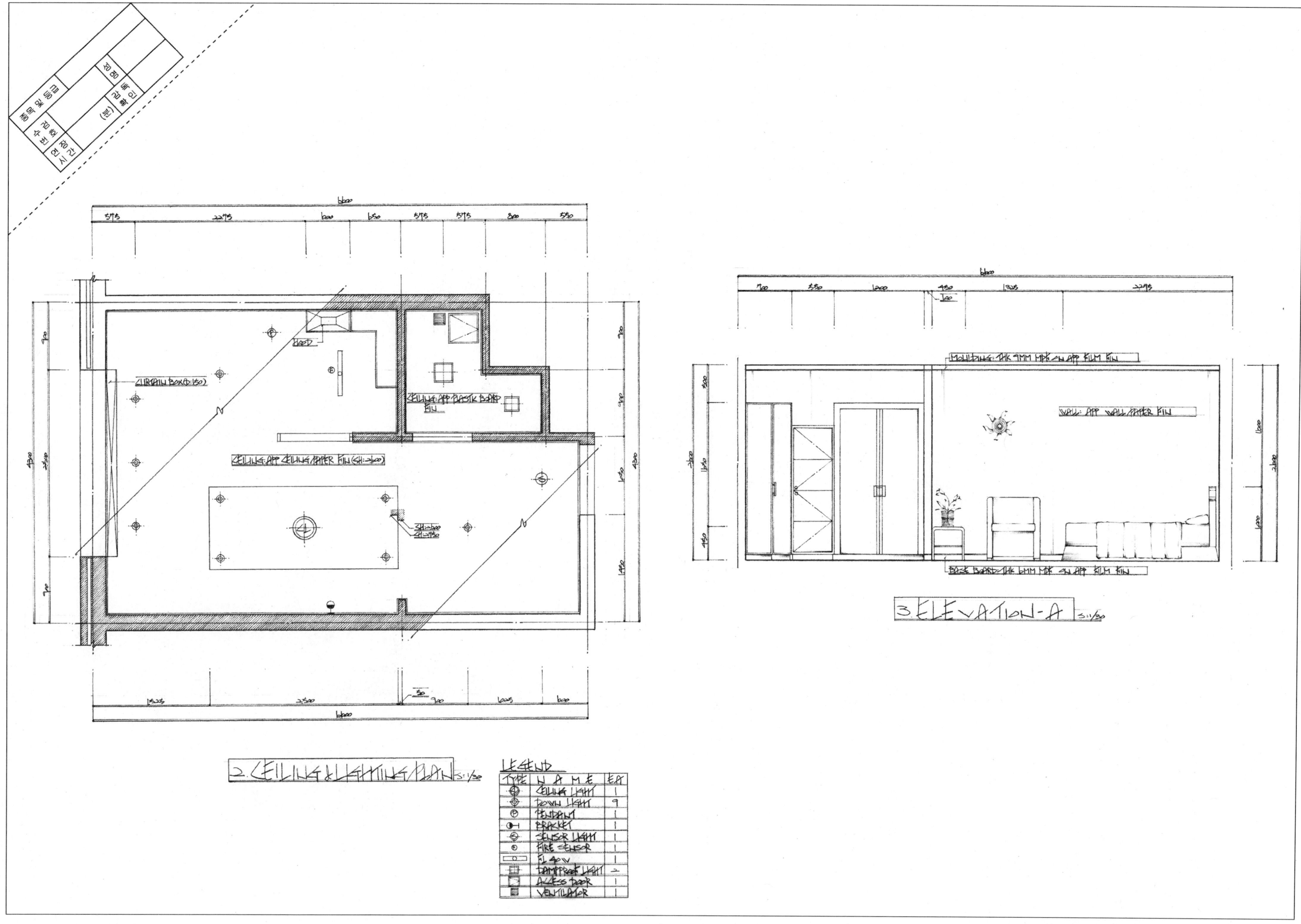

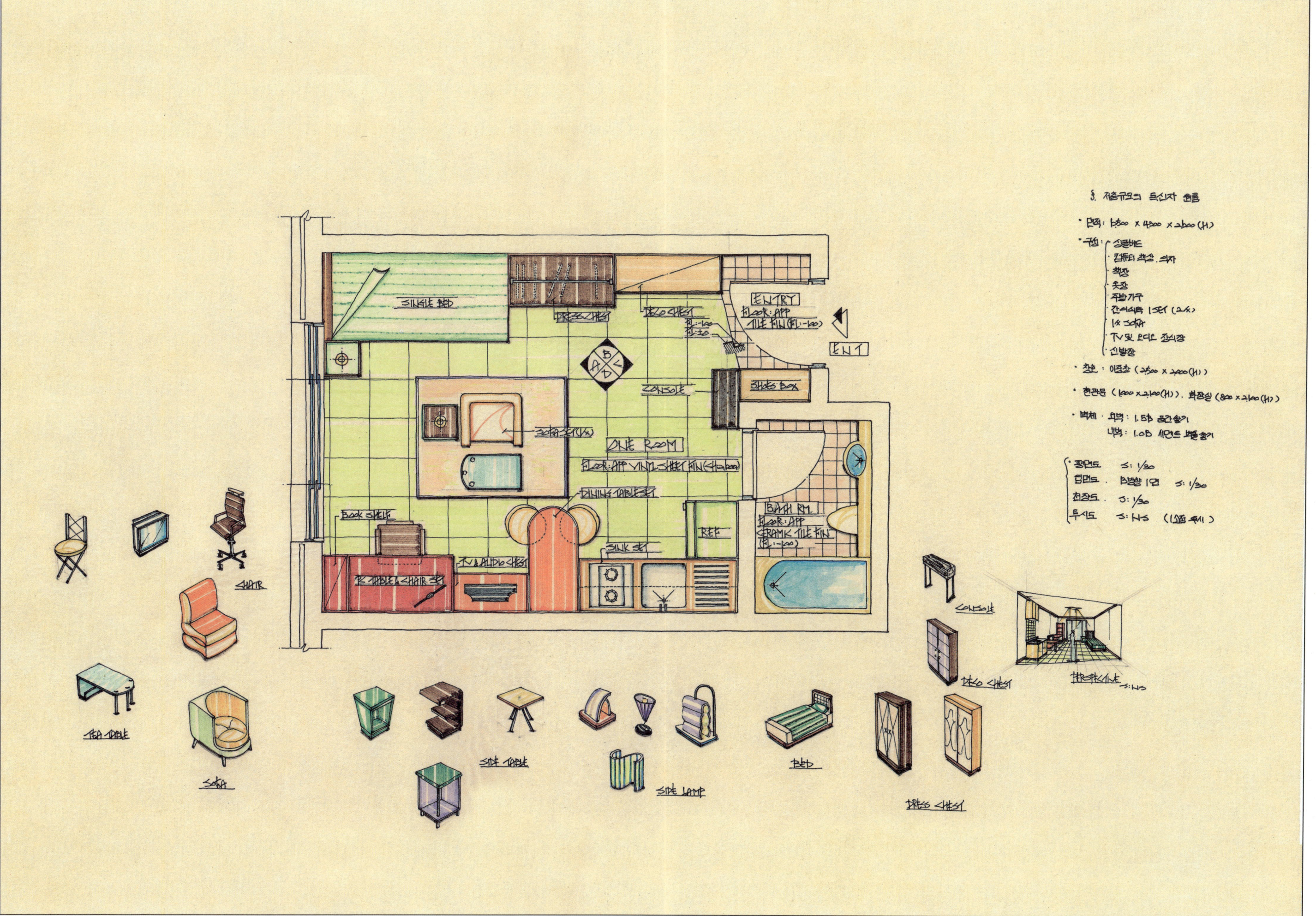

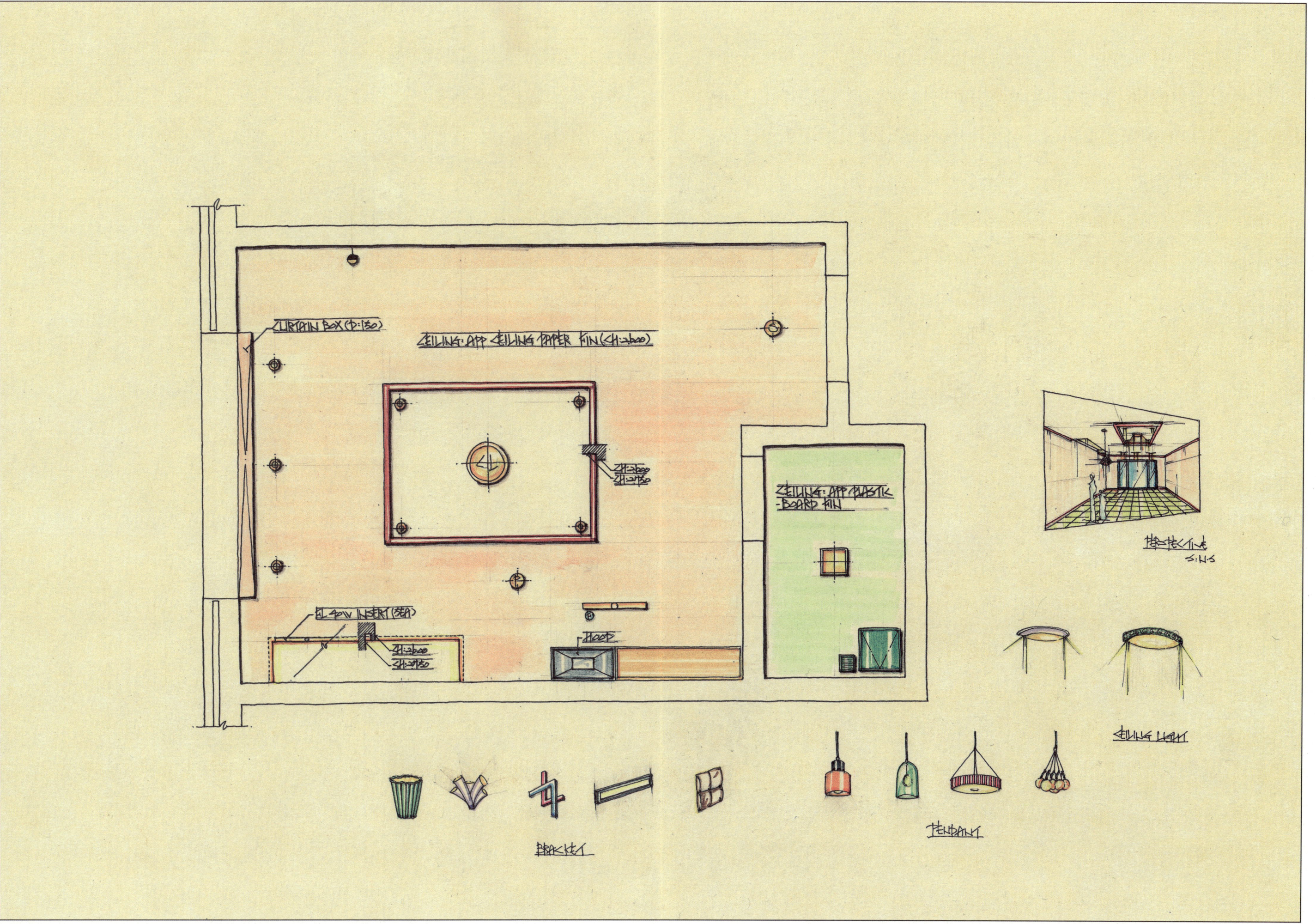

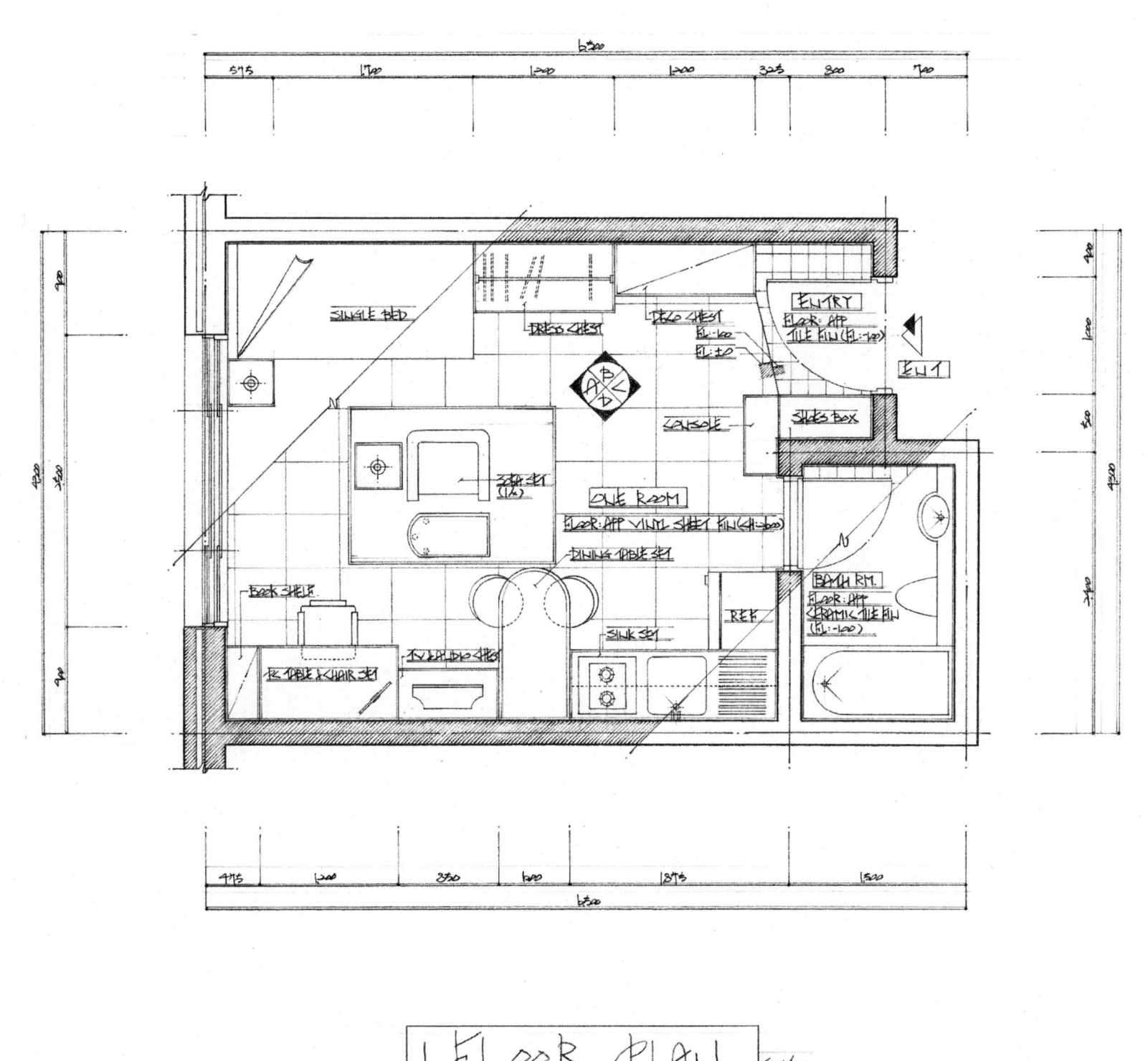

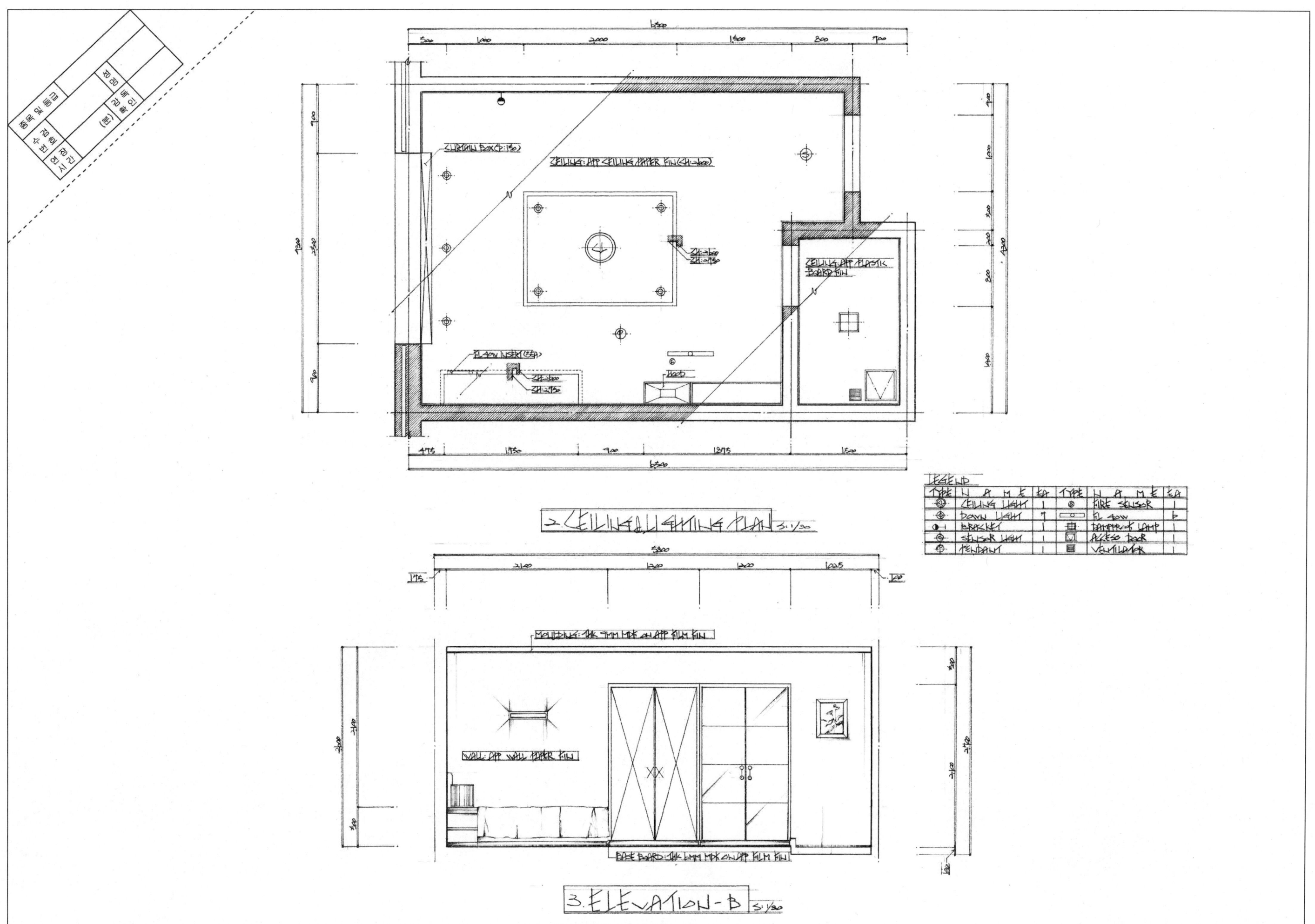

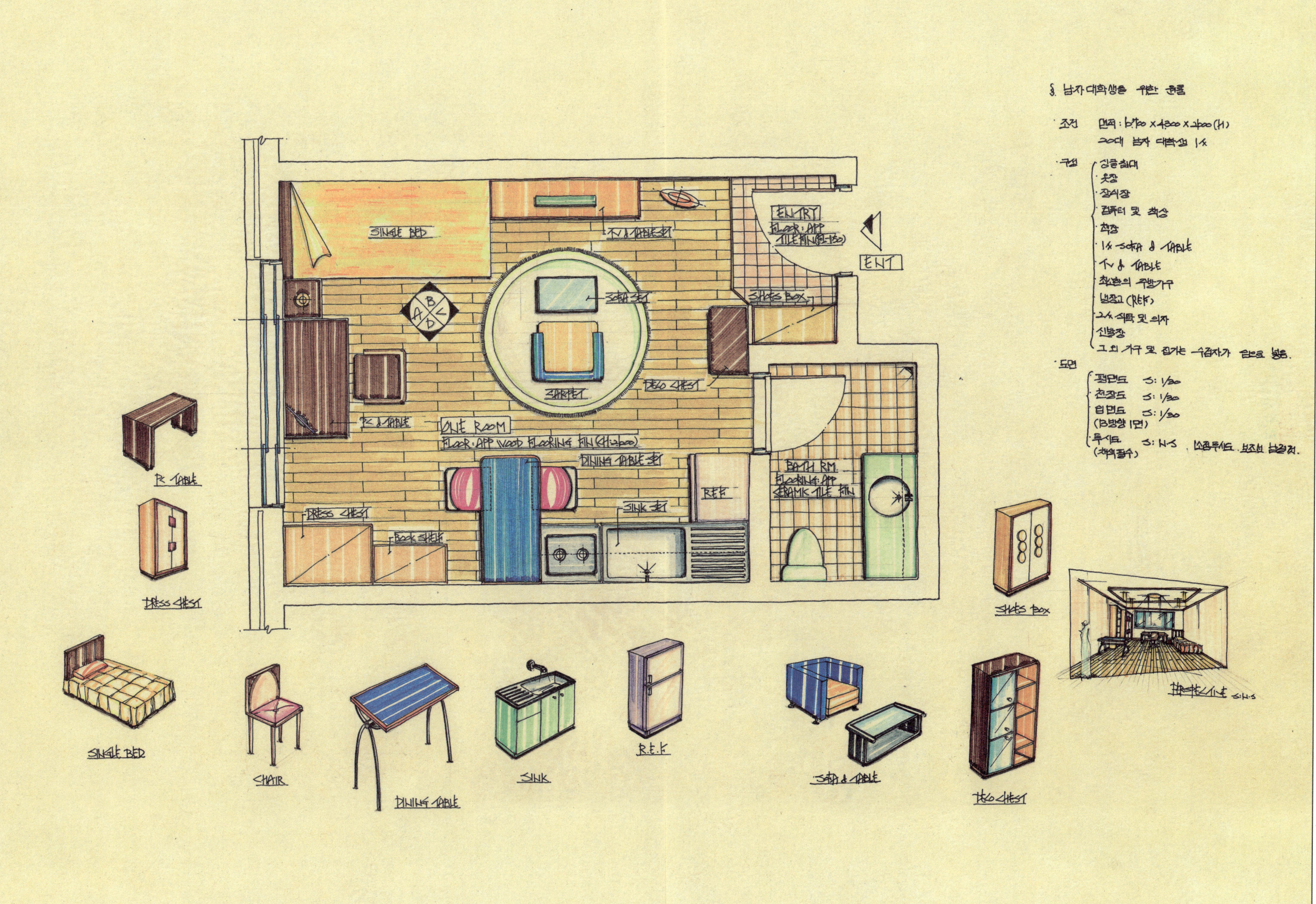

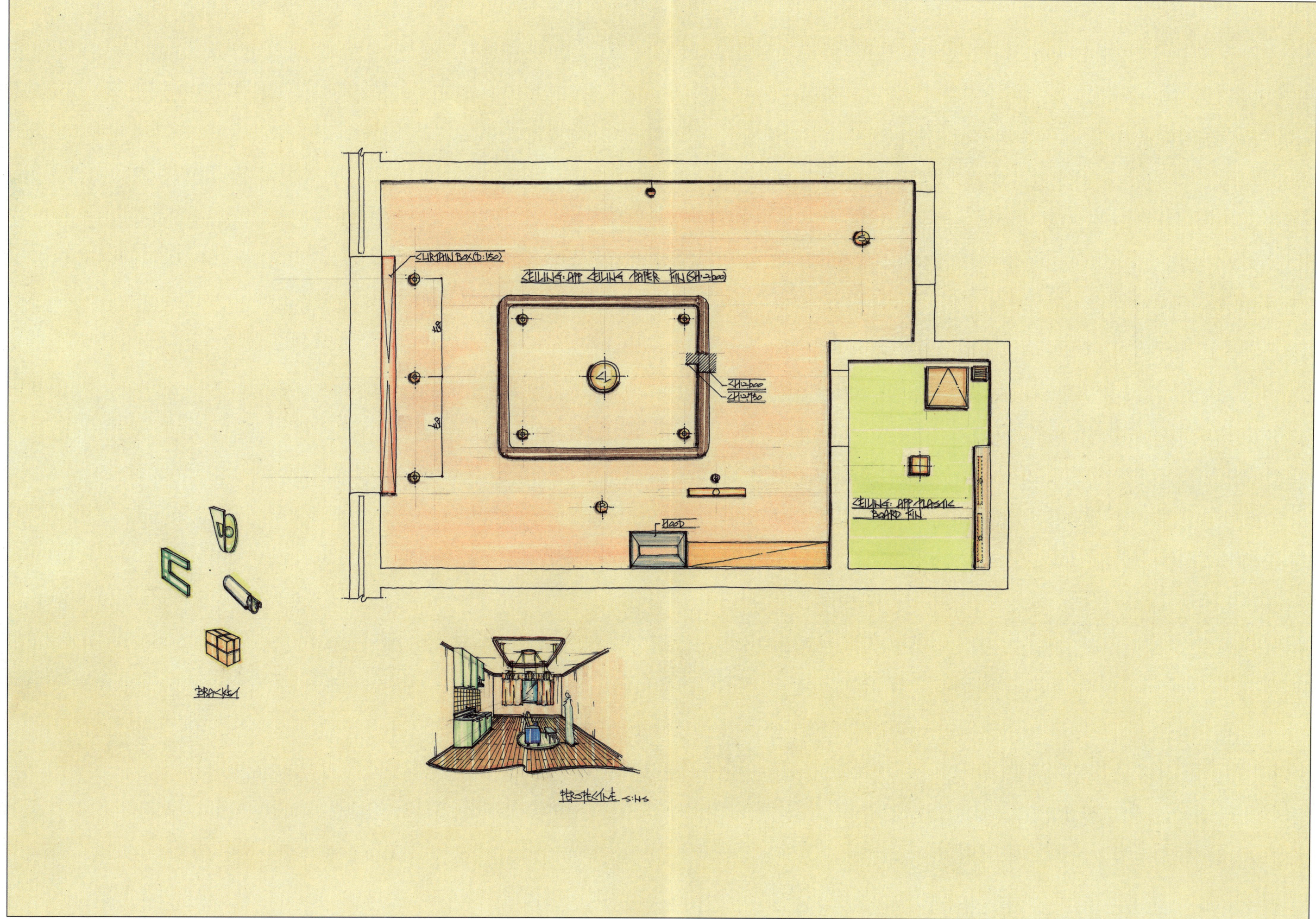

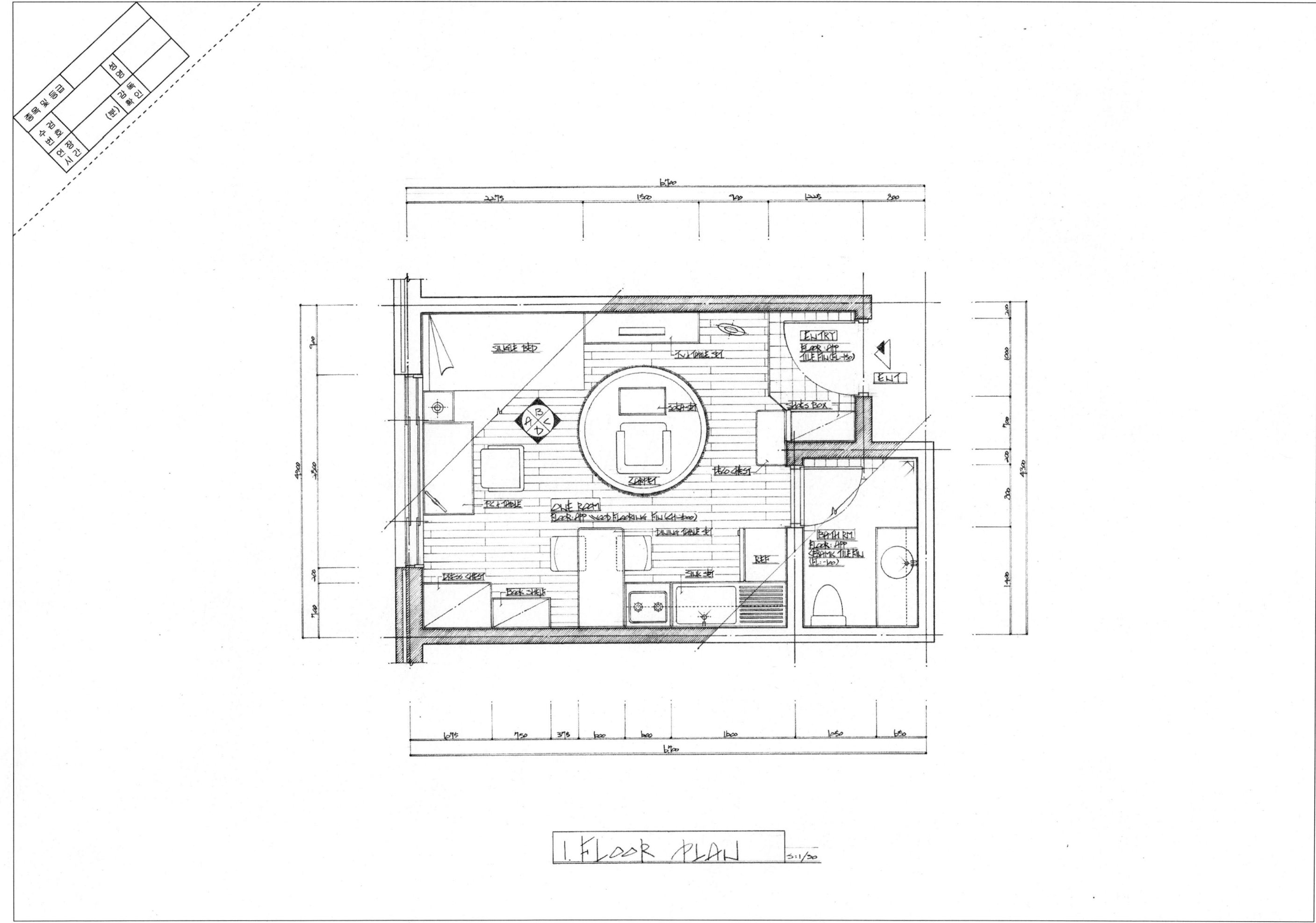

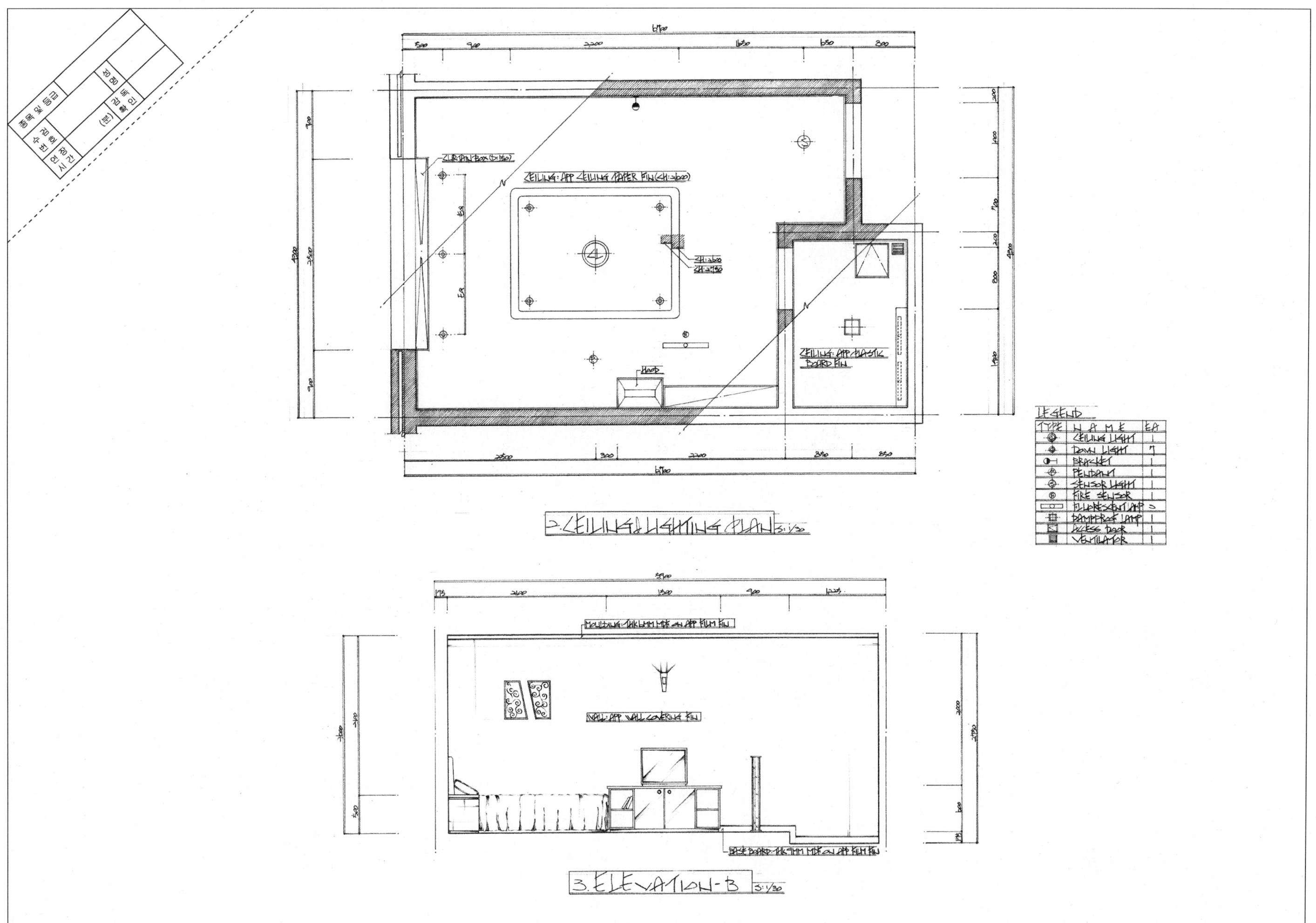

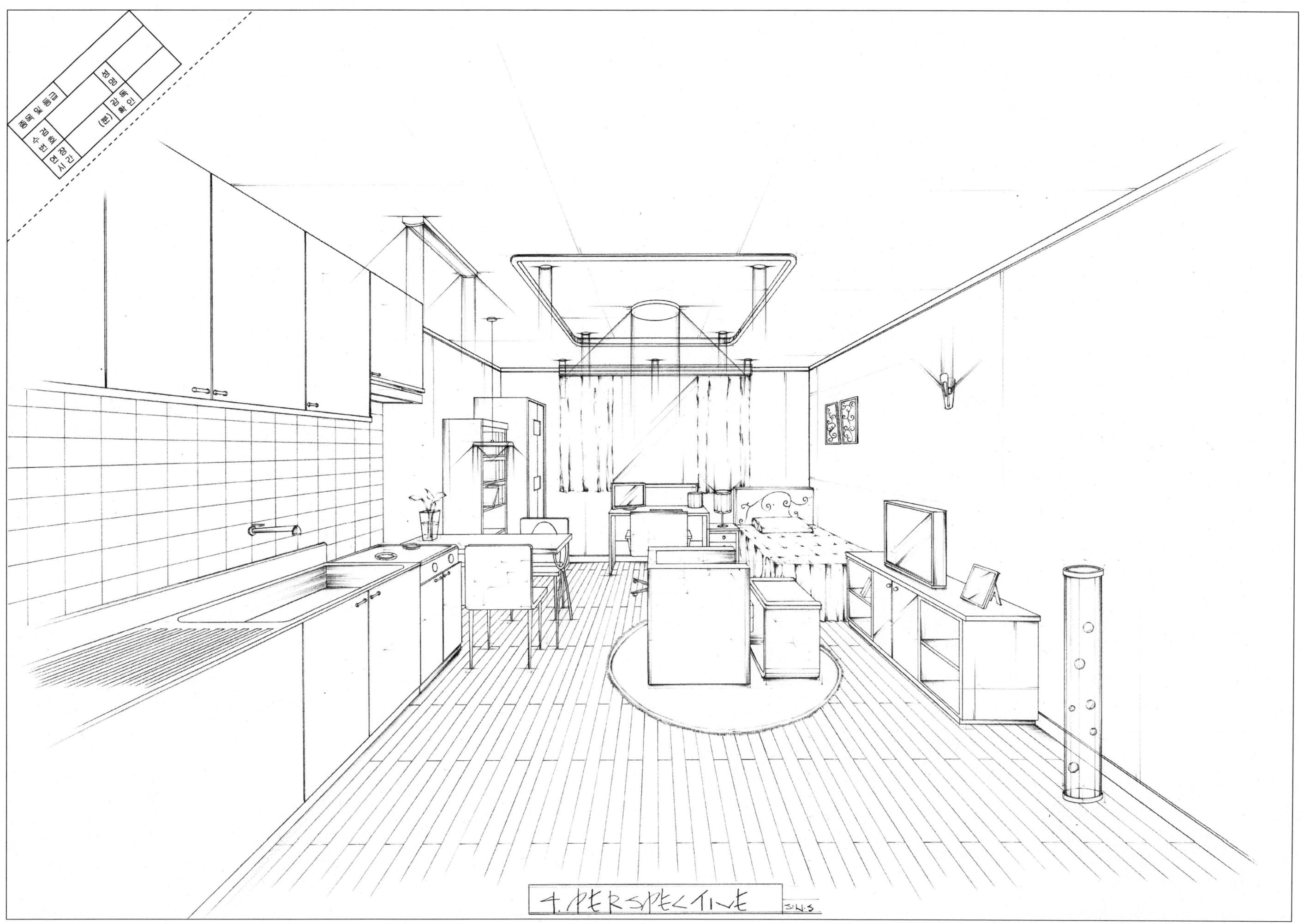

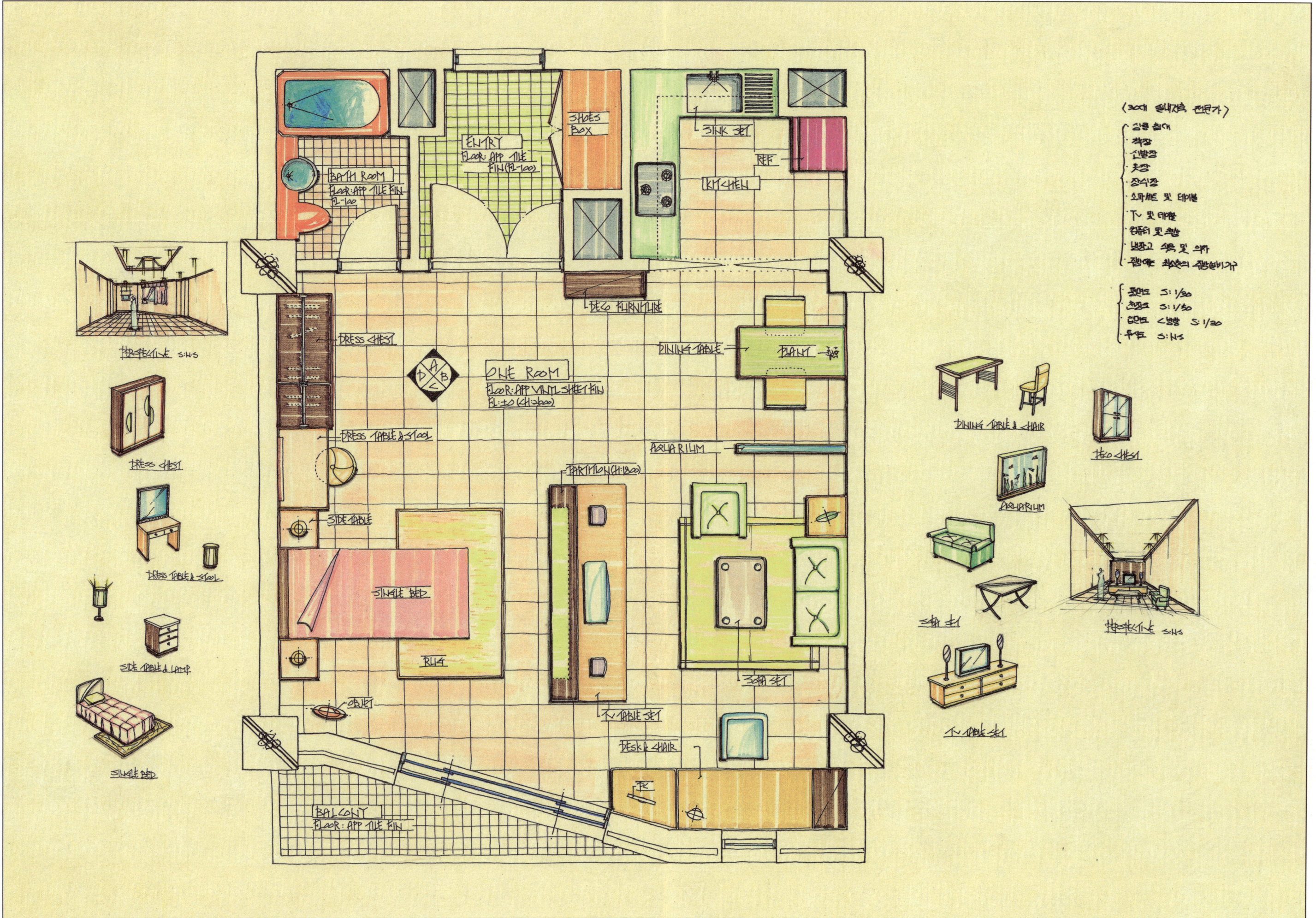

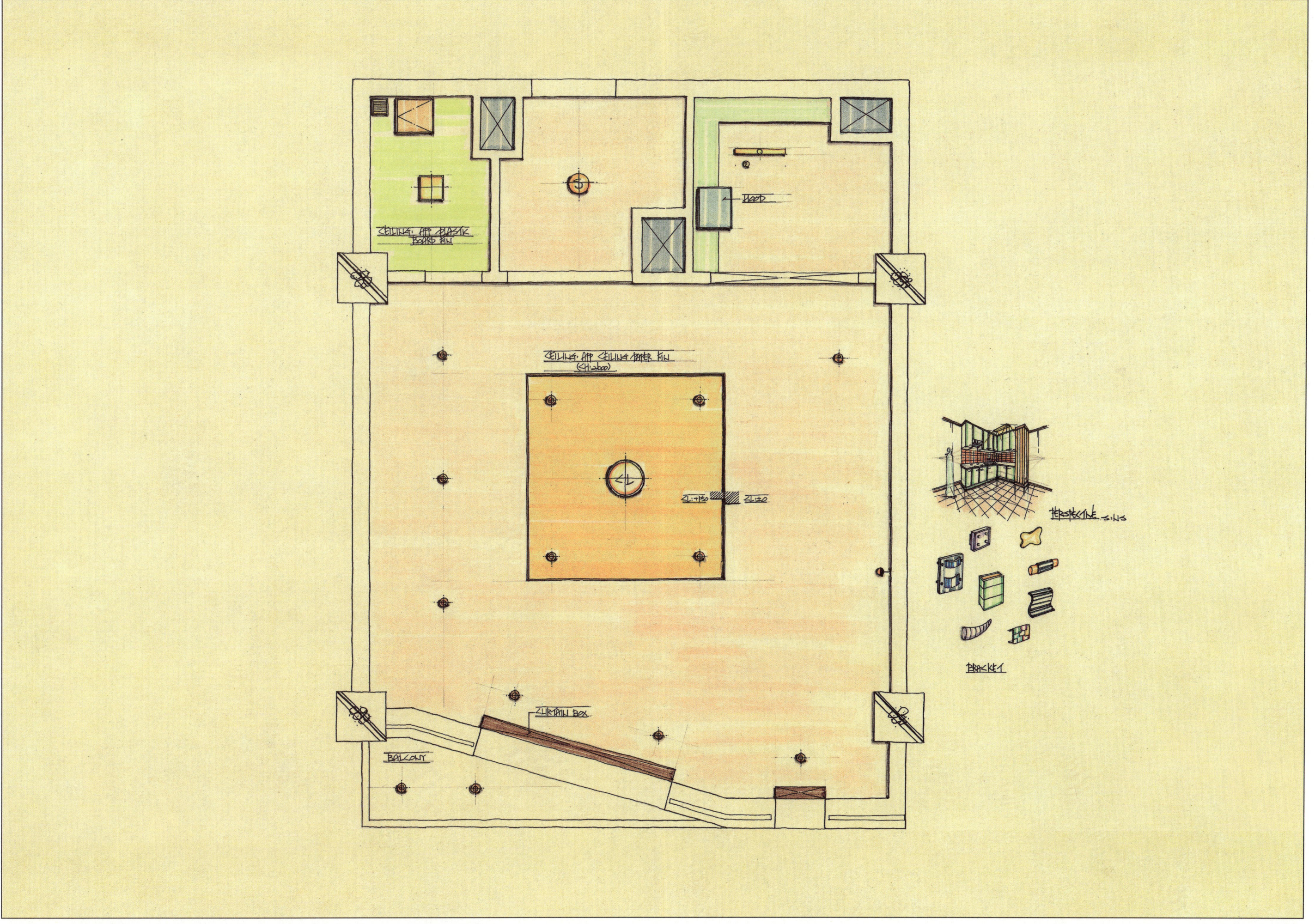

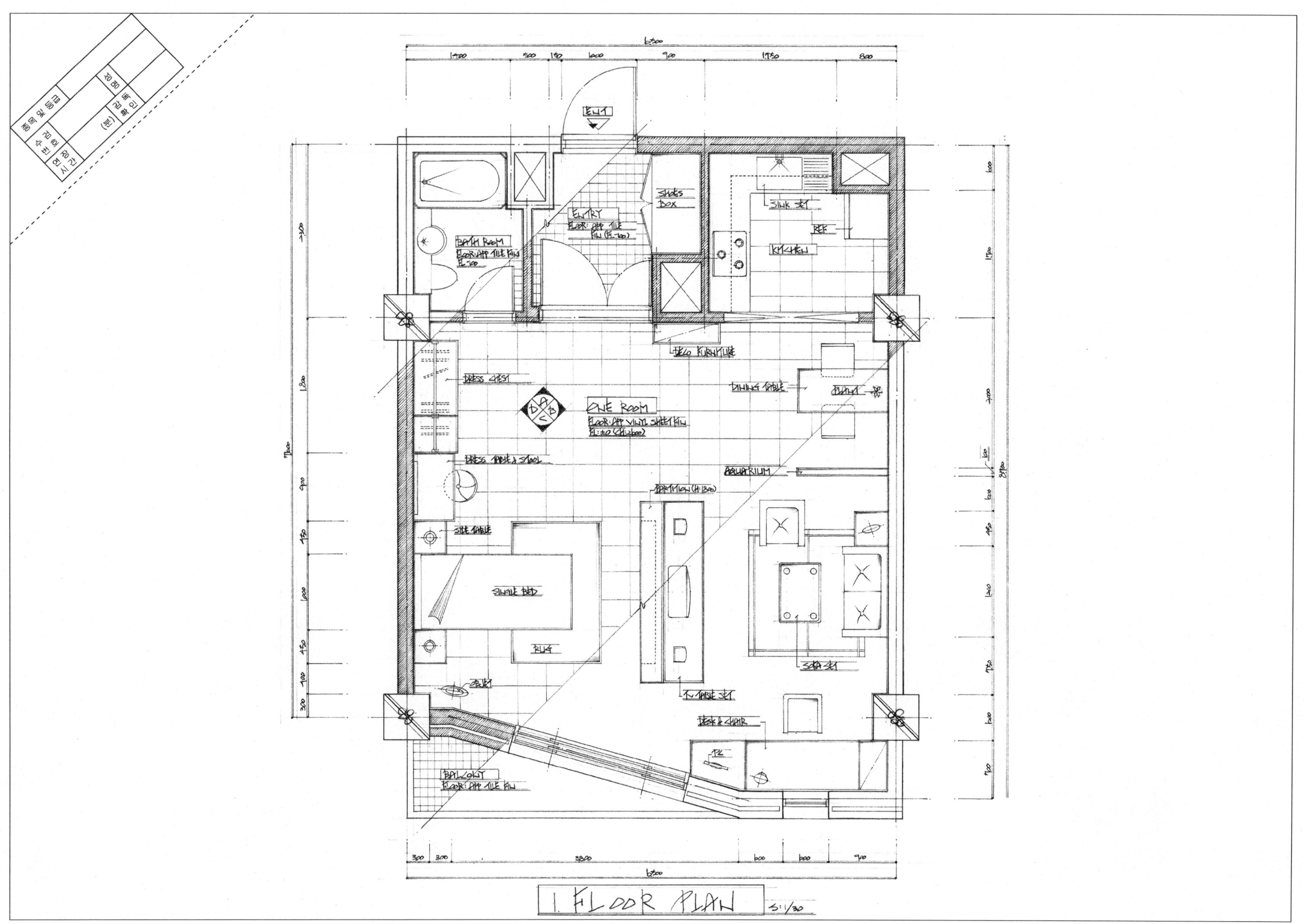

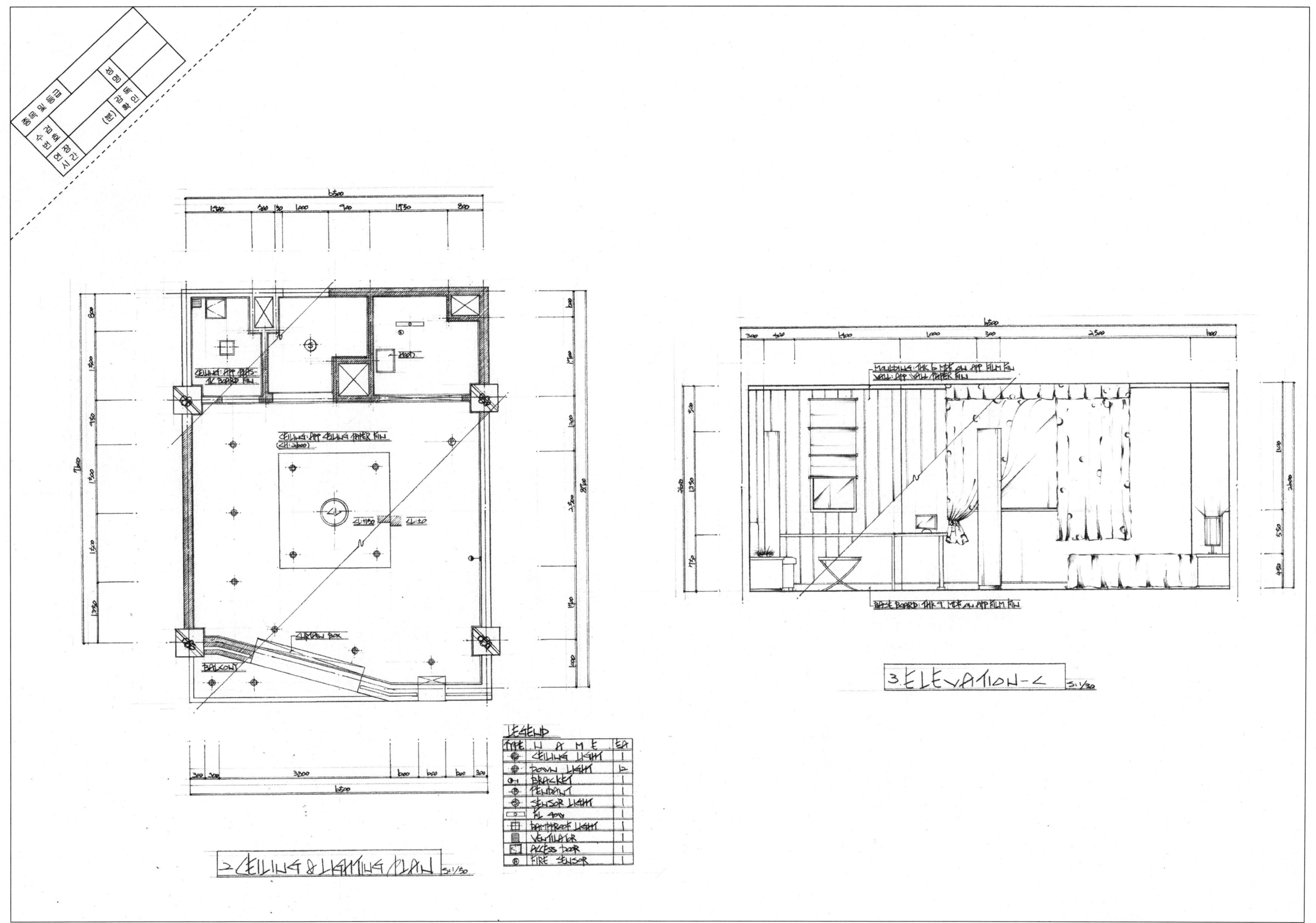

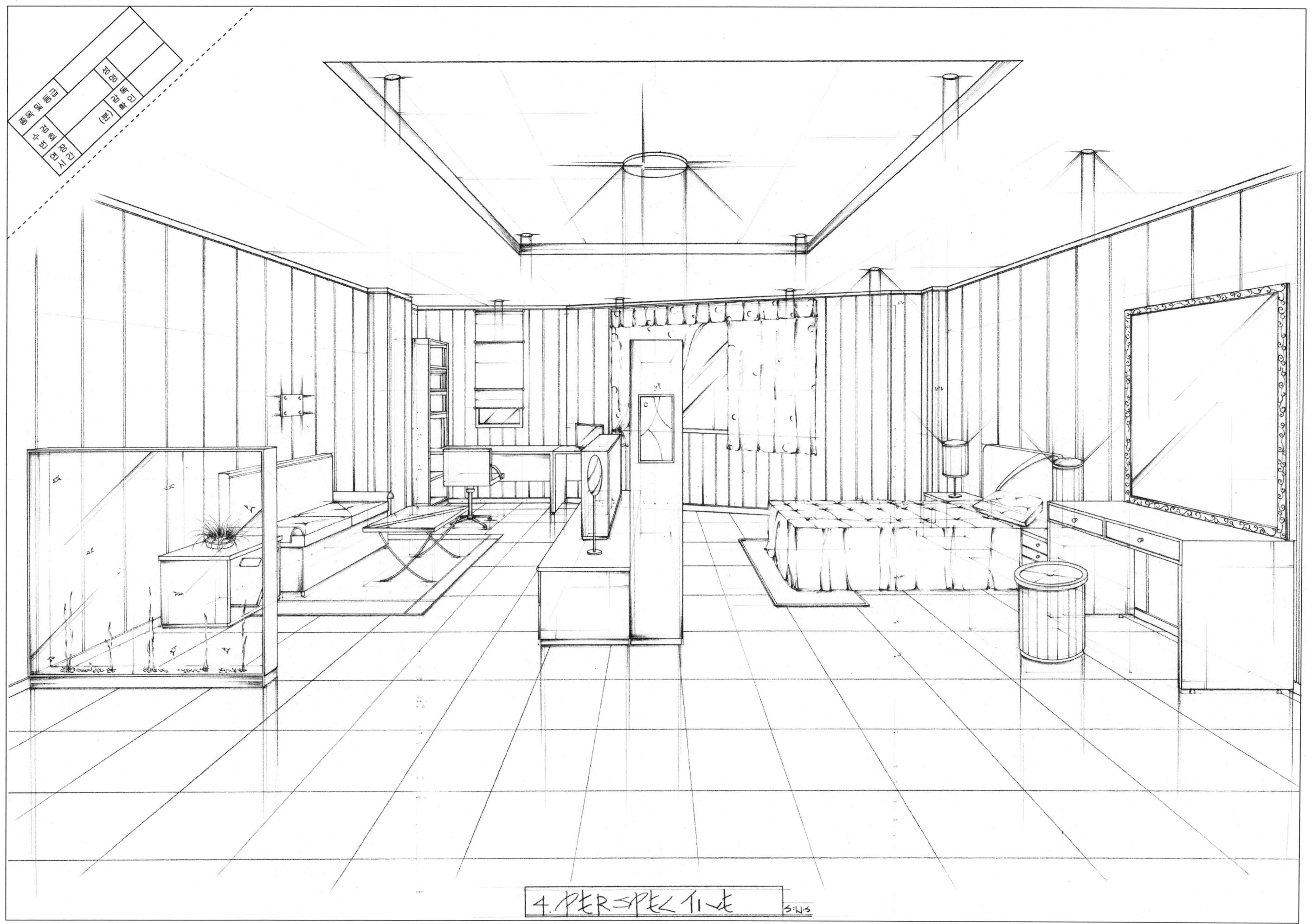

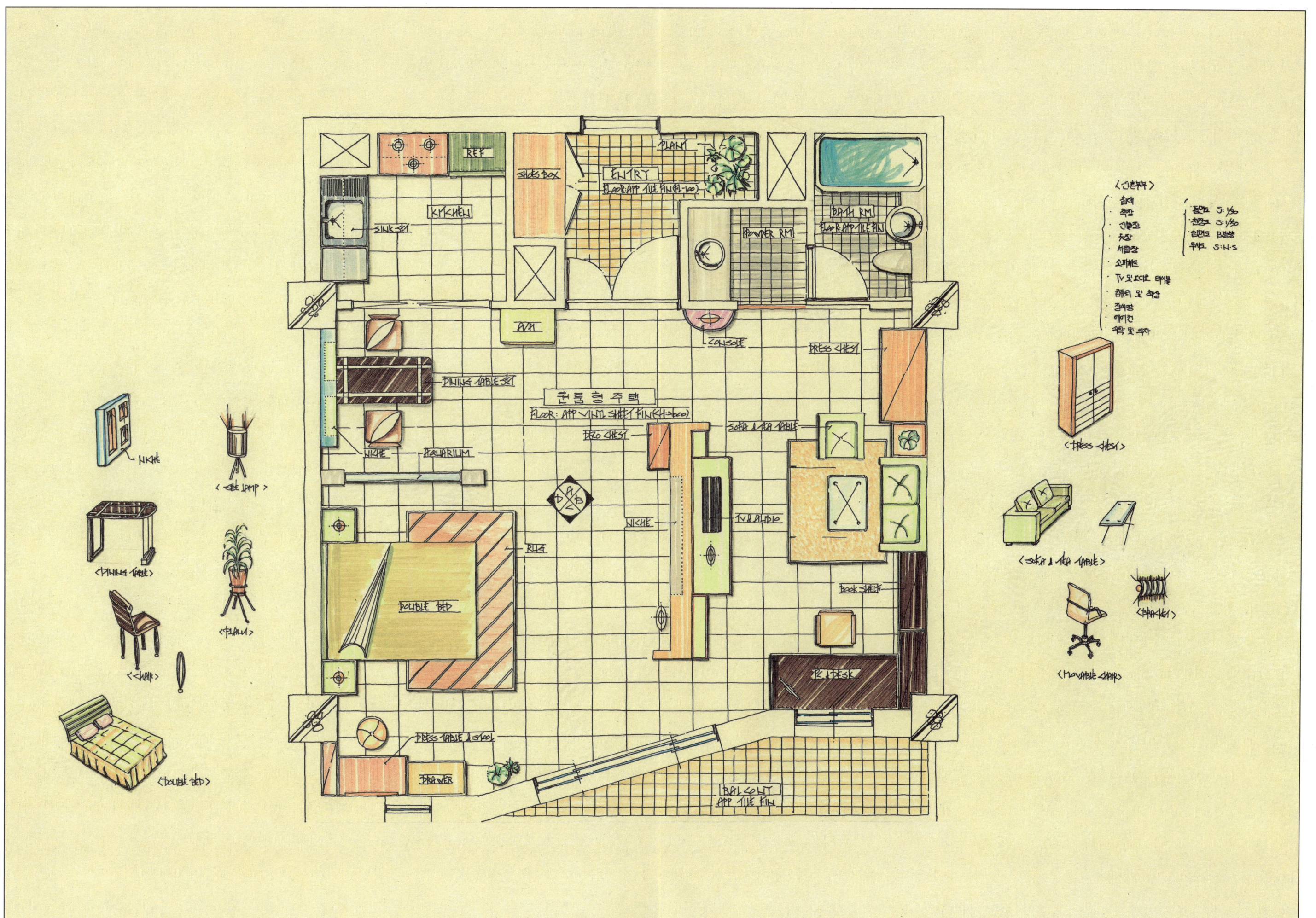

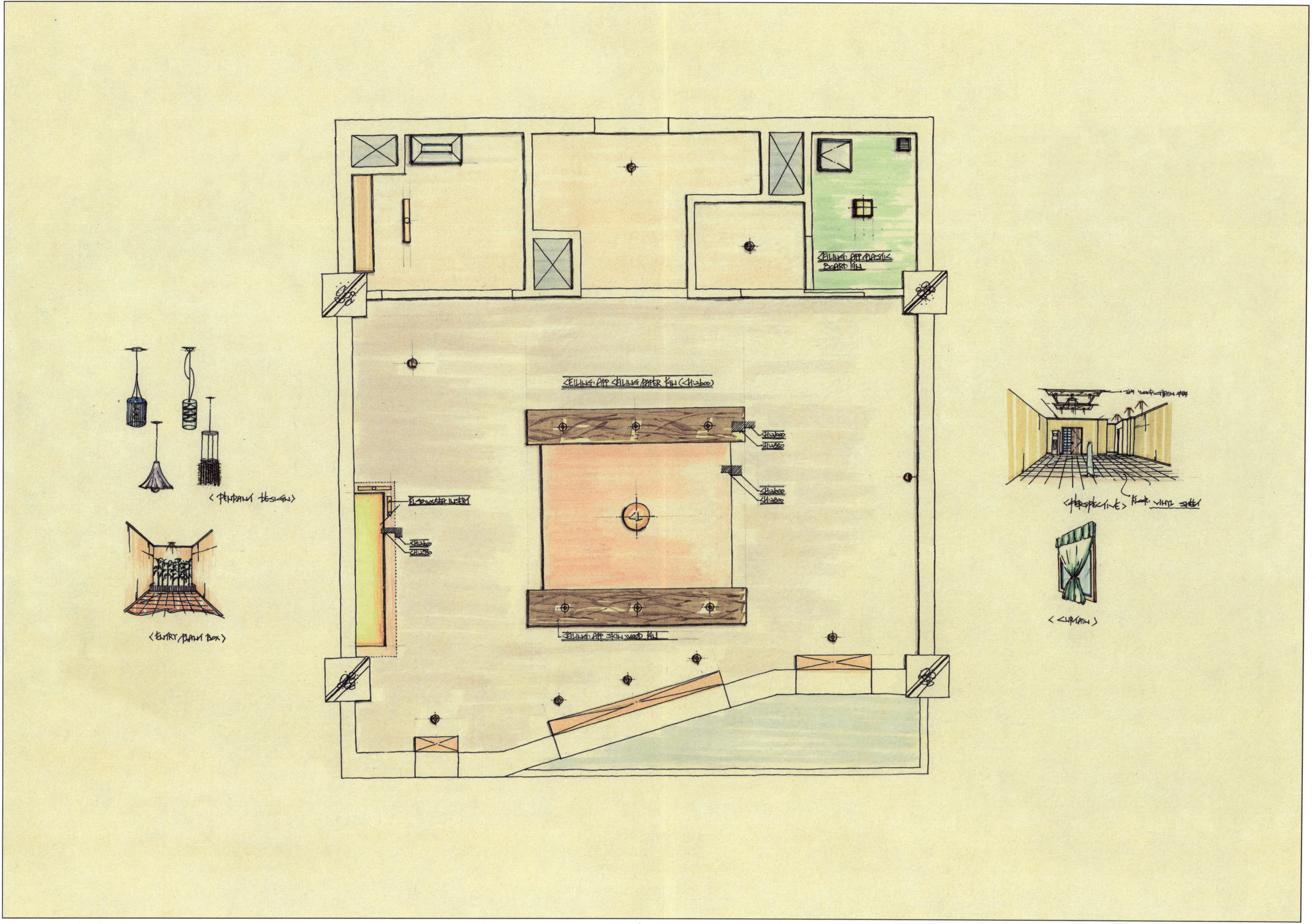

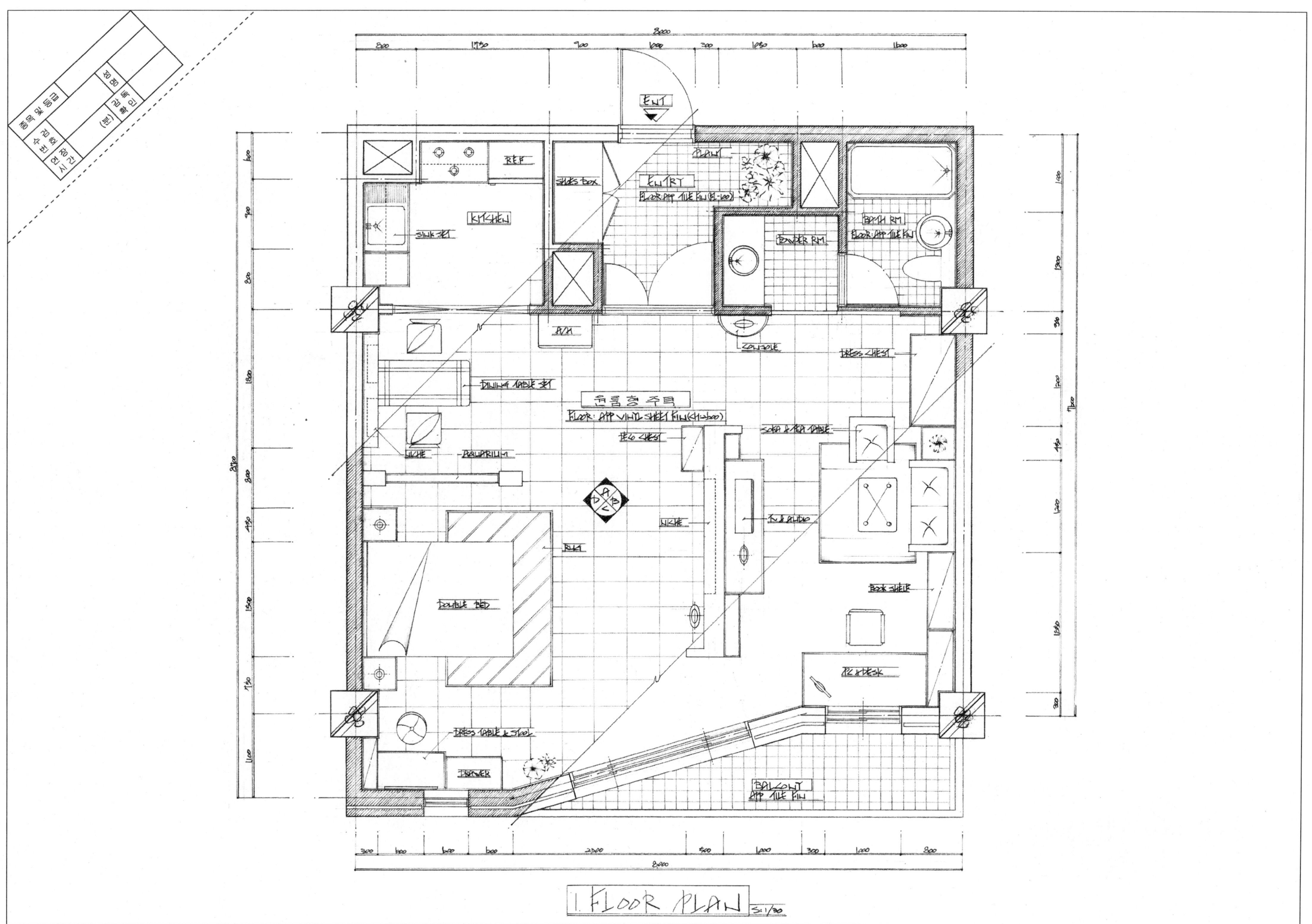

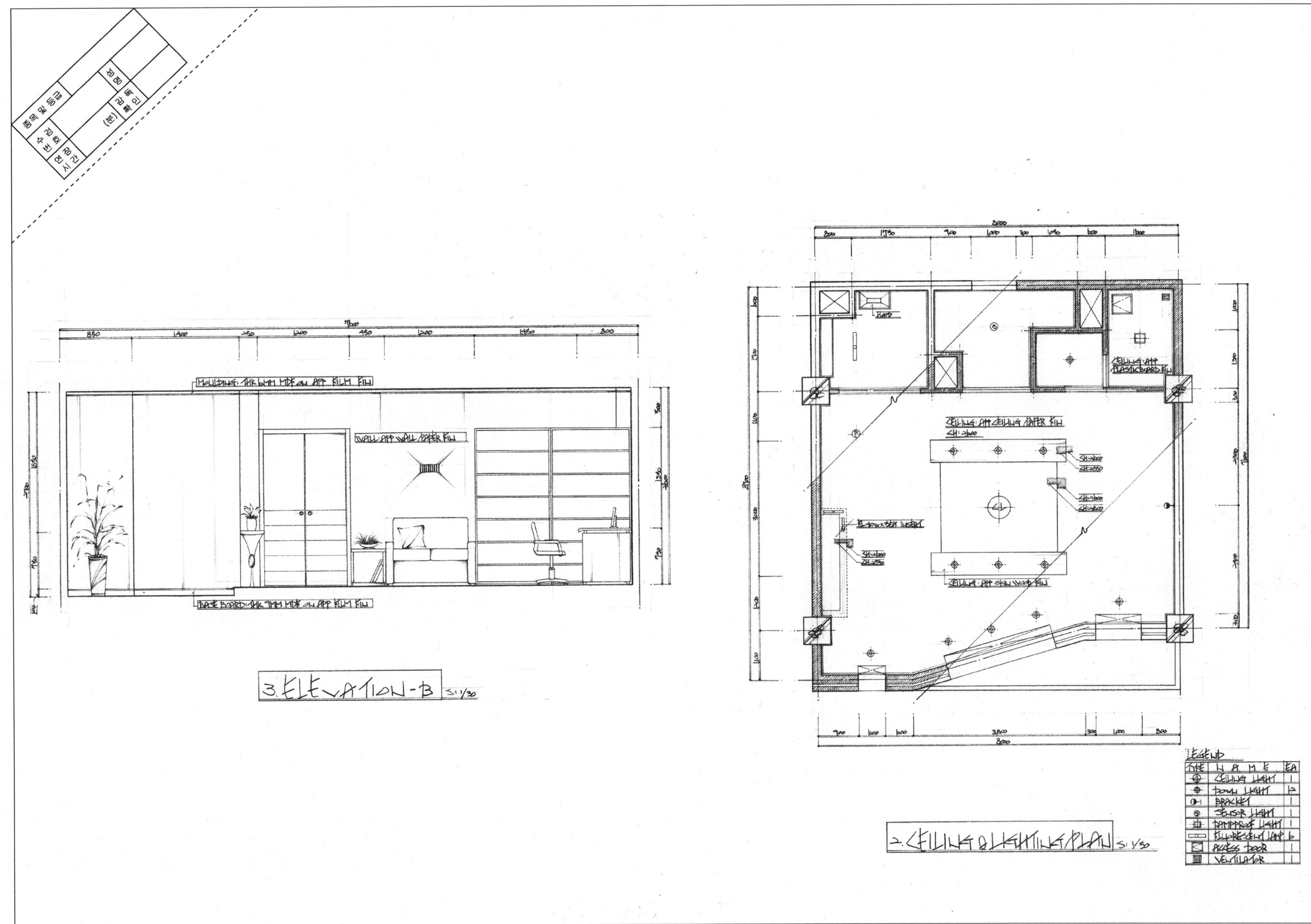

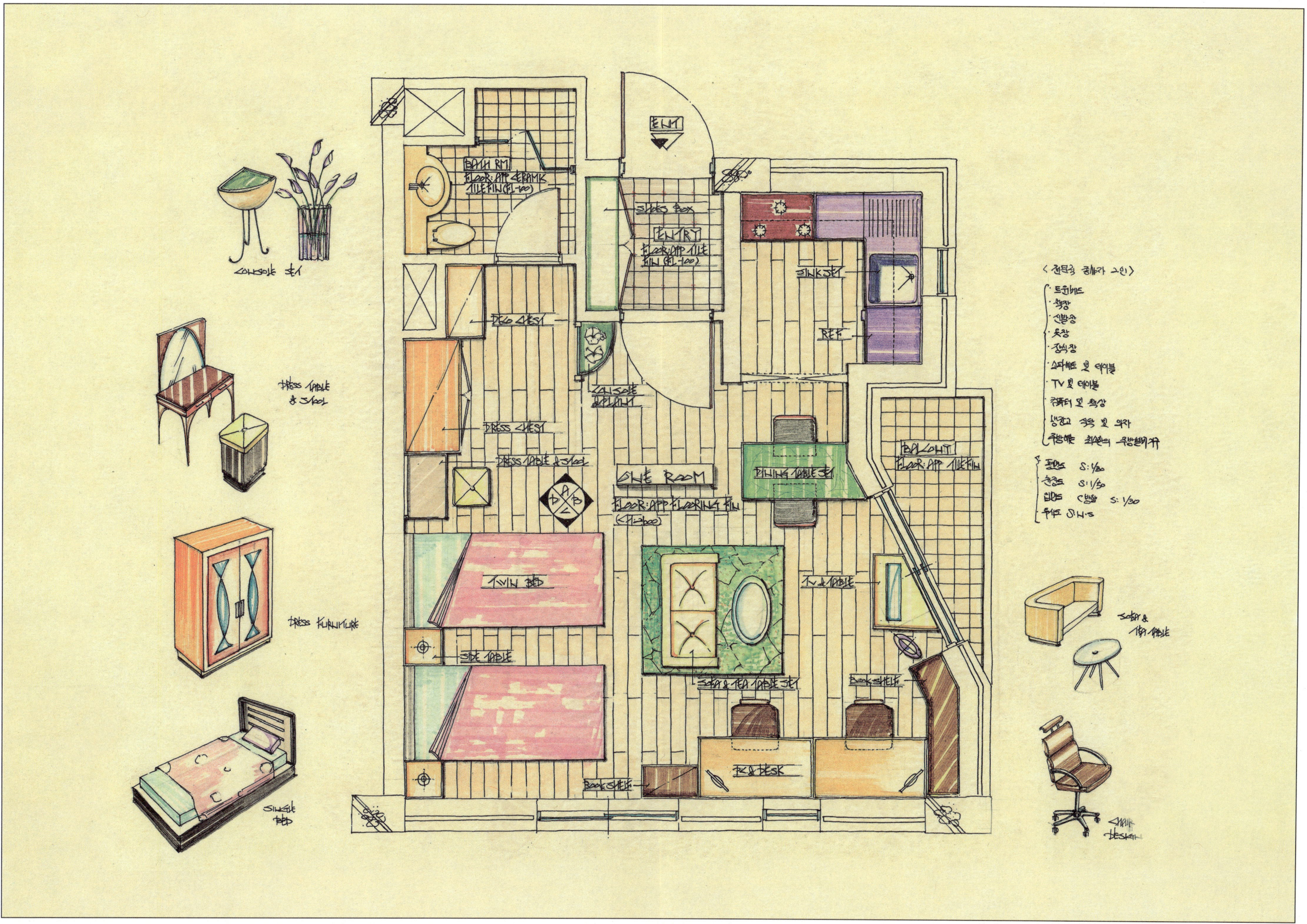

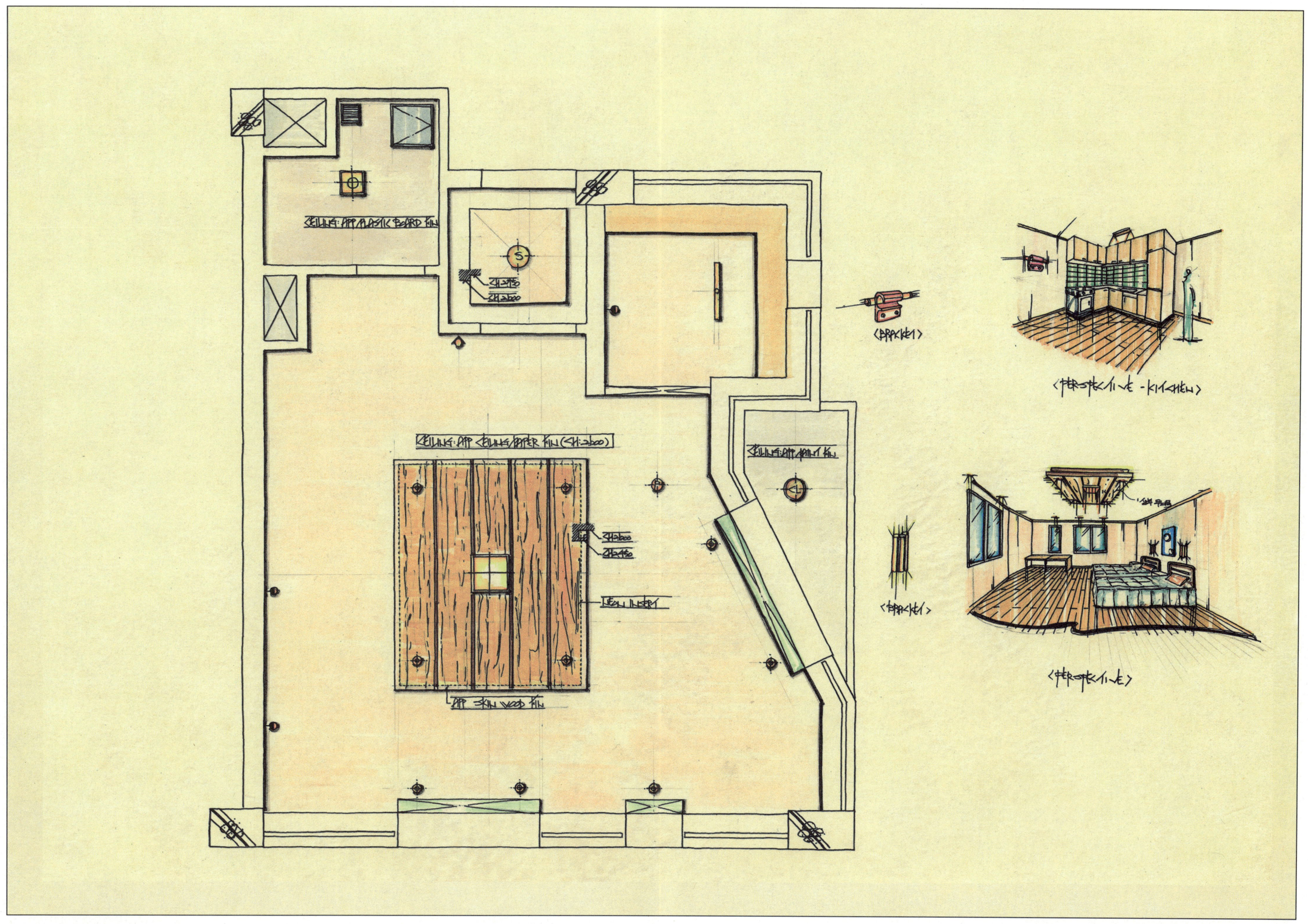

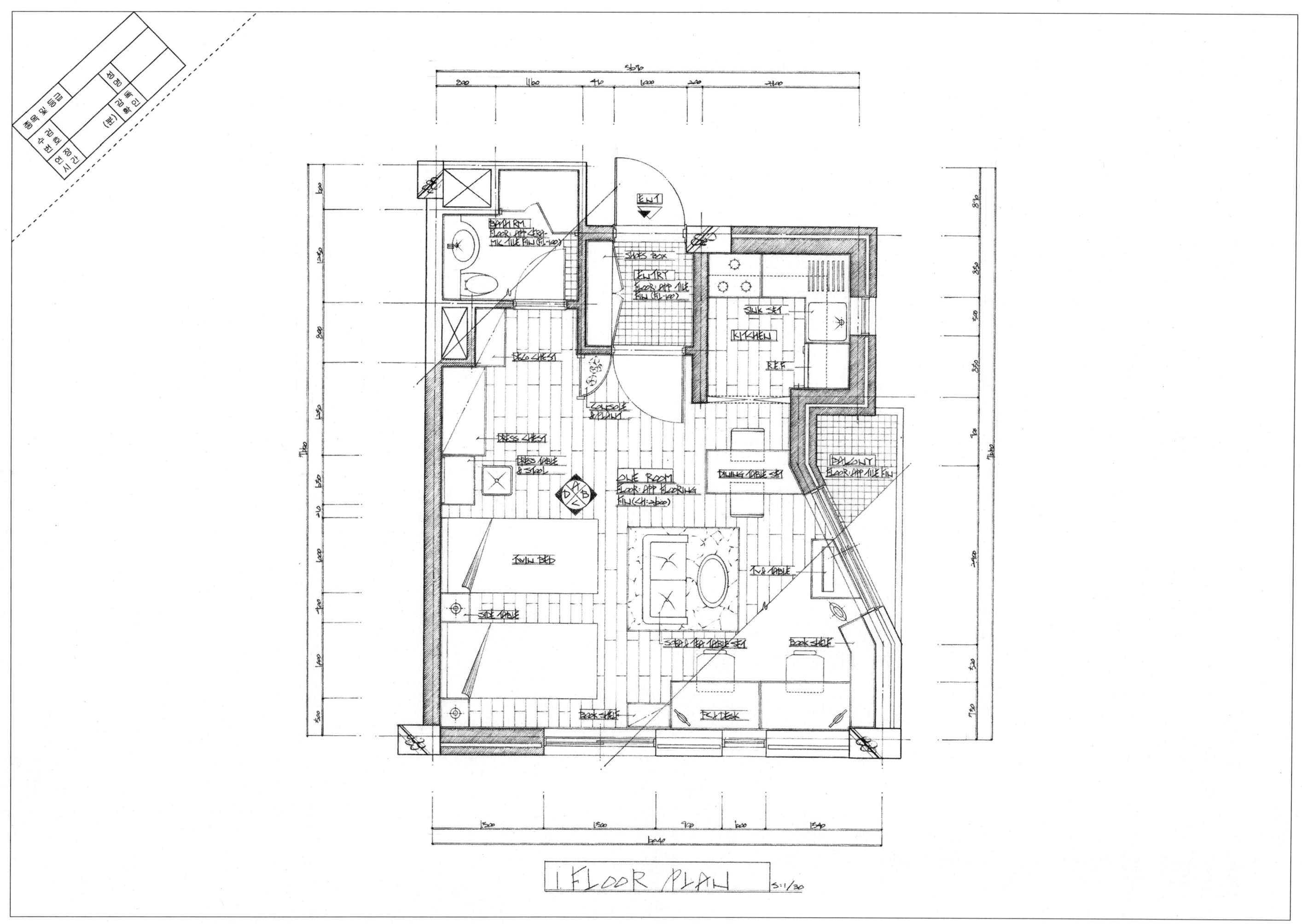

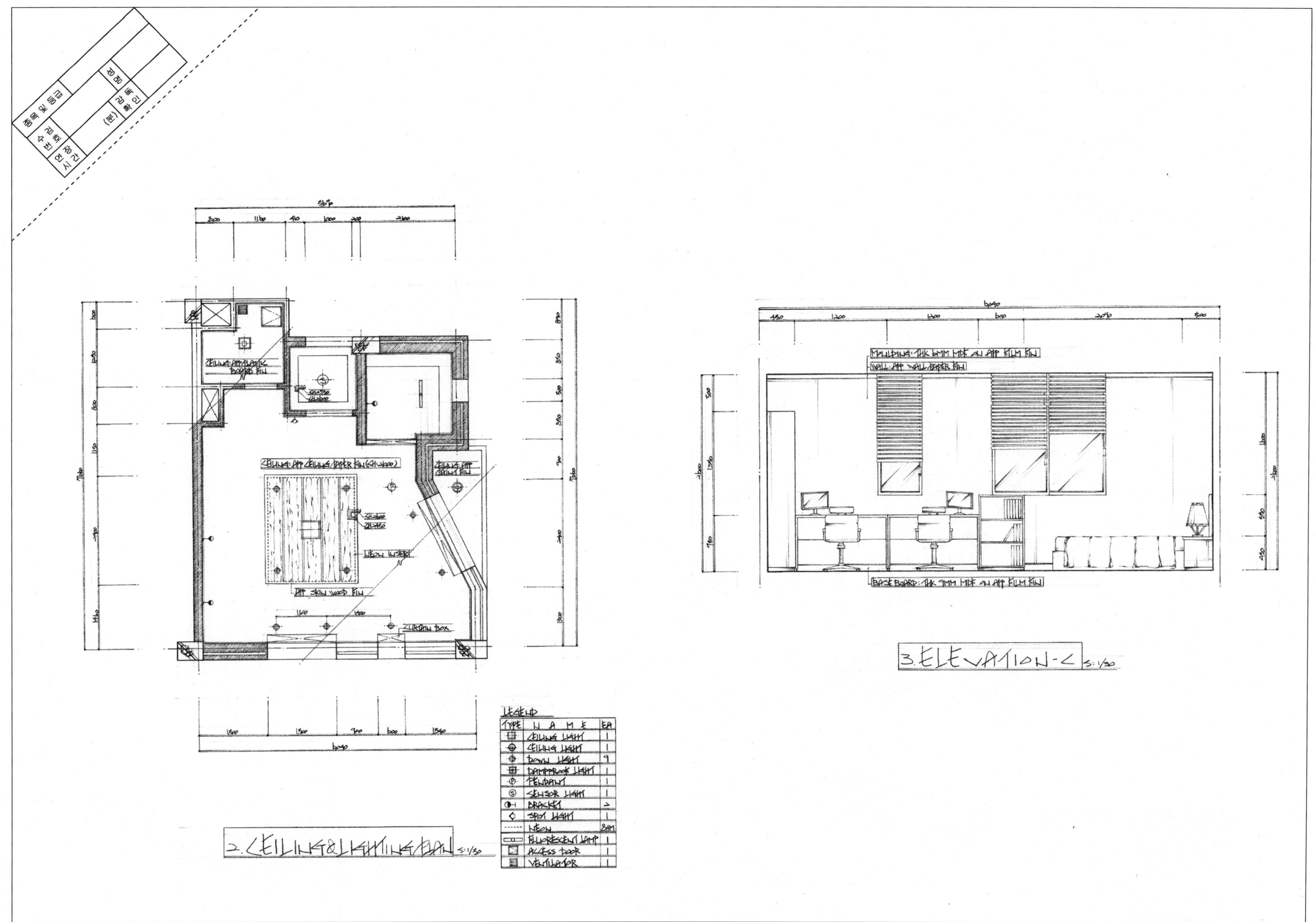

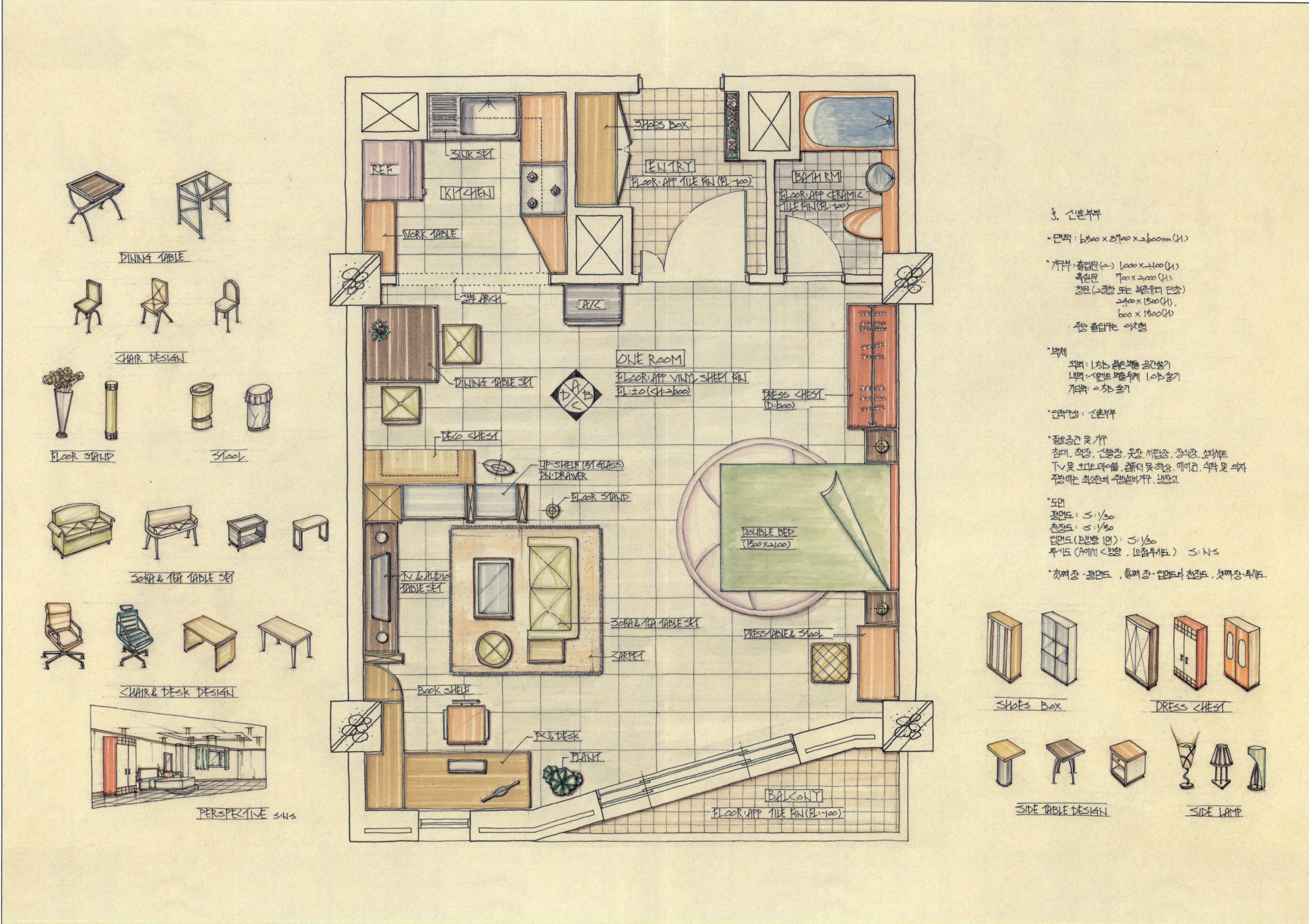

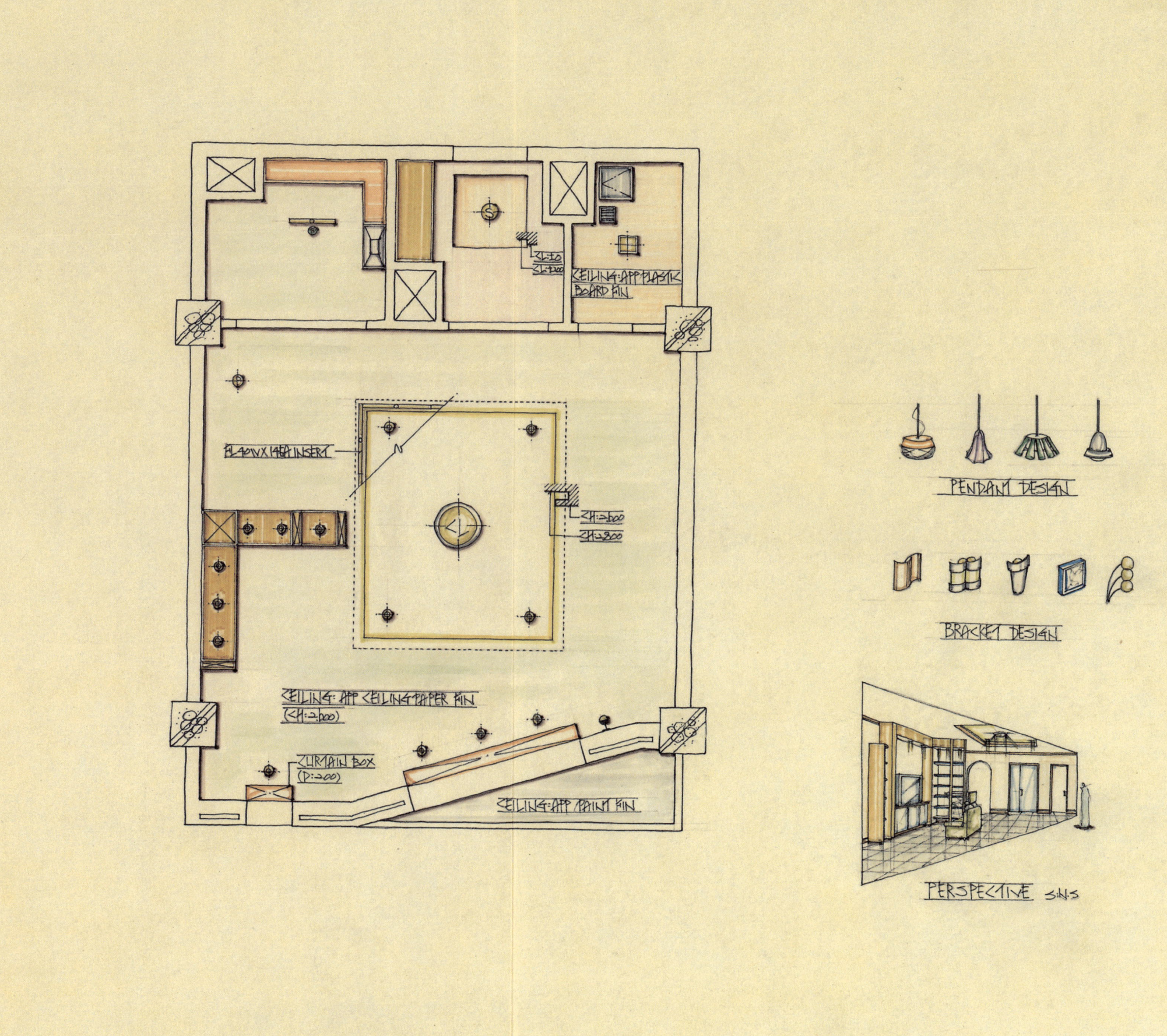

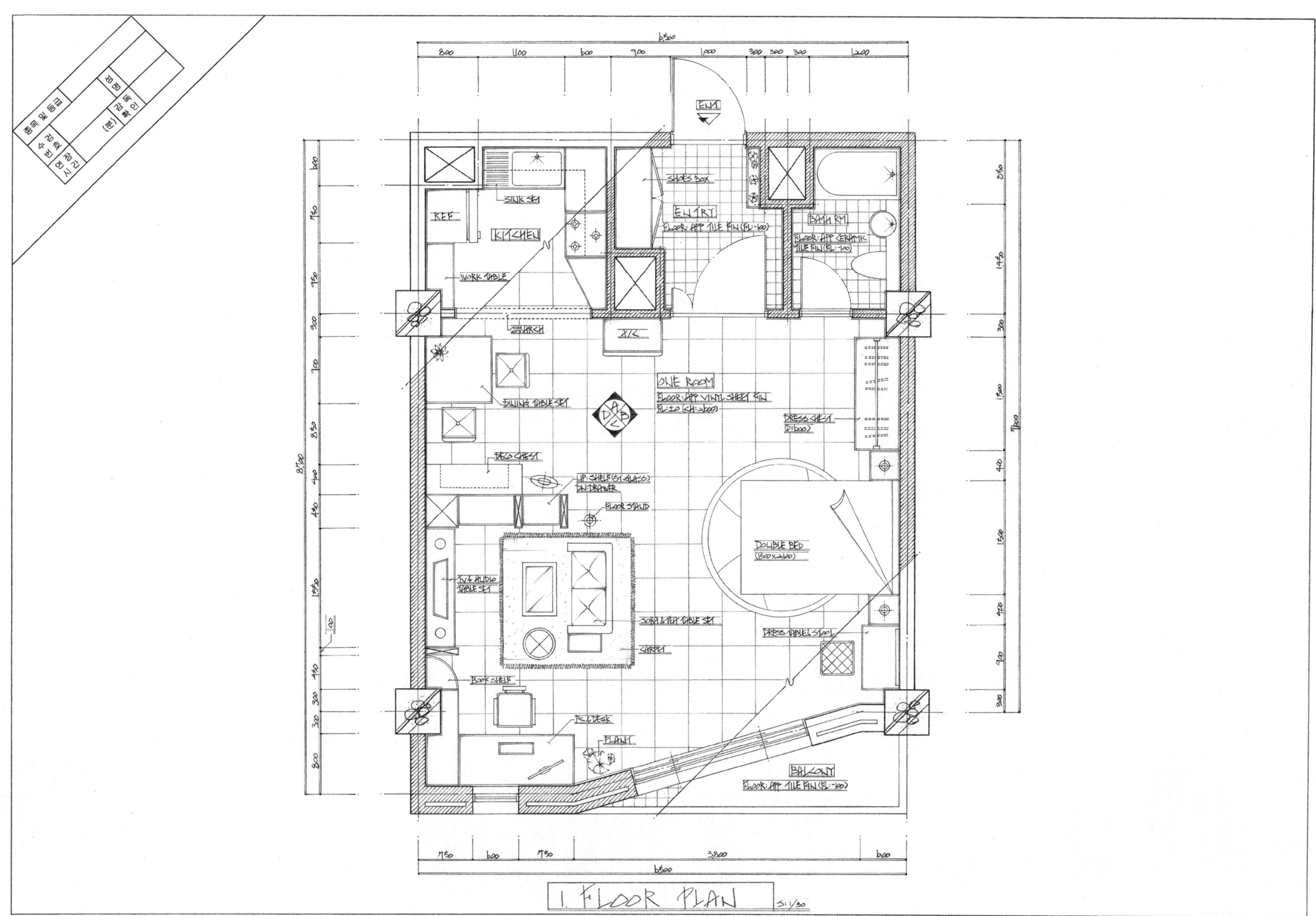

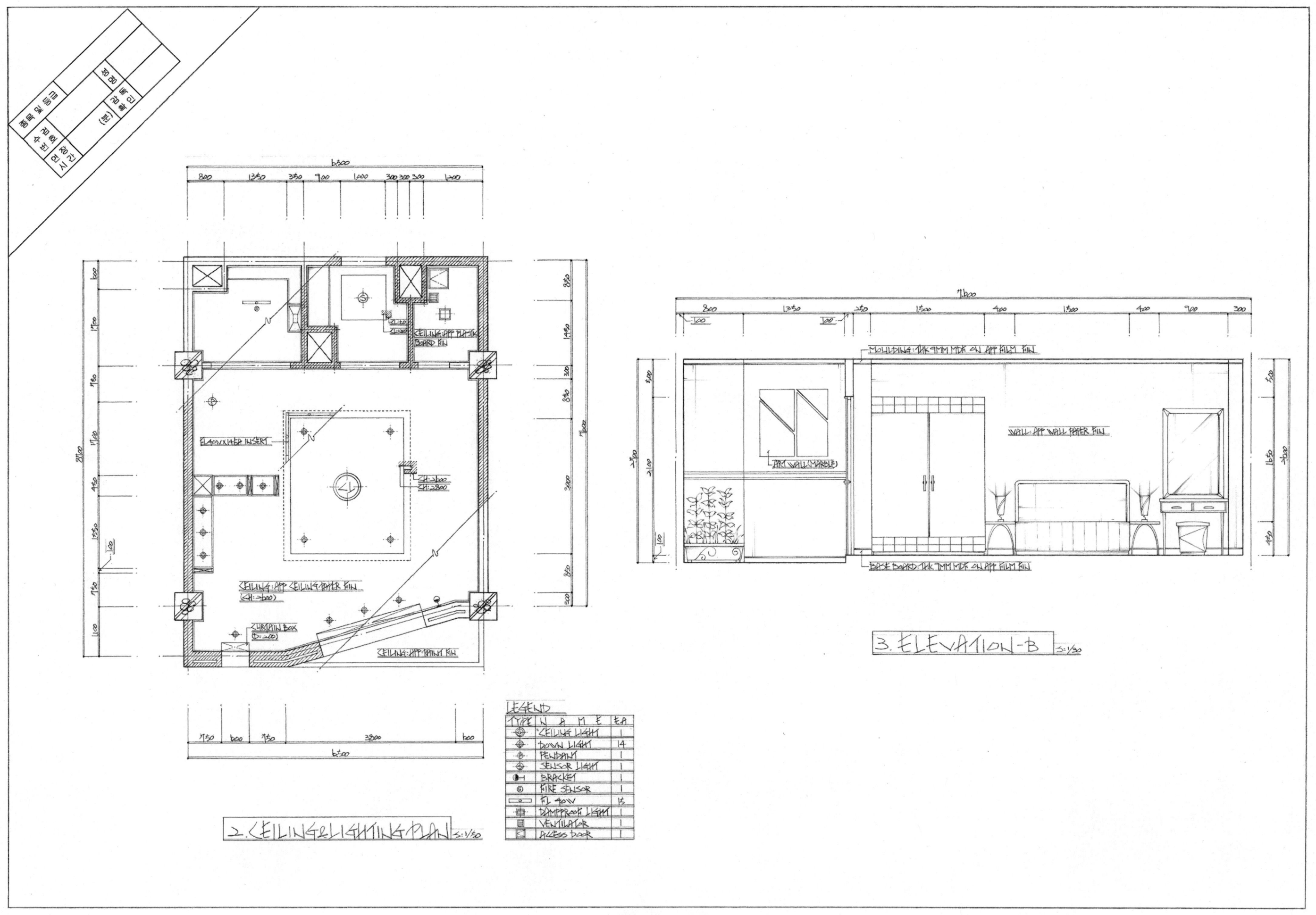

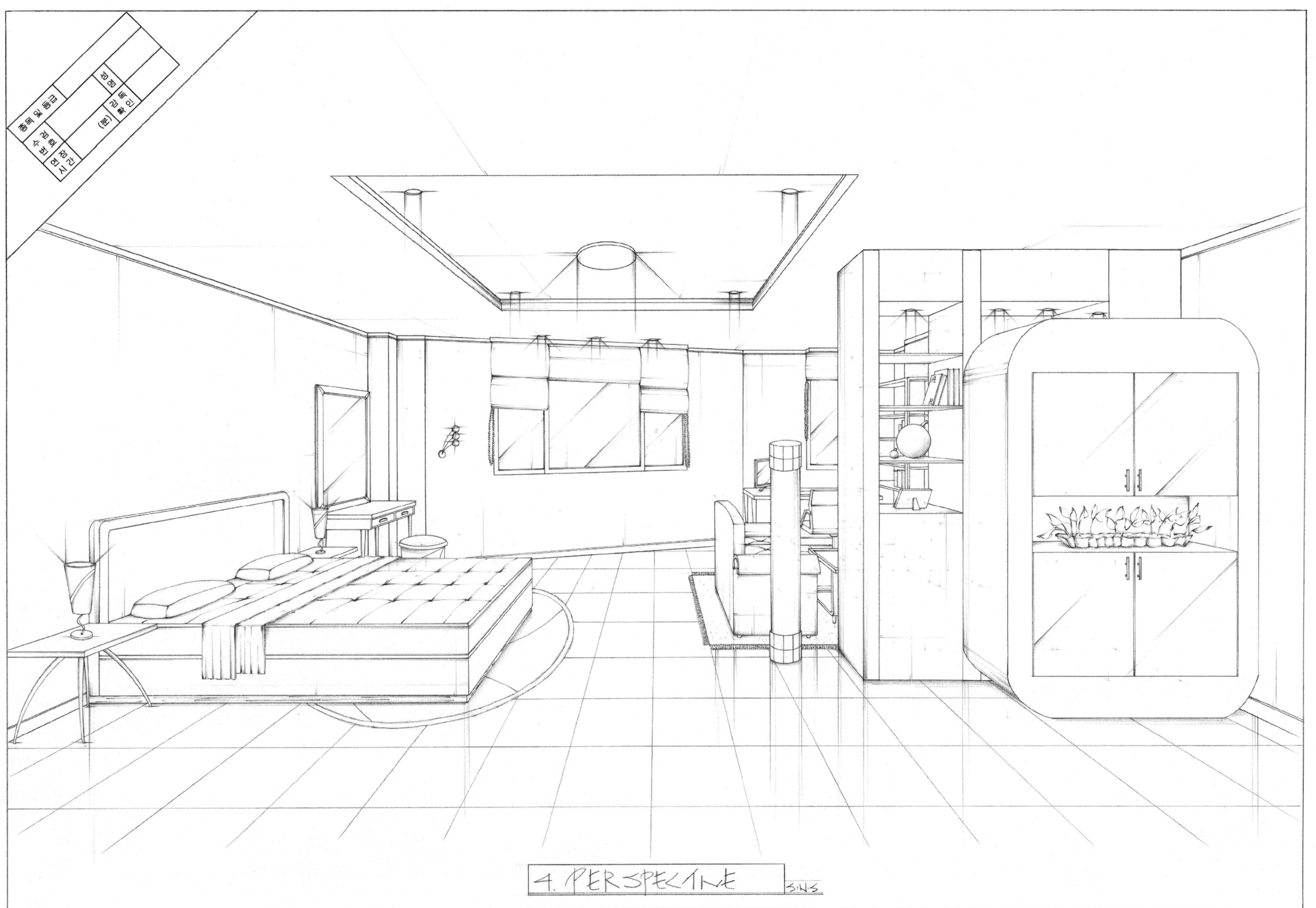

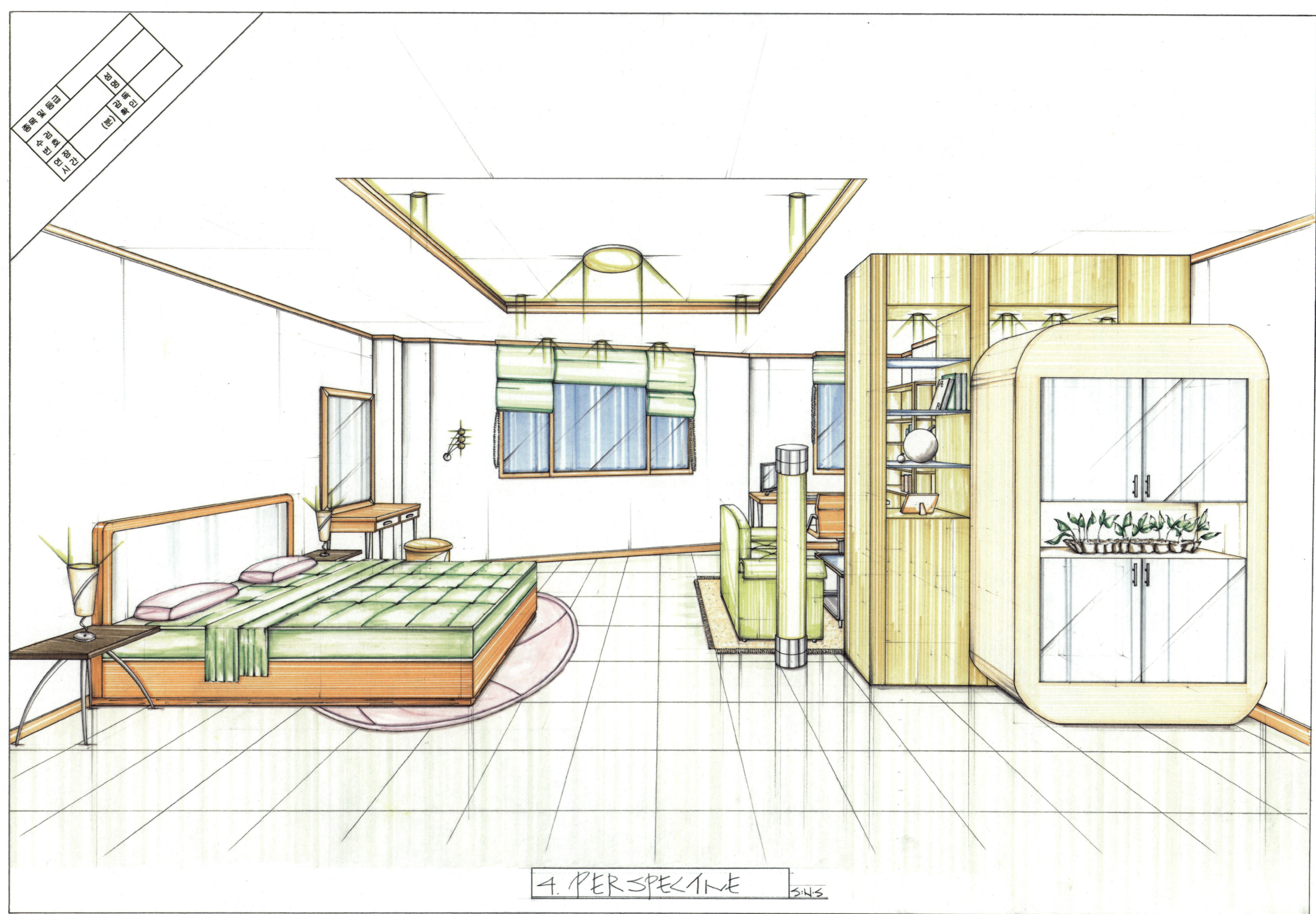

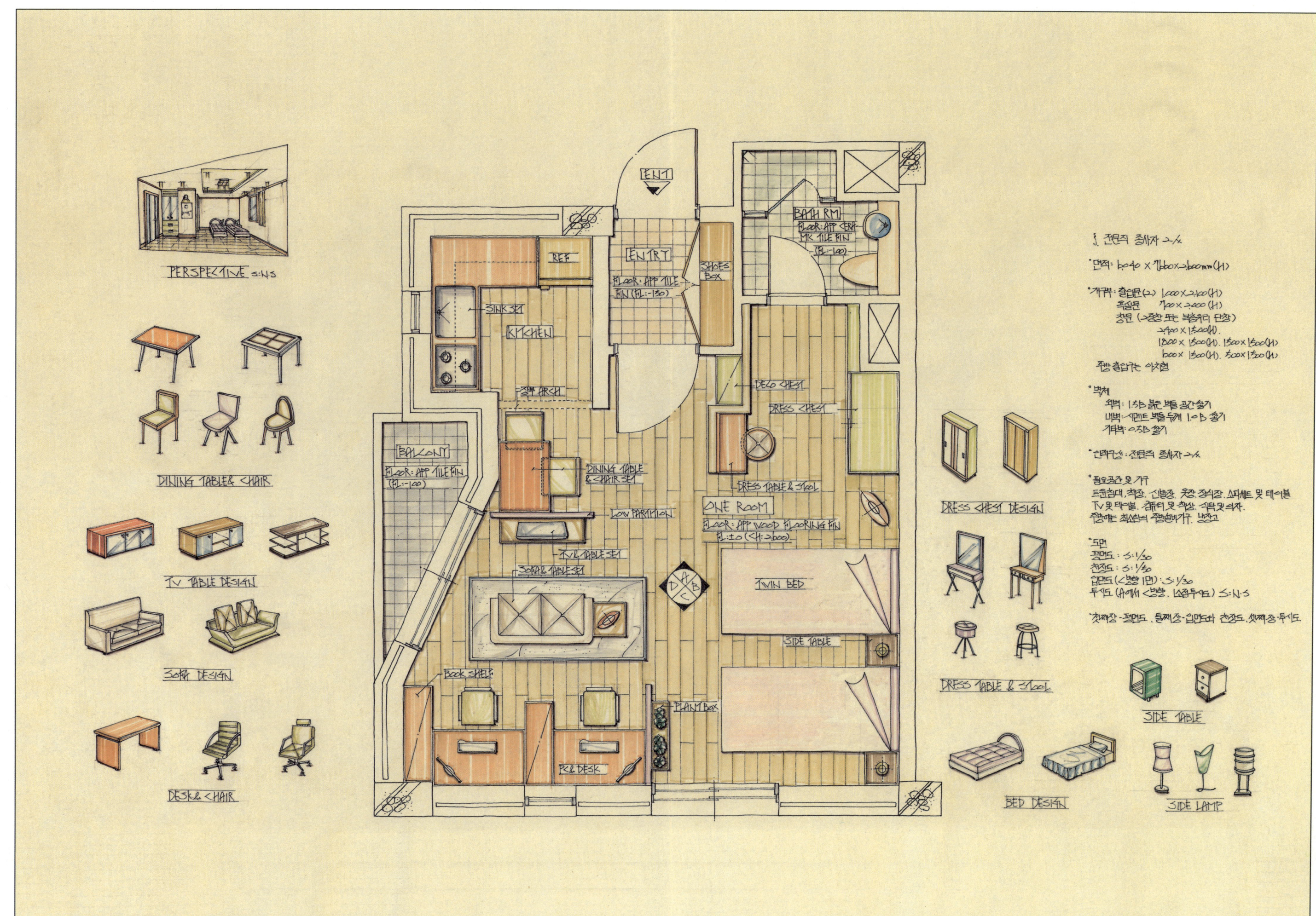

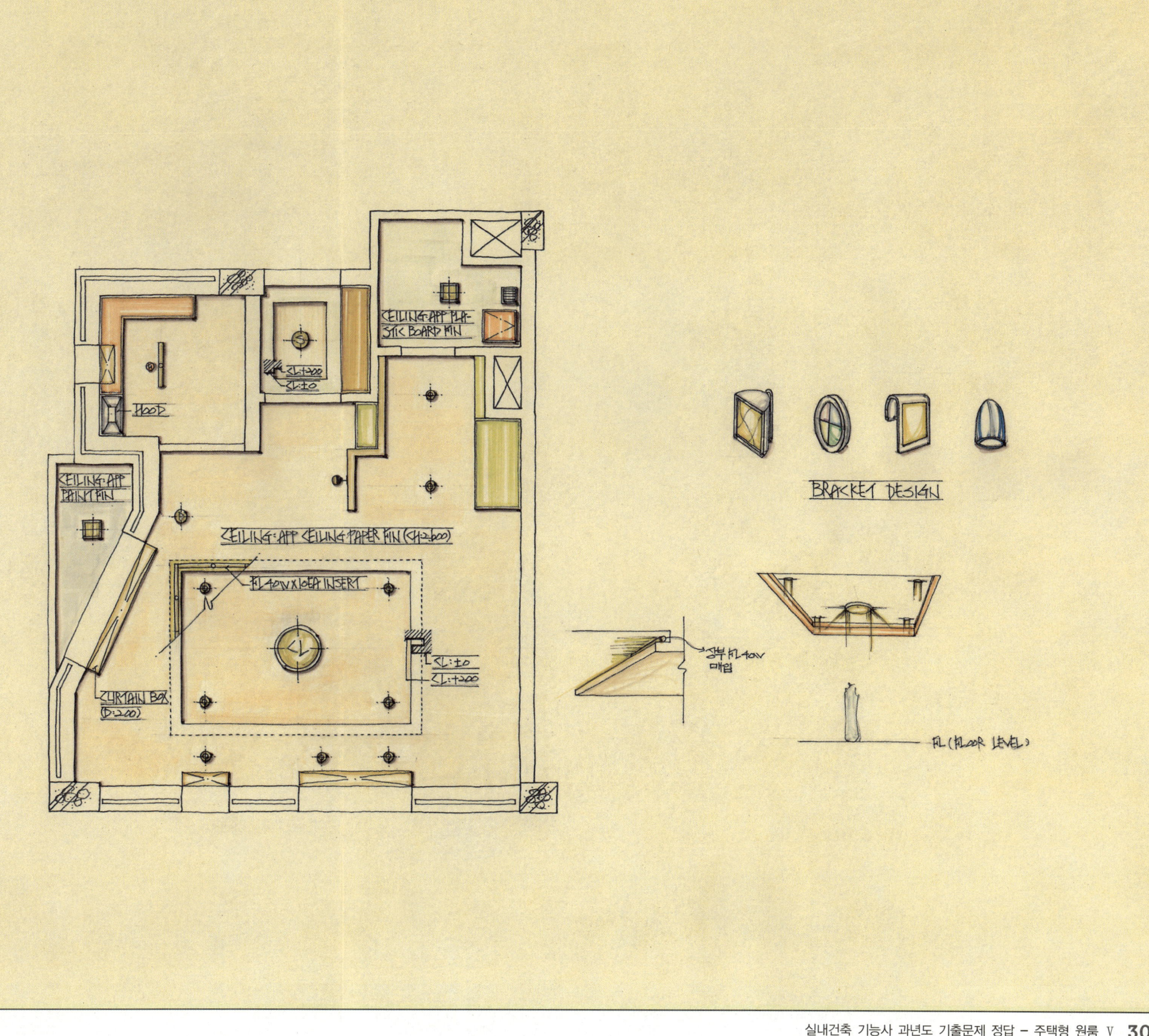

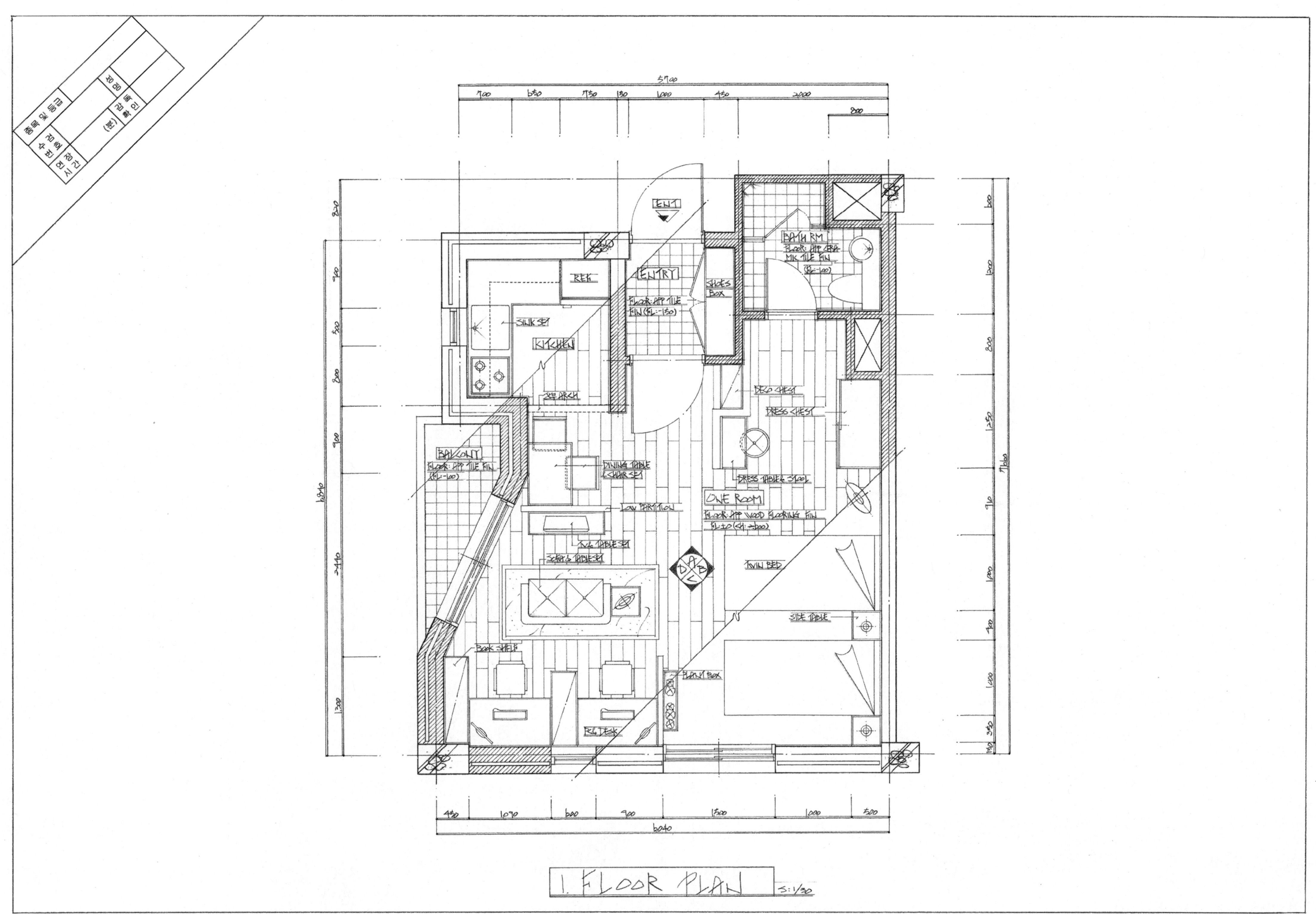

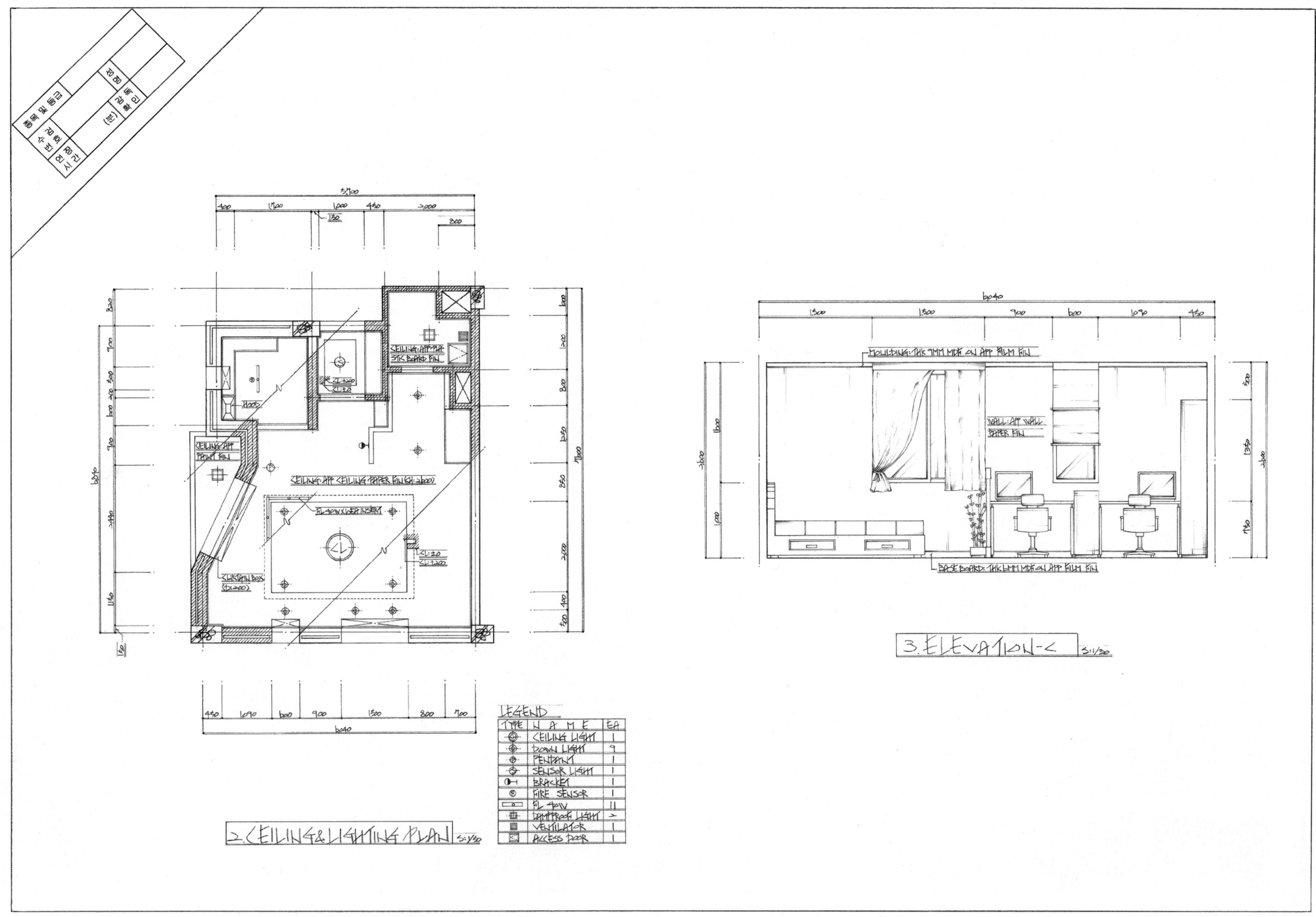

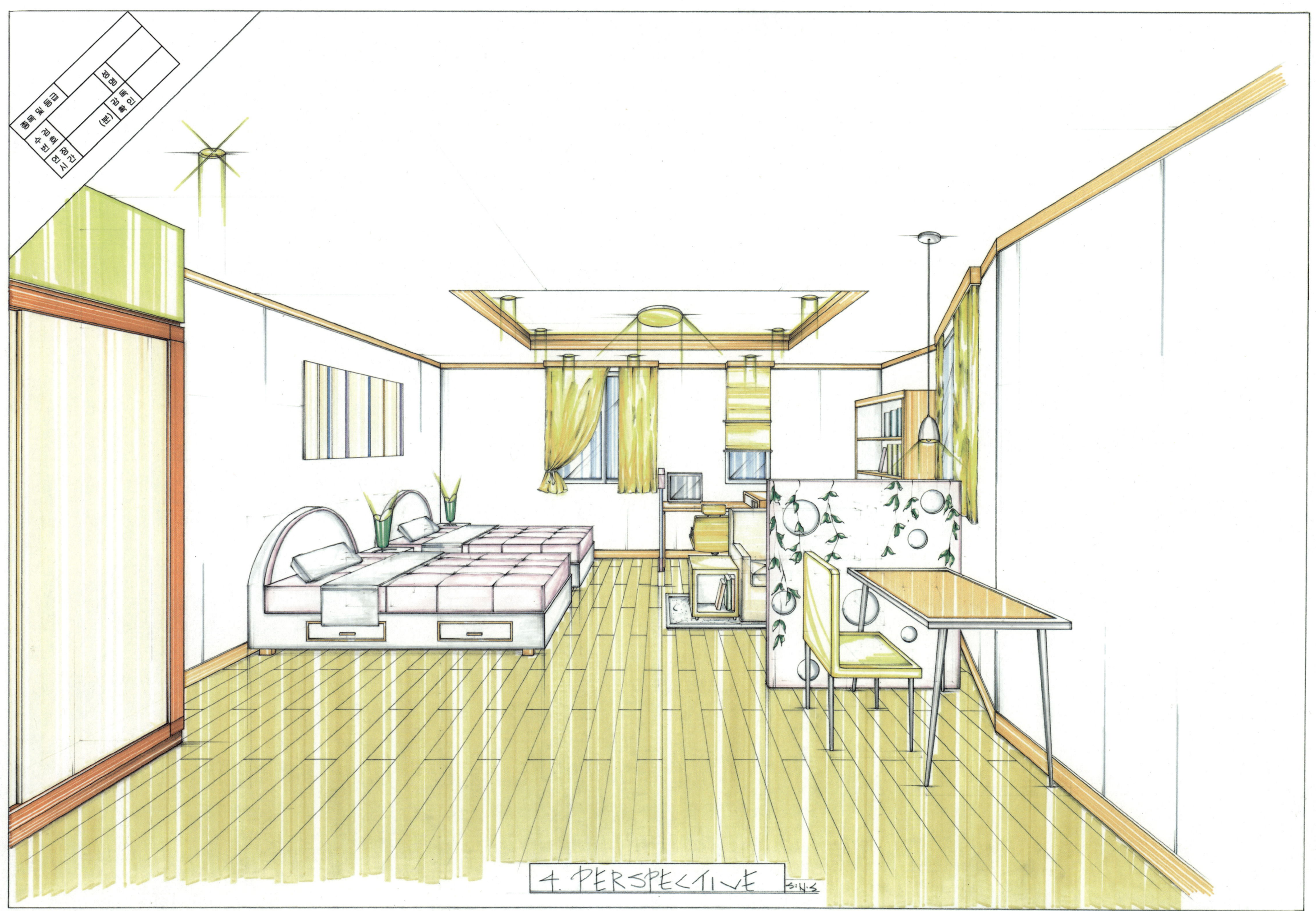

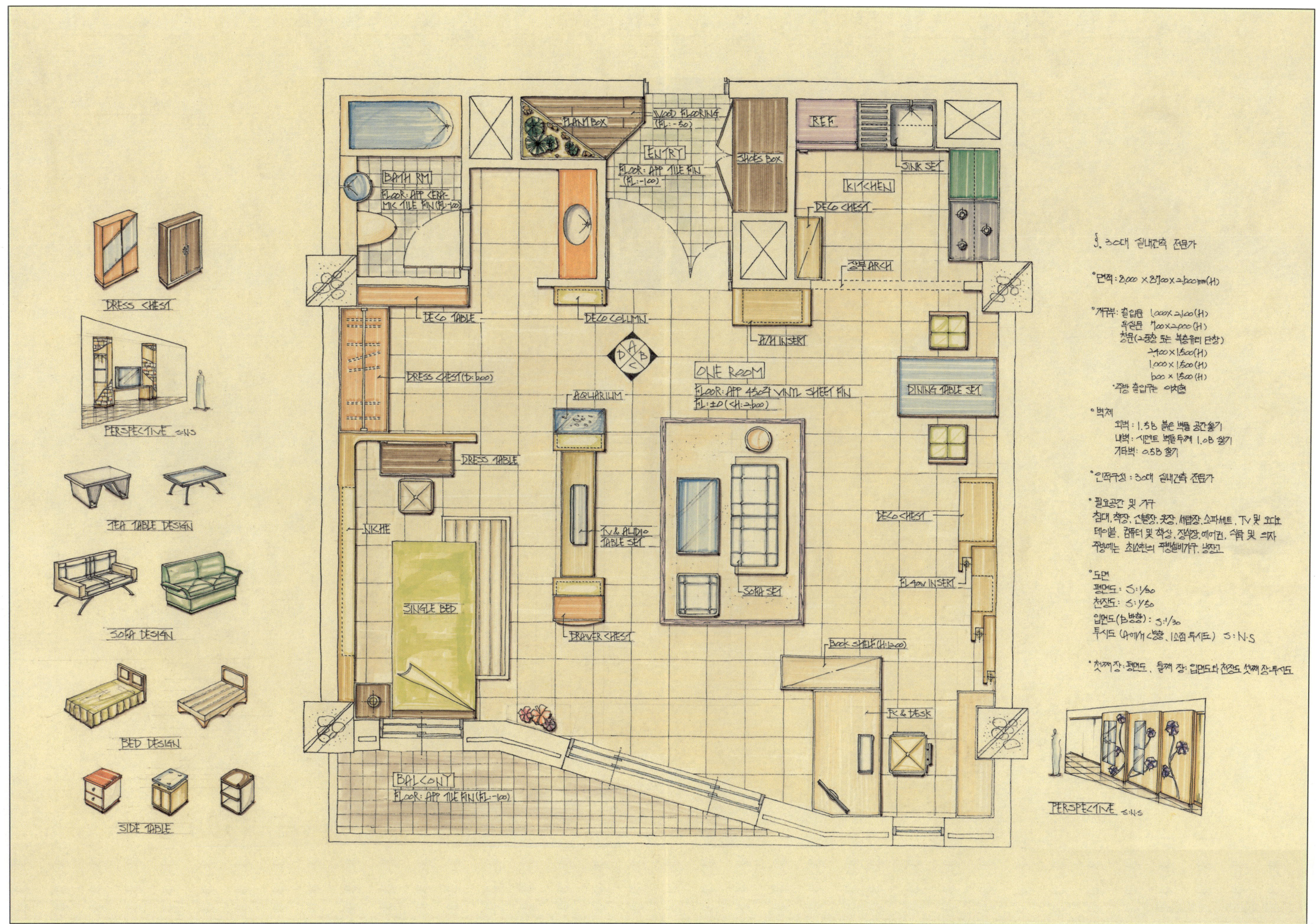

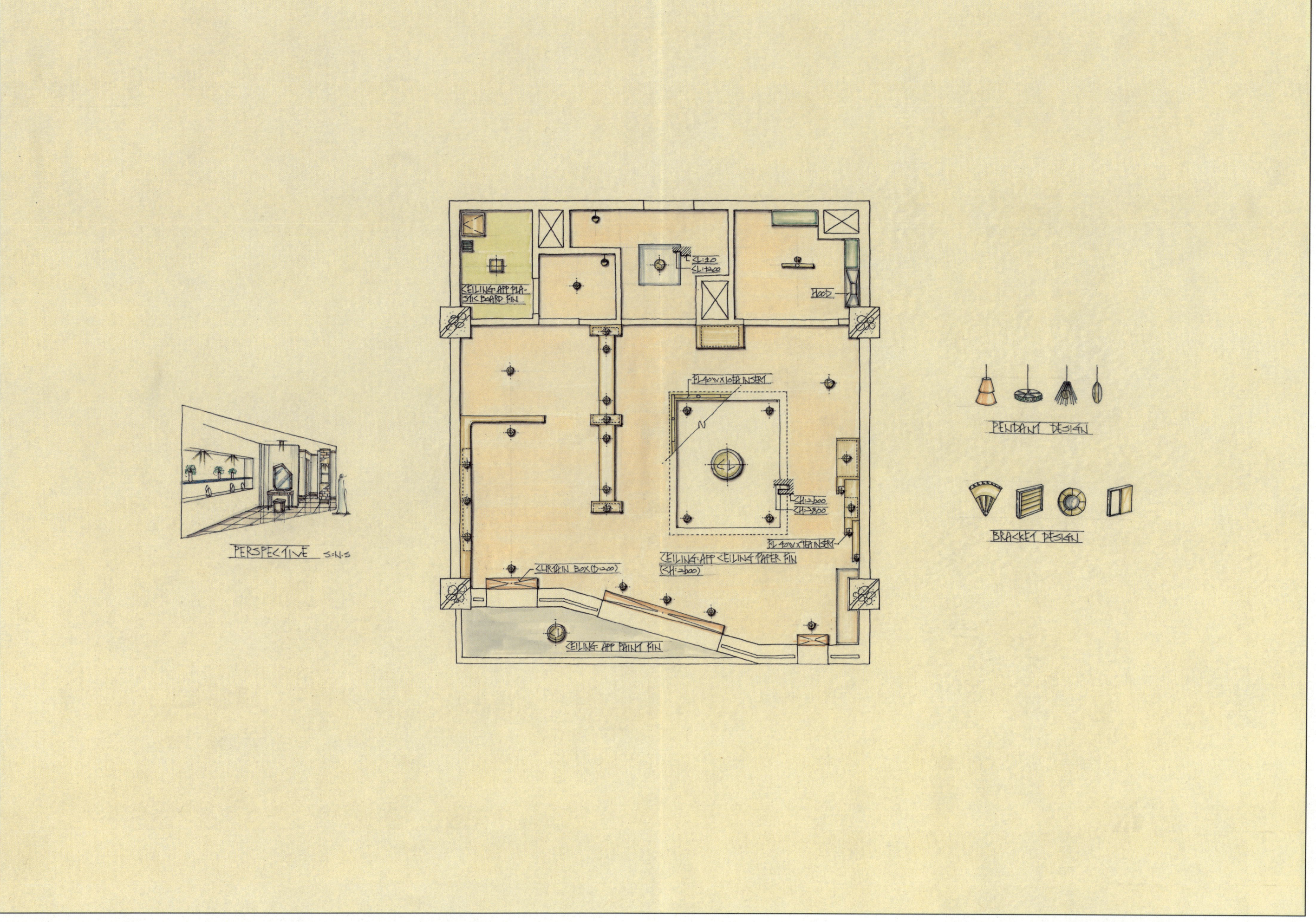

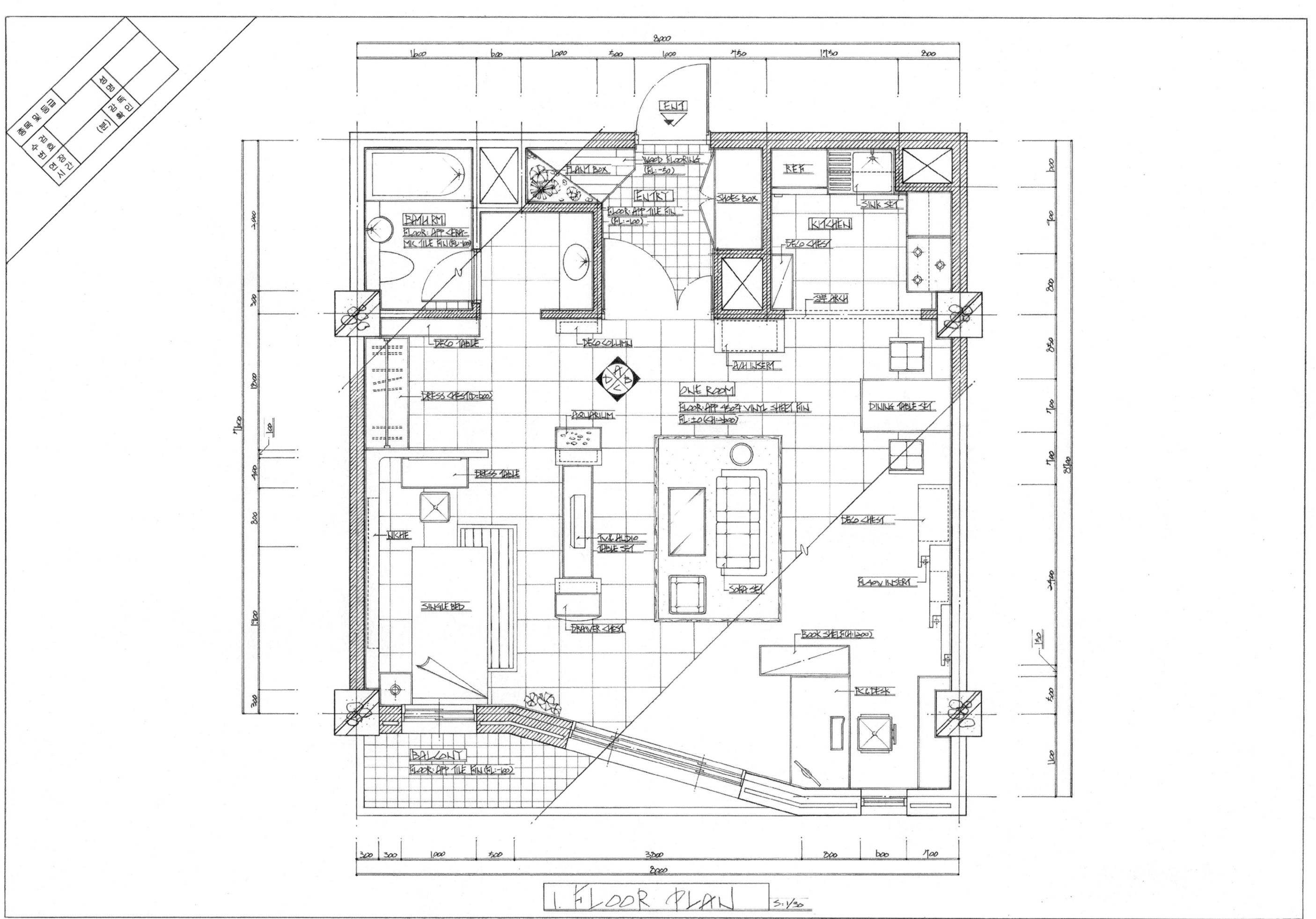

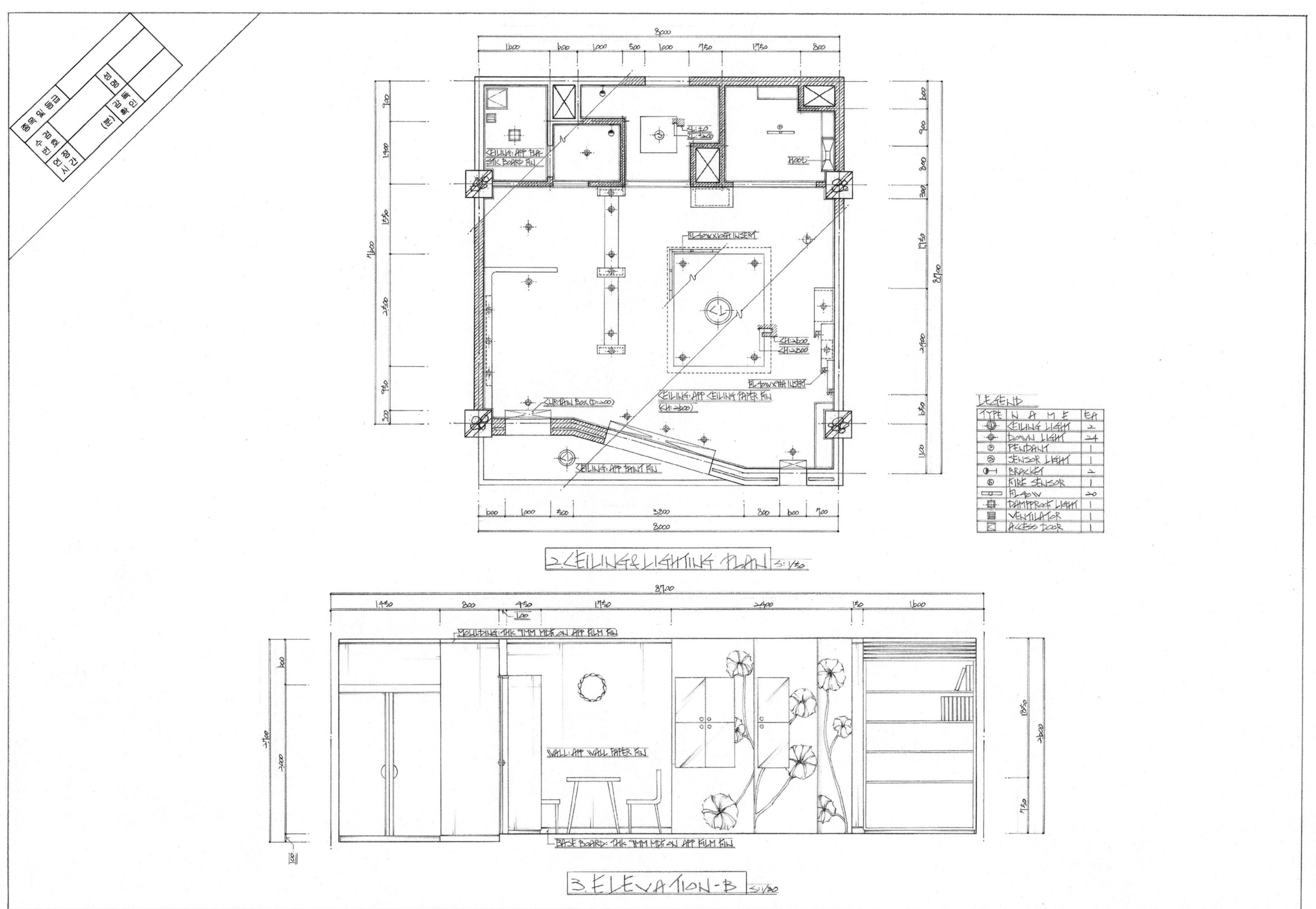

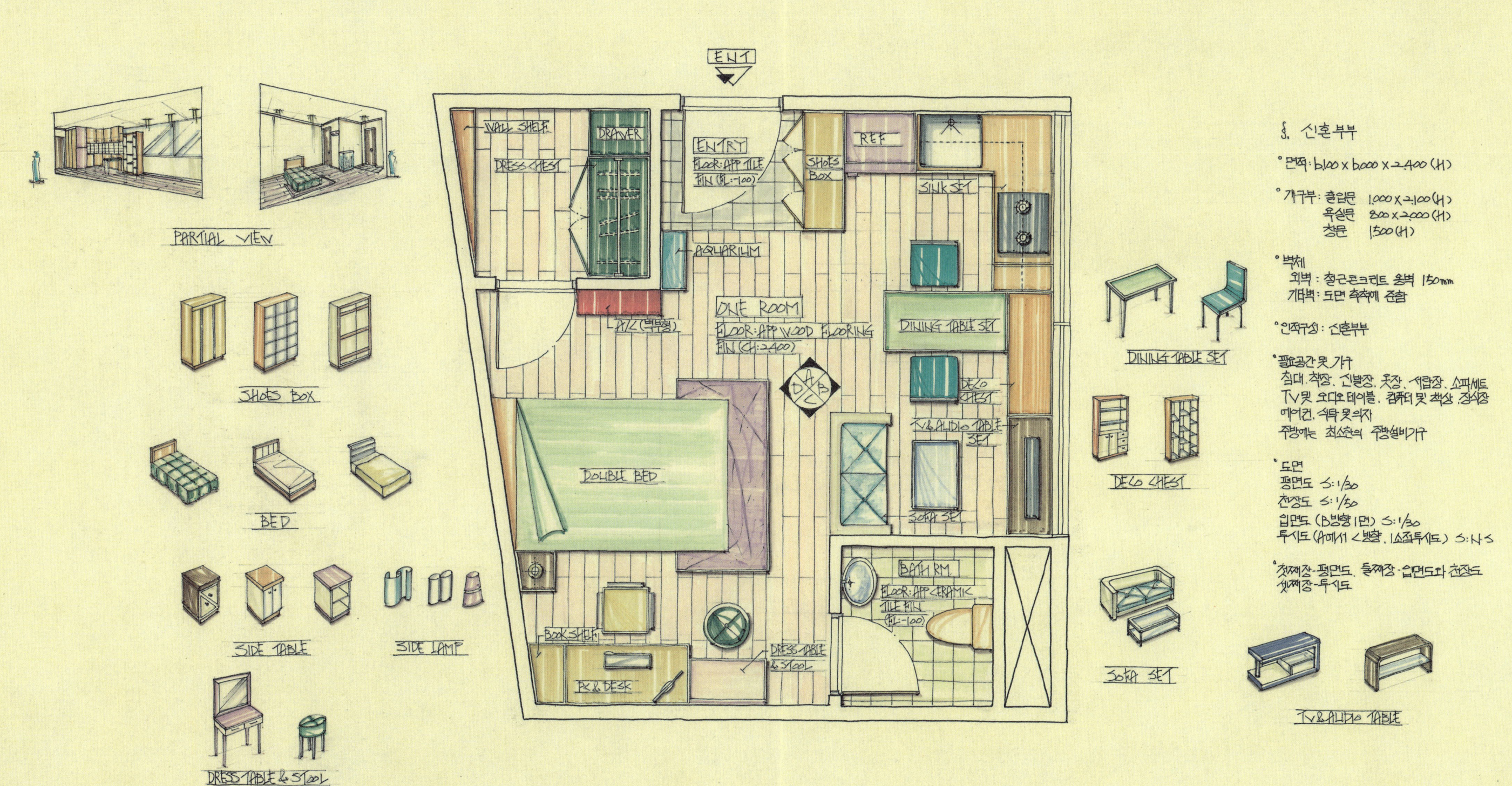

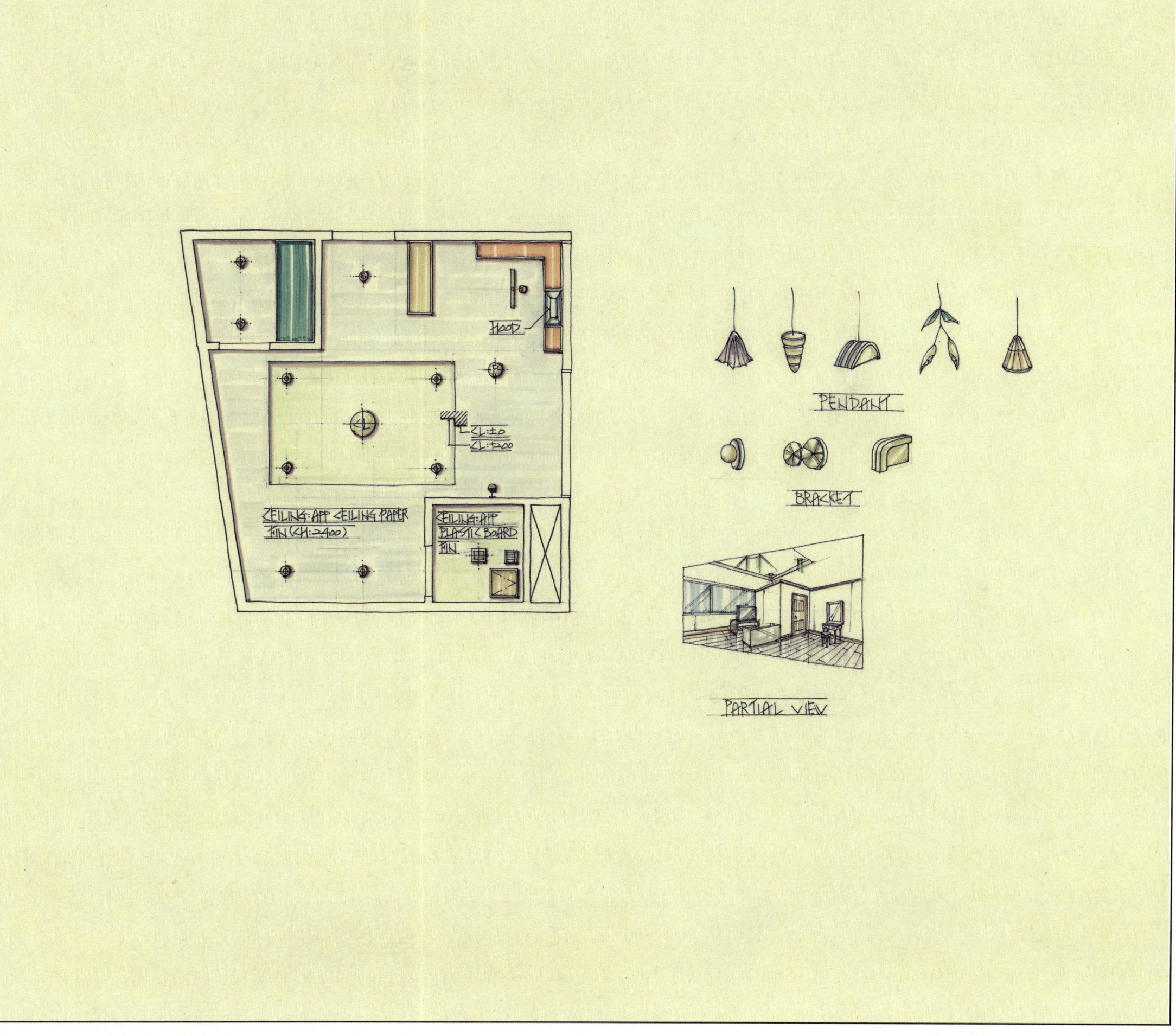

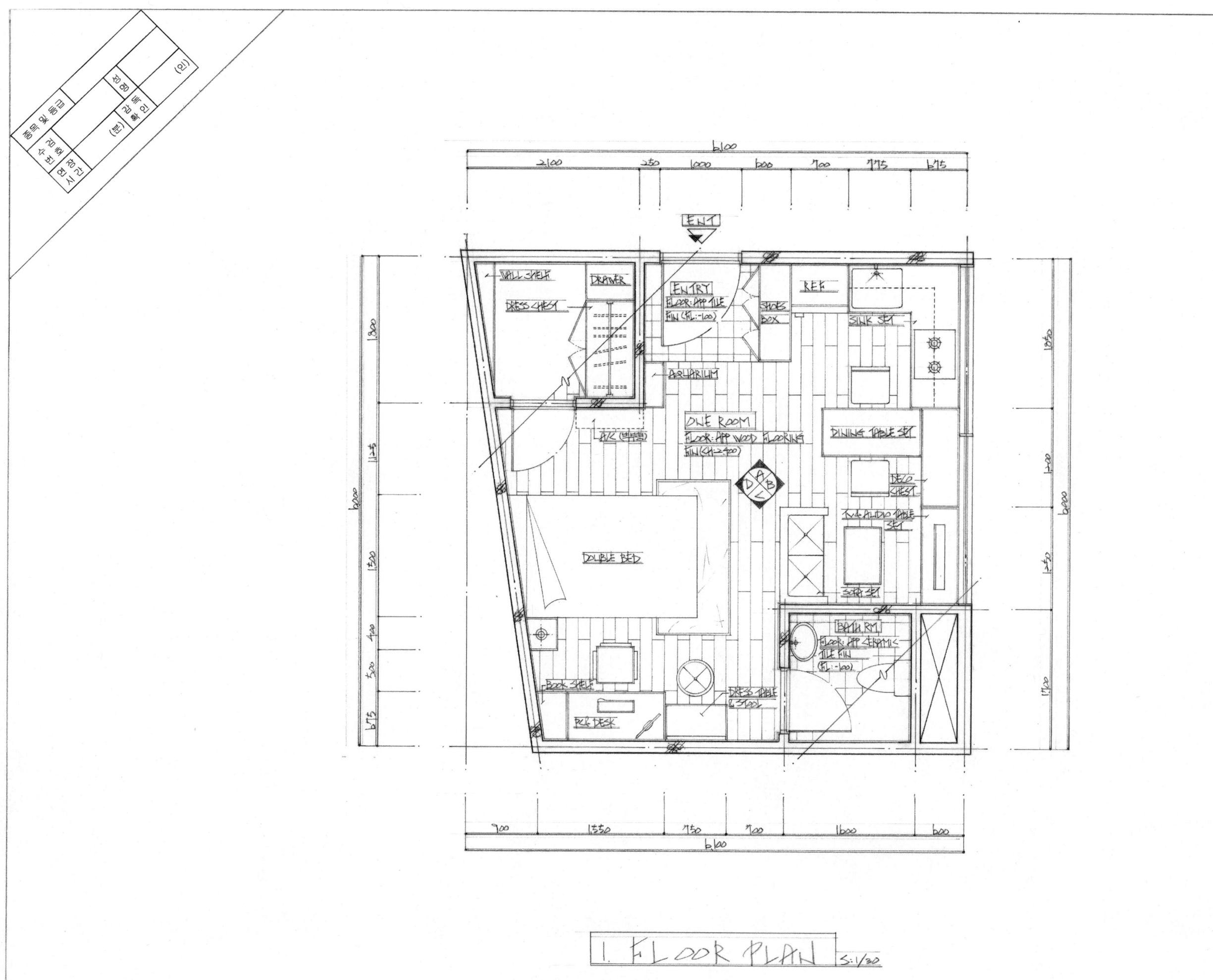

1. FLOOR PLAN S:1/30

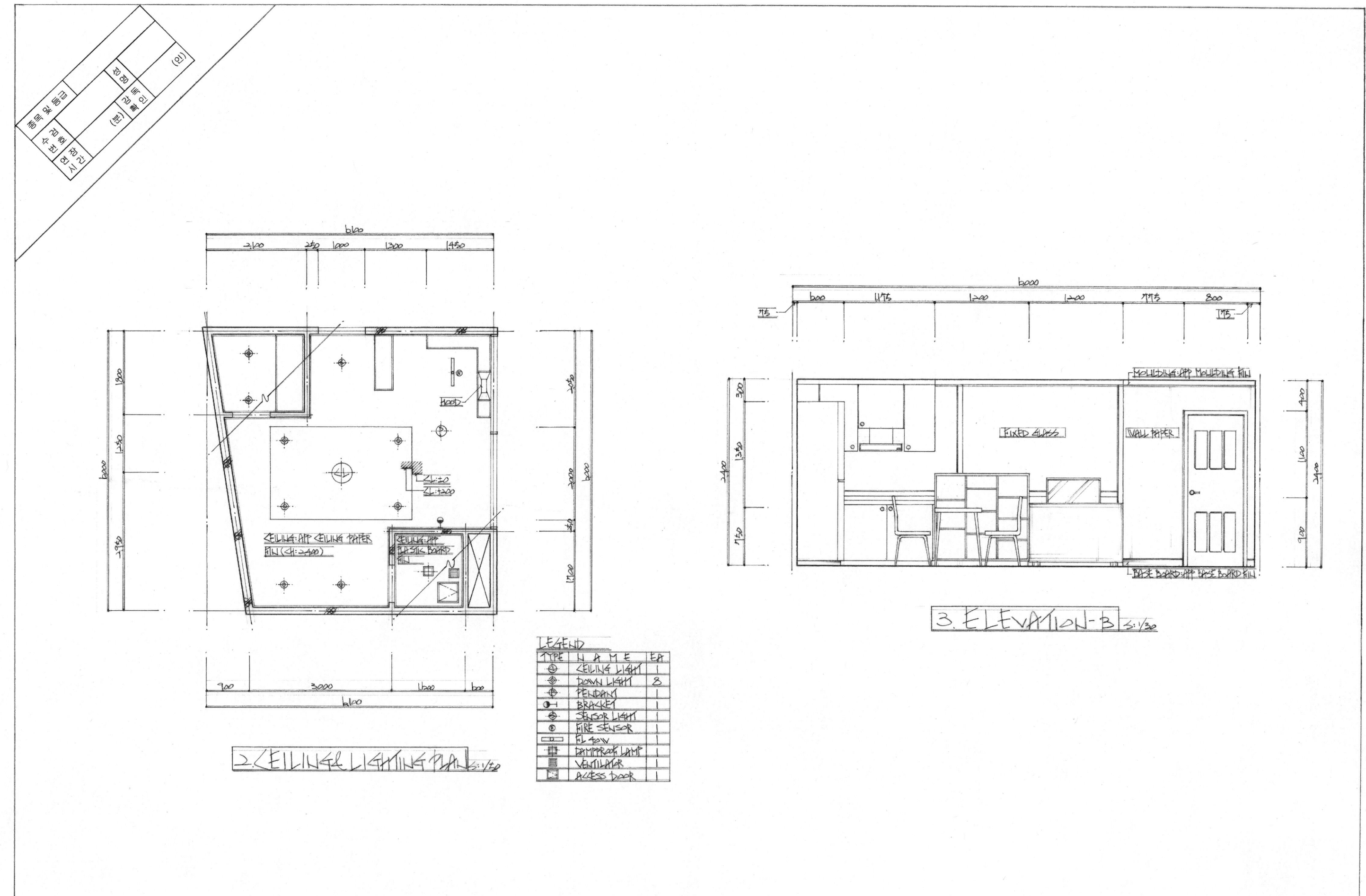

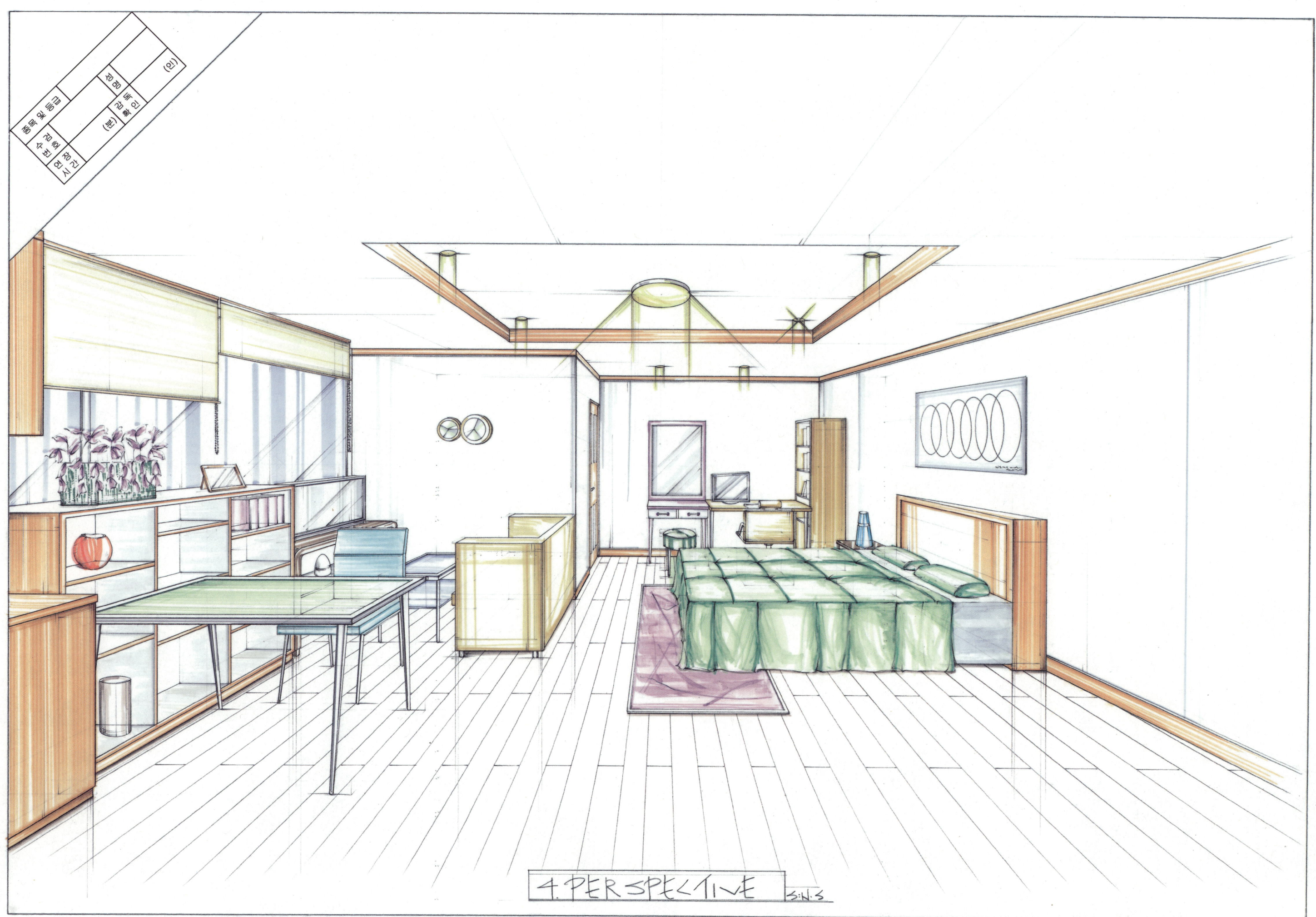

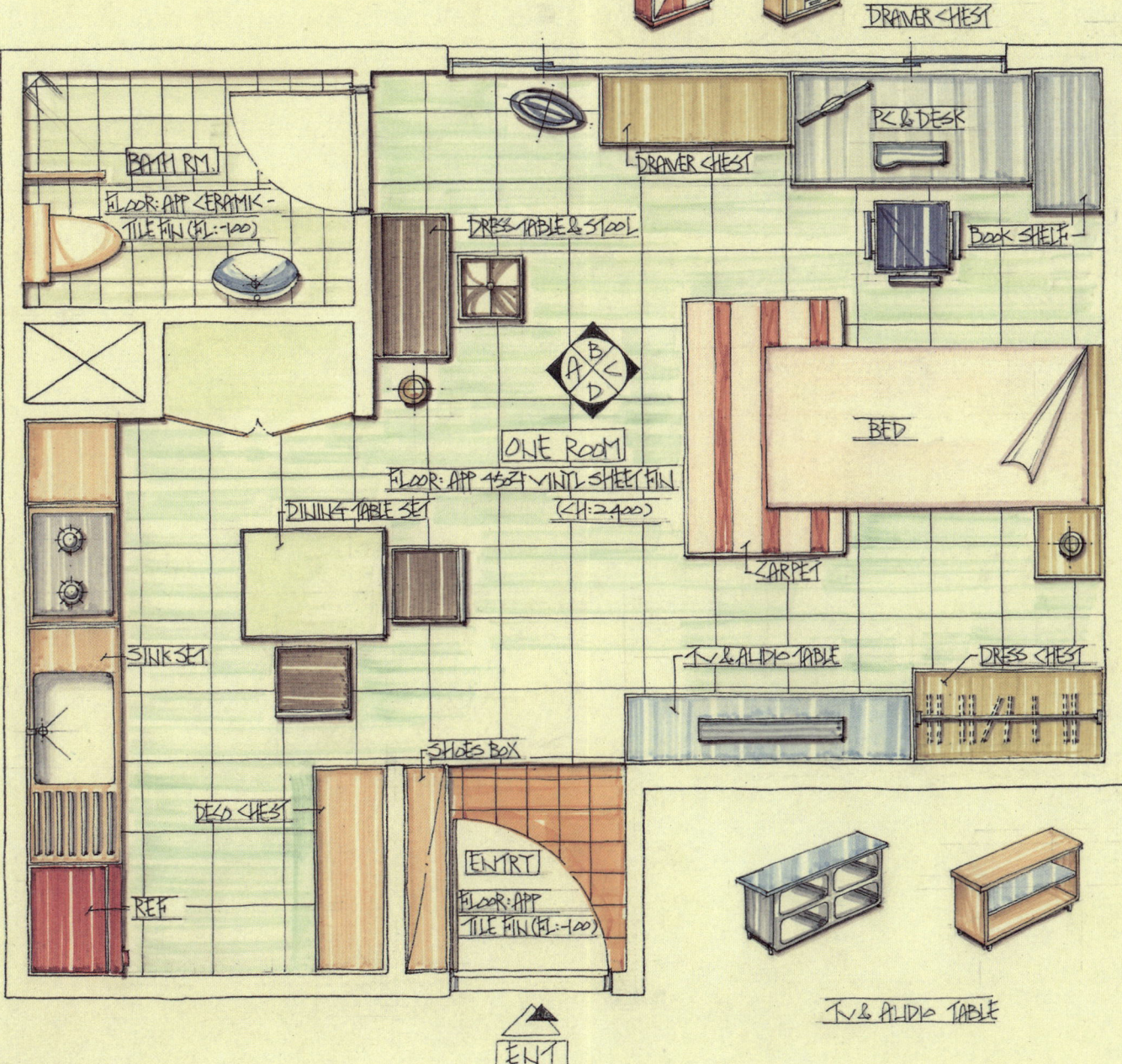

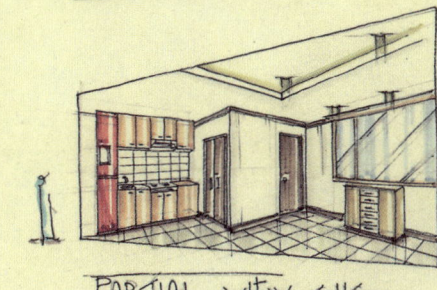
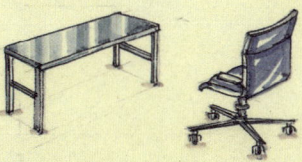
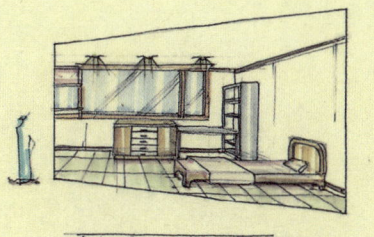

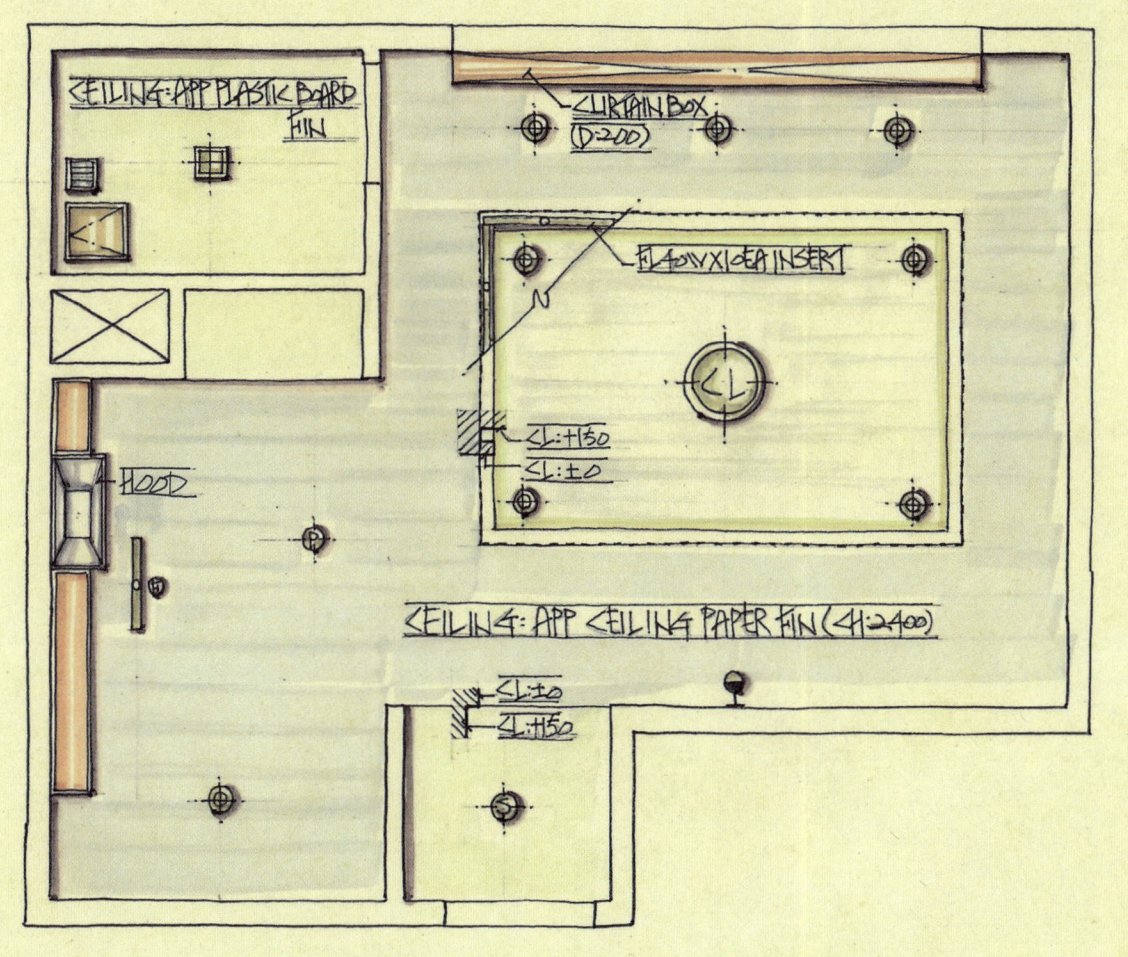
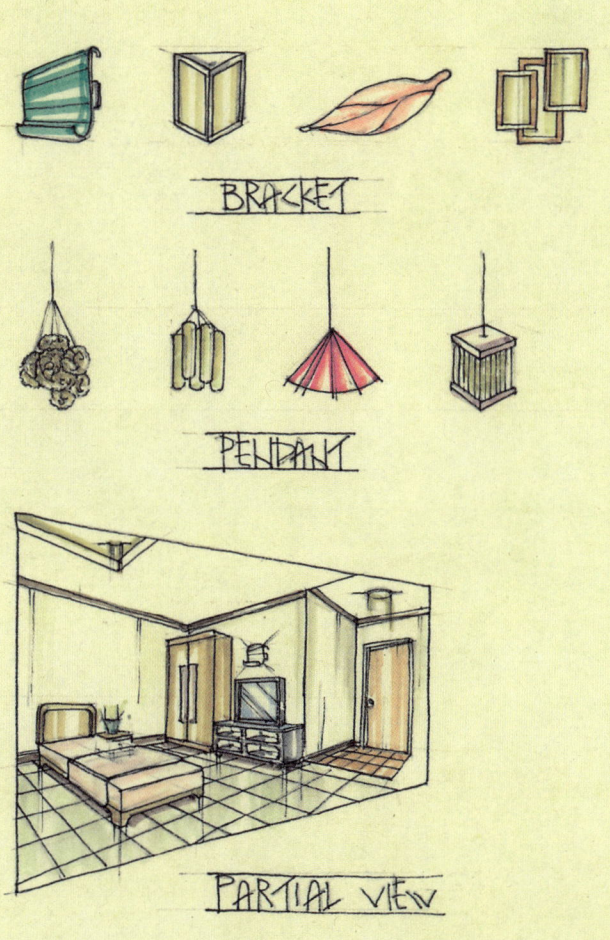

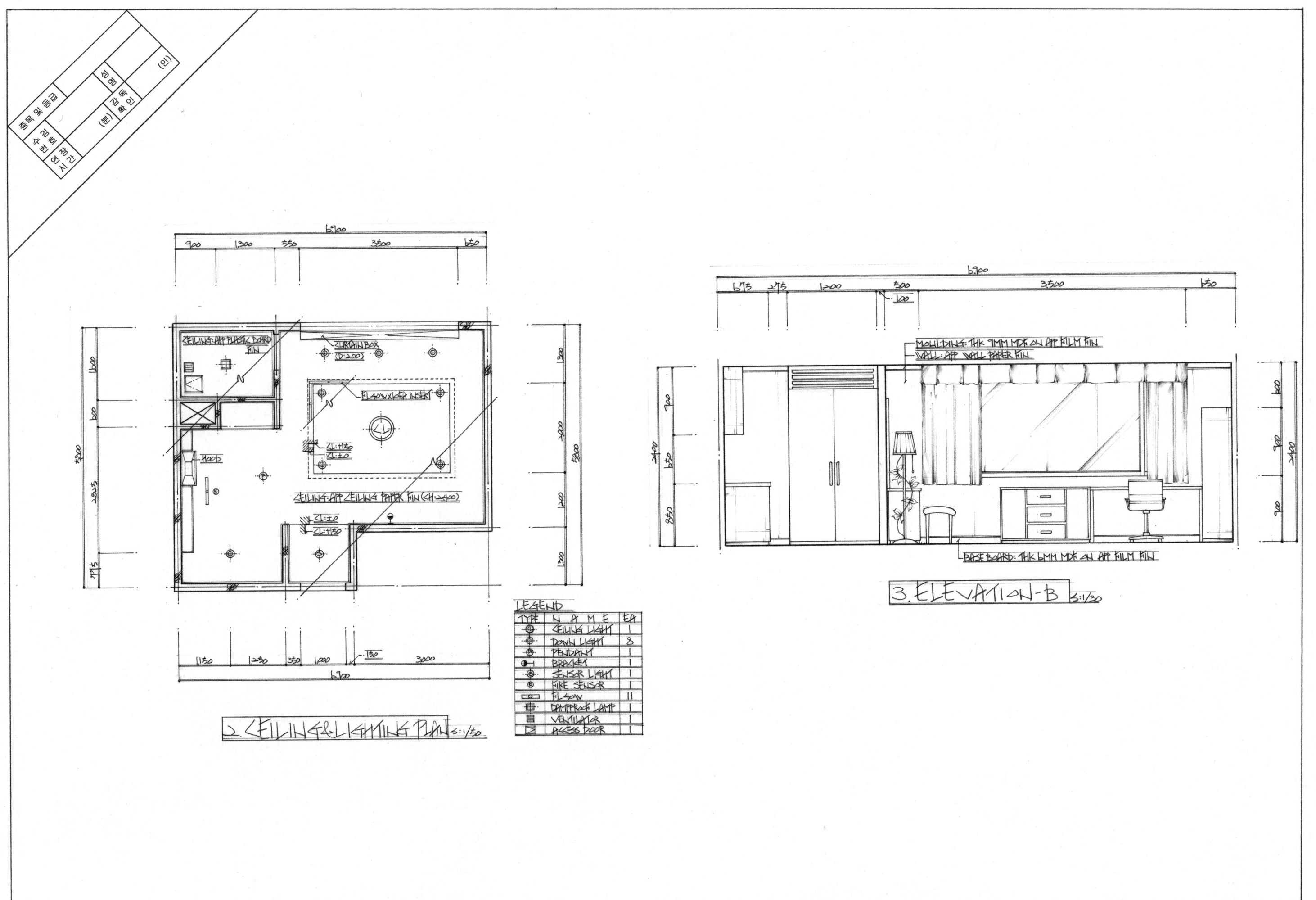

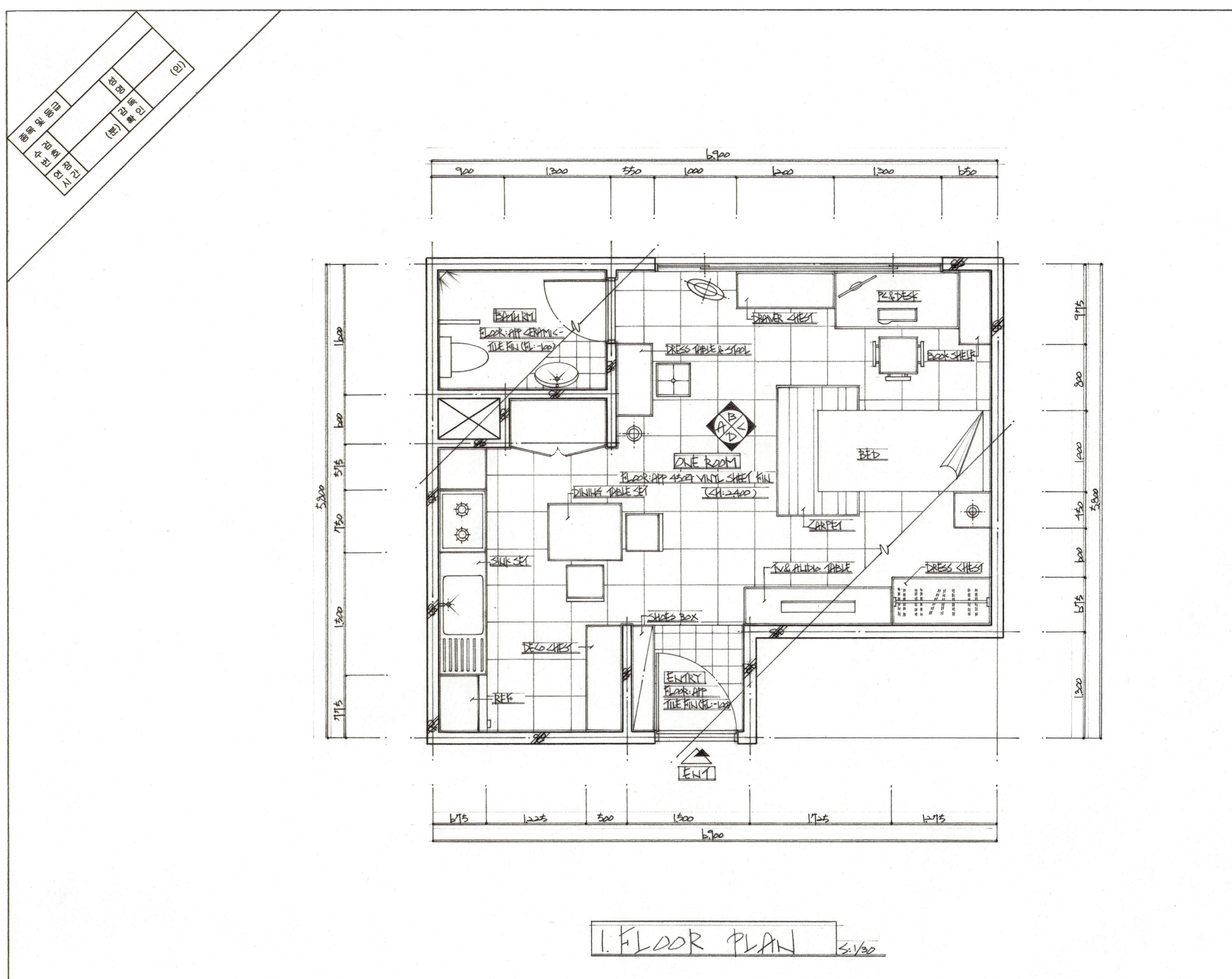

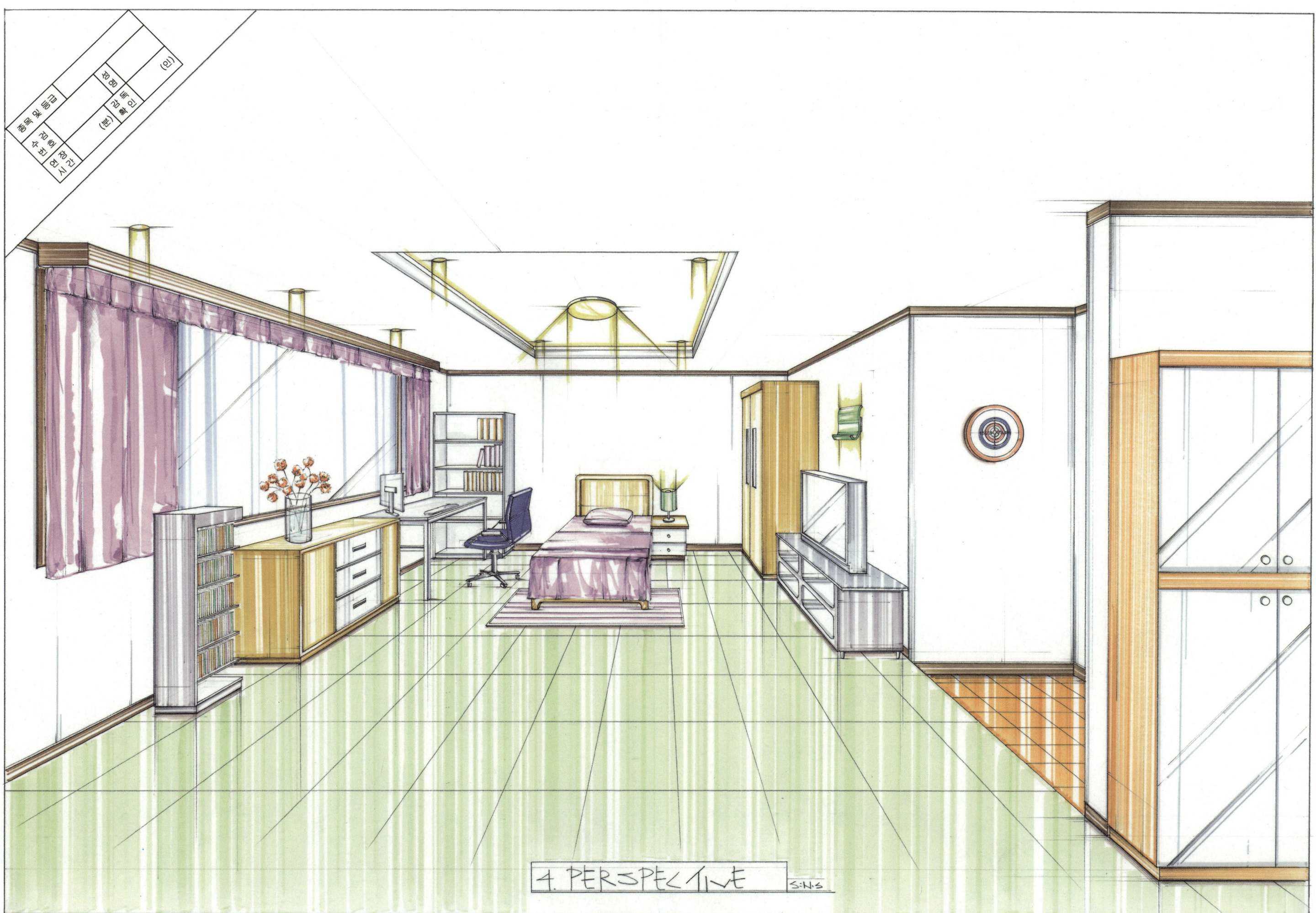

[참고문헌]
- 가구디자인(한영호 저, 기문당)
- 실내건축기사·산업기사 작업형 실기(전명숙 저)
- 실내건축기사 2차실기(동방디자인 저)
- 인테리어 건축 조경 디자이너를 위한 마카컬러링 따라하기 I (이범식 저, 크라운출판사)
- 타스건축디자인
- 조경스케치 따라하기(동방디자인 저)
- Pencil drawing(국제)

[참고사이트]
- http://artall.co.kr
- http://www.archinoon.net

실내건축기능사 2차 작업형 실기

발행일 | 2013. 4. 30   초판 발행
         2015. 4. 30   개정 1판1쇄
         2016. 9. 20   개정 2판1쇄
         2018. 1. 10. 개정 3판1쇄
         2019. 9. 20   개정 4판1쇄

저 자 | 김민재
발행인 | 정용수
발행처 | 예문사

주 소 | 경기도 파주시 직지길 460(출판도시) 도서출판 예문사
T E L | 031) 955-0550
F A X | 031) 955-0660
등록번호 | 11-76호

- 이 책의 어느 부분도 저작권자나 발행인의 승인 없이 무단 복제하여 이용할 수 없습니다.
- 파본 및 낙장은 구입하신 서점에서 교환하여 드립니다.
- 예문사 홈페이지 http : //www.yeamoonsa.com

정가 : 25,000원

ISBN 978-89-274-3219-7   13610

이 도서의 국립중앙도서관 출판예정도서목록(CIP)은 서지정보유통지원시스템 홈페이지(http://seoji.nl.go.kr)와 국가자료공동목록시스템(http://www.nl.go.kr/kolisnet)에서 이용하실 수 있습니다.
(CIP제어번호 : CIP2019033935)